# DeepSeek 全民攻略

## 人人都能掌握的AI工具组合

翟尤 著

机械工业出版社
CHINA MACHINE PRESS

**图书在版编目（CIP）数据**

DeepSeek 全民攻略：人人都能掌握的 AI 工具组合 / 翟尤著. -- 北京：机械工业出版社，2025. 3. -- ISBN 978-7-111-78092-2

Ⅰ. TP18

中国国家版本馆 CIP 数据核字第 2025UX4346 号

机械工业出版社（北京市百万庄大街 22 号　邮政编码 100037）

策划编辑：杨福川　　　　　　　　　责任编辑：杨福川　董惠芝

责任校对：李荣青　李可意　景　飞　责任印制：李　昂

涿州市京南印刷厂印刷

2025 年 5 月第 1 版第 1 次印刷

170mm×230mm · 16 印张 · 257 千字

标准书号：ISBN 978-7-111-78092-2

定价：69.00 元

电话服务　　　　　　　　　网络服务

客服电话：010-88361066　机　工　官　网：www.cmpbook.com

010-88379833　机　工　官　博：weibo.com/cmp1952

010-68326294　金　　书　　网：www.golden-book.com

　机工教育服务网：www.cmpedu.com

# 前言

2025年春节，一只蓝色小鲸鱼图标以燎原之势席卷全球。DeepSeek的全民级破圈标志着人工智能技术真正完成了从“科技奇观”到“日常工具”的蜕变。这场由算法引发的社会变革，正在重塑每个人的生活方式。

在DeepSeek现象级破圈的背后，隐藏着3个亟待解答的时代之问：当技术奇点以月为单位刷新认知，普通人该如何避免成为“数字难民”？当开源生态重构创新格局，中国开发者怎样把握技术带来的机遇？当AI开始展现出类人逻辑推理能力，我们该以何种姿态与机器智能共生？这些问题共同构成了本书的核心内容——在人工智能从专业领域向公共领域扩散的过程中，形成全民参与、全民受益、全民进化的新型技术应用范式。对“全民攻略”的定义绝非简单的操作堆砌，而是试图构建一套完整的AI社会化应用体系：当技术突破从实验室进入菜市场、写字楼、生产线时，我们需要理解算法原理背后的设计哲学［如混合专家模型（MoE）架构中的“分而治之”思想］，掌握将技术特性转化为生产力的方法（如强化学习带来的自主解决问题范式），最终形成人机协同的新型工作伦理。这种“知其然更知其所以然”的能力沉淀，才是应对技术迭代的真正护城河。

下面简单介绍一下本书的主要内容。

第1～3章以DeepSeek创始人从金融量化到AI的跨界转型为起点介绍DeepSeek破局之路，然后剖析其技术突破与局限性，同时为零基础用户提供多途径接入指南，并通过“新手实验室”实战演练与提示词设计方法论，构建从技术认知到实践落地的完整入门路径。

第4～11章深度整合工具链，包括秘塔、日历、Excel、Kimi、WPS、即梦、剪映、飞书、ima、Coze等，覆盖学习、生活、工作场景（文案写作、商业计划书撰写、投资理财计划撰写、制订计划等），数据处理（基础数据处理、表格拆分/整合、数据检查等），智能创作（PPT大纲生成与一键成稿、图表制作、文生图、海报制作、短视频创作等），知识管理（知识库构建与共享等），以及智能体构建。

第12～14章从行业应用实践（搜索服务、企业服务、政务服务、环保、农业、制造业等）到社会价值探索（宠物翻译器等），最终展望AI技术重构物理世界的双路径，强调技术可行性、人文需求与伦理温度共生的未来格局。

在本书完成之际，我要感谢妻子马涵在无数个深夜的技术讨论中提供的用户视角洞察，她总能一针见血地问“这个功能对普通用户有什么用”，从而让我反思并改进；感谢两个女儿茜茜和朵朵，她们是本书最好的体验官，是她们用“帮我想个恐龙故事”这样的纯真需求，不断验证着AI技术的温度与安全边界。

# 目录

## 第14章 未来启示录 …………… 243

1

第 1 章 CHAPTER

# 认识 DeepSeek

2025 年春节期间，如果说有什么新闻能够让全球关注，那么非 DeepSeek 莫属。DeepSeek 作为中国人工智能领域的一匹黑马，仅用 7 天时间就突破 1 亿用户，它的崛起展现出了中国 AI 技术的显著进步和创新力。在技术研发方面，DeepSeek 投入了大量资源，汇聚了不少优秀人才，经过不懈努力，在一些关键技术领域取得了不错的成果。以往国外科技巨头在 AI 领域占据主导地位，而 DeepSeek 凭借自身特色和创新逐渐崭露头角，让更多人看到了中国 AI 企业的潜力，也为国内相关产业发展带来了新的思路和机遇。同时，DeepSeek 也是推动自主创新的重要力量，它鼓励国内企业和本土科研人员勇于探索，在一定程度上缓解了技术封锁带来的压力。

中国正在经历自己的“ChatGPT 时刻”。

不过，我们也应清醒地认识到，与国际顶尖水平相比，DeepSeek 还有成长空间。它仍需不断优化技术、拓展应用场景，才能在国际 AI 舞台上发挥更大的作用。

# 1.1 DeepSeek：中国 AI 的破局之路

## 1.1.1 幻方量化：从金融炼金术到 AI 革命的跨界转型

DeepSeek 是一家人工智能技术公司，中文名是“深度求索”，由幻方量化孵化。幻方量化是一家做量化投资的金融公司，在金融领域可谓是声名远扬。在过去，它凭借强大的技术实力和创新的交易策略，在量化投资领域展现出了卓越的能力，尤其是在高频交易方面更是名声显著。然而，幻方量化并没有满足于在金融领域的成就。

它通过孵化 DeepSeek 团队，开启了一场惊艳的“跨界进化”。这种进化并非简单的技术转移，而是深度融合了幻方量化在数据处理、算法优化等方面的深厚底蕴。从量化投资到通用人工智能的跃迁，幻方量化走出了一条独特的道路。它用自己在金融领域积累的算力和算法优势反哺 AI 创新。这不仅为 DeepSeek 的发展提供了坚实的基础，更开创了“金融算力反哺 AI 创新”的独特路径。幻方量化的转型历程折射出中国科技企业突破能力边界的战略智慧。在传统行业纷纷面临数字化浪潮的当下，幻方量化提供了创新样本，让人们看到传统行业与新兴技术深度融合的无限可能，为推动产业变革带来了新的思考和启示。这里面有 3 个创新点是值得我们关注的。

第一，幻方量化实现了量化投资的“技术溢出效应”。

幻方量化的跨界并非偶然，作为中国头部量化私募，其核心竞争力在于将数学建模、算法优化与超算能力深度融合。这种“技术基因”为 AI 创新埋下伏笔，比如在量化投资领域，高频交易需每秒处理数亿级市场数据，训练出强大的实时决策算法，这与大模型训练中的数据处理、参数优化存在底层逻辑共通性。同时，幻方量化 2019 年就开始自建“萤火”超算集群，在分布式计算、低延迟传输等领域积累深厚，为大模型训练提供了硬件基础，具备了较强的算力基础设施优势。而且在人才储备上，幻方量化也是可圈可点，其团队中有大量数学专业、物理学专业的高材生，形成独特的“数理思维 + 工程实践”复合型人才结构，具备 AI 研发能力迁移条件。这种“技术溢出”在 2020 年到达临界点：当幻方量化发现其算法能力已触及金融市场的天花板，而 AI 技术革命带来更大想象空间时，创始人梁文锋果断将资源向 AI 研发倾斜，成立 DeepSeek 团队，开启战略转型。

第二，幻方量化实现了金融科技反哺 AI 的创新。

幻方量化通过高频交易策略积累了大量资本与算力资源，其核心竞争力在于极致的算法优化能力（如使用 GPU 汇编语言 PTX 优化交易系统），这种在有限资源下追求效率最大化的思维模式，成为后来 DeepSeek 技术突破的底层基因。同时，幻方量化在量化投资中的动态风险管理模型被迁移至 AI 训练过程。例如，DeepSeek 首创的多头潜在注意力（MLA）架构，通过动态分配计算资源（类似量化交易中的仓位控制），将 Transformer 内存成本降低 87% ～ 95%。这一突破本质是将金融领域的“风险—收益平衡”思维转化为 AI 工程优化。同时，幻方量化作为量化投资公司，在金融交易领域积累了丰富的数据资源。这些数据涵盖了市场行情、交易行为、投资者情绪等多个维度，为 DeepSeek 的模型训练提供了多样化的素材。

第三，生态裂变将幻方量化向开源 AI 进行升维。

开源文化既是策略，又是理想。从长远发展看，开源是汇聚各方资源的最佳途径。DeepSeek 的创始人梁文锋自己曾经多次指出，DeepSeek 的成功，很大程度上是站在开源社区的肩膀上，通过不断努力来实现国产大模型技术的进步。Meta 公司的首席执行官扎克伯格直言不讳地表示，DeepSeek 的崛起恰恰验证了开源路线的正确性。通过开源为生态伙伴提供低成本模型训练条件和应用开发环境，降低更多企业的研发成本，让更多人以低成本用上大模型。这既是一种利他行为，也是企业长期可持续发展的保障。公司大胆选择开源 DeepSeek，这一决策绝非偶然。它深知在 AI 产业中，封闭的发展模式虽能在短期内保护自身优势，但长远来看，开源能释放巨大的能量。开源能让各方开发者汇聚，通过技术生态让不同的创意和方案相互碰撞，从而加速技术迭代。同时，这种开放的模式能让更多的参与者共同参与标准的制定，建立更具权威性和通用性的行业标准。

### 1.1.2 梁文锋：“小镇做题家”的逆袭之路

梁文锋作为 DeepSeek 的创始人，随着 DeepSeek 的火爆进入了大众的视野。梁文锋 1985 年出生于广东湛江的一个普通家庭，父亲作为小镇数学老师，从不过问他的考试排名，而是反复强调“今天解决了什么问题”。2002 年他以吴川市第一中学全校第一的高考成绩考入浙江大学电子信息工程专业。本硕连读期间持续深耕技术，其硕士学位论文《基于低成本 PTZ 摄像机的目标跟踪算法研究》已显露出将复杂理论转化为实际应用的独特视角。值得注意的是，这并非机械刷题的结果——父亲“不问排名，问问题”的教育方式，使他始终保持着对知识本质的探索热情。

梁文锋的独特之处在于，将“解题家”的底层方法论升维至创新方法上。首先是问题导向思维，从量化交易时期自建数据库，到 AI 赛道选择时聚焦“低成本、高性能”痛点，始终遵循“发现问题—拆解问题—创造性解决”的路径。其次是资源极致利用：多年养成的朴素价值观转化为 DeepSeek-V2 仅 2 元 / 百万 Token 的行业颠覆性定价，以及 MoE 架构下每 Token 激活 370 亿参数的技术突破。最后是本土人才信任，组建由本土人才构成的核心团队，坚持自己培养顶尖人才，其团队“90 后”占比超 75% 的事实，更是重塑了 AI 人才成长范式。

最后，引用梁文锋关于创新的 3 个论述作为结尾。

- 最重要的是参与到全球创新的浪潮中去。过去很多年，大多数中国公司习惯了别人做技术创新，自己拿过来做应用变现，但这并非一种理所当然。在这一波 AI 浪潮里，我们的出发点不是趁机赚一笔，而是走到技术的前沿，去推动整个生态发展。
- 随着经济发展，中国也要逐步成为贡献者，而不是一直搭便车。过去 30 多年的 IT 浪潮里，我们基本没有参与到真正的技术创新里。我们已经习惯摩尔定律从天而降，躺在家里 18 个月就会出来更好的硬件和软件。但其实，这是西方主导的技术社区一代代孜孜不倦创造出来的，只因为之前我们没有参与这个过程，以至于忽视了它的存在。
- 未来中国产业结构的调整，会更依赖硬核技术的创新。当很多人发现过去赚的快钱很可能来自时代运气时，就会更愿意俯身去做真正的创新。

### 1.1.3 人才密码：中国本土的“梦之队”

随着 DeepSeek 的爆火，国外不少媒体也开始关注这家名不见经传的公司。比如《财富》杂志最近总结道，DeepSeek 的成功源于其宽松的企业文化，具体表现为“三无模式”：无职级、无赛马、无 KPI。

DeepSeek 的核心成员几乎全部来自清华大学、北京大学、北京邮电大学等国内顶尖高校，团队平均年龄低于 35 岁，甚至包含大量应届毕业生和在读博士生，且团队成员多数曾参与国家级 AI 实验室项目，兼具学术前沿视野与产业落地经验。例如：邵智宏是清华大学交互式人工智能（CoAI）课题组的博士生，师从黄民烈教授，参与了 DeepSeekMath、DeepSeek-Prover、DeepSeek-Coder-V2、DeepSeek-R1 等多个项目，为公司在自然语言处理和 AI 系统构建方面的发展做出了重要贡献；高华佐毕业于北京大学物理系，凭借扎实的物理基础和对 AI 技术的深刻理解，为 MLA 架构的提出和发展做出了重要贡献。这种复合型人才结构使团队能快速将学术突破转化为产品，同时“本土学霸”团队结构打破了依赖海外人才的固有模式，展现了中国教育体系在高端科技人才培养上的实力。

DeepSeek 内部项目是通过自由组队机制完成的，每个人都可以根据自己的兴趣和专长自由组队，甚至实习生也能参与核心项目，并且团队可以根据实际需求调用算力，理论上对算力的调用没有上限。既然是自由组队，员工也就没有固定的角色分工与绩效考核压力，可以自由探索自己感兴趣的领域。组内成员之间没有固定分工和上下级关系。有问题就一起讨论，遇到困难可以直接向其他小组请教，这种扁平化的结构大幅提高了团队的沟通效率，也让每个人都能在平等的环境中自由表达自己的想法。一个典型的例子是 DeepSeek-V3 的关键架构——MLA。它最初只是一个年轻研究员的兴趣项目，但因为显示出巨大潜力，团队专门成立了研究小组，经过几个月的努力，最终成功实现了训练成本的大幅下降。

DeepSeek 的实践表明，中国本土科研团队通过精准的人才战略设计，完全可以在全球 AI 竞赛中占据领先地位。DeepSeek 的开发经验对破局高端人才依赖、激活青年创新潜力、重构科研组织形态具有重要借鉴意义，也为中国教育体系的国际竞争力提供了有力实证。

## 1.2　技术创新突破与局限

2022 年以来，大模型一直处于高速发展阶段。2022 年 ChatGPT 的发布开启了大模型时代；2023 年大模型飞速发展，新的范式正式形成；2024 年基于大模型的应用开始成熟，行业开始进入 Agent 元年，各种应用层出不穷，超级个体成为可能；2025 年，在人们以为大模型会按照“应用”的角度开始推进的时候，DeepSeek 释放大模型深度思考能力，让模型真正在推理的时候进行自我反思和验证。

DeepSeek 的成功源于多方面的优势：在 AI 行业整体创新放缓的背景下，中国团队的工程能力优势凸显；孵化公司幻方量化在硬件优化和高效执行方面的经验影响了 DeepSeek；DeepSeek 的商业模式和开源文化，使团队能够专注于技术创新而非短期商业化压力。科研人员一直希望能够开发出像人一样自主思考、自主学习、自主解决问题的通用人工智能，这也是 AI 业界的终极目标。

## 1.2.1 混合专家模型：三个“AI 臭皮匠”如何胜过诸葛亮

中国有句老话“三个臭皮匠顶个诸葛亮”，DeepSeek 的 MoE 架构正是这一智慧的完美演绎。这个架构就像组建了一个由数百位专业“臭皮匠”构成的智囊团——每位专家都精通特定领域，遇到问题时大模型自动选派最合适的三人组队解决，既保证了专业度，又避免了“诸葛亮式全才”的资源浪费。我们具体来看看这一实现过程中有哪些关键点。

首先是智能分工，修鞋匠不管补锅事。想象这样一个场景：当用户问“帮我写首中秋古诗”时，大模型就像村口的问题分配中心，瞬间识别出这是文学创作需求，并启动动态路由机制立即唤醒三位专家，即精通古诗词格律的“格律大师”、熟悉传统文化意象的“典故专家”、擅长情感表达的“意境营造师”。他们就像各有所长的“臭皮匠”——修鞋的只管修鞋，补锅的专注补锅，绝不越界处理不擅长的事务。这种动态路由机制带来惊人效率：大模型虽然拥有 6710 亿参数的庞大知识库，但每次只需调用 370 亿参数（约 5.5%），就像要修一双鞋只需要请一个修鞋匠，而不需要把全村的工匠都请来，从而极大地节省了计算资源。

其次是流水线协作：三人组的增效秘诀。三位专家如何高效配合？这要归功于两个核心技术。一个是双管道算法，如同将修鞋流程分解为“拆线”和“缝制”两个环节，让 GPU 的计算与数据传输并行运作。在写中秋古诗任务中，当格律大师在分析诗句平仄时，典故专家已经在准备典故数据库，意境营造师同步构思情感表达，消除等待空档。另一个是 FP8 混合精度，就像老师傅用简易工具也能做出精细活，系统用 8 位浮点数替代传统 16 位数，内存占用减少 75%，但通过特殊补偿算法保证关键处理的质量不缩水。

最后是集体智慧的可扩展性。这套模型还具备“师傅带徒弟”的成长能力：当遇到超出当前专家知识的问题（如最新科技动态）时，可以通过动态神经元激活机制，快速接入新训练的专业模块。这就如同村里来了位会修智能手机的年轻“臭皮匠”，立即补充到专家库中，而无须重新培养一个全能的“诸葛亮”。

这种“专业团队替代全能天才”的设计，就像小镇鞋匠铺用三人协作模式，接下了原来需要诸葛丞相亲自督办的大型工程。通过这种技术，DeepSeek 打破了“AI 等于烧钱”的魔咒，让中小企业甚至个人开发者都能用得起顶尖模型。

## 1.2.2 强化学习：DeepSeek 的“顿悟时刻”

在人工智能的发展长河中，有一款产品宛如一座耀眼的里程碑，那便是 AlphaGo。相信很多人都听说过它当年打败人类围棋冠军的辉煌战绩。开发 AlphaGo 的公司名叫 DeepMind，在 AlphaGo 之后，该公司又推出了 AlphaGo Zero。

开发 AlphaGo Zero 时，研发人员没有像传统做法那样让 AlphaGo Zero 去学习大量的围棋棋谱，而是把围棋的规则输入这个模型当中，并且设置了一个目标——以赢得比赛作为奖励函数，之后，就完全让模型自己去应对下棋过程中遇到的各种问题。就好像把一个人扔进一座充满挑战的迷宫，只告诉他最终的出口在哪里，让他自己去摸索道路。而 AlphaGo Zero 最终取得了惊人的成绩，它在很短的时间内就超越了曾经击败李世石的 AlphaGo，获得了巨大的成功。这里 AlphaGo Zero 所使用的方法就是强化学习（Reinforcement Learning, RL）。

为了能让大家更好地理解强化学习，我举一个特别形象的例子。想象有一个天才儿童，他没有任何老师的指导，也看不到别人做事的范例。但是，他会不断地去尝试做各种事情，每次尝试之后都会得到一个反馈，比如说成功了会得到表扬，失败了会有一些小提示。通过这些反馈，他会逐渐朝着正确的方向前进。因为是他自己慢慢琢磨出来的方法，没有被固定的思维束缚，所以他思考出来的解决办法可能非常惊艳，甚至让我们意想不到。最终，他能够学会解决复杂的问题。这就是强化学习，它和其他需要大量人为介入的方法相比，显得更加有效。

既然强化学习这么厉害，能不能把它应用到 AI 大模型领域呢？事实上，到目前为止，AI 大模型主要依靠的是人类反馈强化学习（Reinforcement Learning from Human Feedback，RLHF）。这种方法就像教一个小朋友写作文，我们要一项项地告诉他，这里写得好，哪里还需要改。

然而，DeepSeek-R1 做出了大胆的改变，它放弃了 RLHF 这种传统方法，直接采用强化学习进行实践，这一点和 AlphaGo Zero 很相似。那么，DeepSeek 是怎么具体操作的呢？

首先，给 DeepSeek 模型设置一组问题，这些问题涉及数学、编码和逻辑方面，就像是给一个学生一套包含各种数学难题、编程任务和逻辑推理题的试卷，然后又设置了两个奖励函数：一个奖励函数用于奖励给出正确答案，就好比学生答对了一道题会得到小红花；另一个奖励函数用于奖励书写格式规范，就好像学生不仅答对了题，而且书写步骤规范，这也能得到奖励。

接下来，就全靠模型自己去摸索了。DeepSeek 并不会像老师批改作业一样，一步步地去评估模型的思考过程，也不会去搜索所有可能的答案。相反，它鼓励模型尝试多个不同的方法，比如说面对一道数学题，模型会同时给出几种不同的解法，之后，再根据奖励函数对这些解法的答案进行评分。通俗地讲，我们不用手把手地教 AI 该怎么去推理，只要为它提供足够多的计算能力和数据资源，它自己就能慢慢掌握推理的方法。我们人类是有生理极限的，要吃饭、睡觉，但是 AI 可不需要。训练一年的 AI，它所“见过”的棋局、玩过的游戏，可能比一个职业棋手、职业电竞玩家 10 辈子经历的都要多。

基于强化学习，AI 不再简单地按照人类的提示去做事情，而是真正能够去认识这个世界，了解事物背后的规律，不再仅仅为了迎合我们的口味去生成内容。就拿给 DeepSeek 模型设置的那些数学、编码和逻辑问题来说，它在不断尝试解答、获取奖励的过程中，会逐渐明白不同类型问题的解决思路和方法，会去分析为什么这个答案会得到奖励，那个答案得不到奖励，从而总结出一套自己的推理体系。

这种通过简单规则让 AI 自我探索的方式，让它逐渐具备了深刻推理的能力，这打破了我们以往的传统认知。过去，我们总觉得 AI 必须要人类一步步地教，就像小孩学走路，必须要有大人在旁边扶着。但 DeepSeek 让我们看到，只要给 AI 一个正确的环境和前进的动力，它就能自主地培养出解决问题的能力。

DeepSeek 的研发人员甚至用了“顿悟时刻”这个词来形容这次突破。

为什么这么说呢？

因为在强化学习的过程中，AI 并不是一开始就知道如何解决所有问题的。它就像一个盲人在黑暗中摸索，一开始会不断地碰壁，给出很多错误的答案。但是随着不断地尝试和积累反馈，突然有那么一个时刻，它好像开窍了一样，找到了一种正确的推理方法，从此之后就能举一反三，解决很多类似的问题。回到模型本身就是，模型自己学会重新评估、检查或验证，能够自我反思和修正错误，如同恍然大悟一般。它展示出强化学习的神奇之处：我们并没有明确告诉模型如何解决问题，而是通过提供适当的激励，让它自主发展出高级的解决问题策略。比如说在编码问题上，可能一开始 AI 写出的代码漏洞百出，根本无法运行。但是，在经过无数次的尝试和根据奖励函数调整后，它可能突然就明白了某个编程语言的特性和使用方法，接下来就能编写出高效、准确的代码。这就好像一个人一直苦苦钻研一道难题，突然灵感一闪，找到了答案，那就是“顿悟时刻”。

DeepSeek 的这次尝试无疑为 AI 的发展开启了一扇新的大门。它让我们看到了 AI 自主进化的可能性，也让我们对未来 AI 的发展充满了期待。也许在不久的将来，我们会看到更多基于强化学习的 AI 诞生，它们能够在科学研究、医疗诊断、金融分析等各个领域发挥作用，为社会发展和进步做出重要贡献。

### 1.2.3 开源生态系统与跨模态学习：武侠世界的“江湖共创”

如果说前两项技术是高手闭关修炼的独门绝技，那么开源生态与跨模态学习就如同金庸笔下的武林大会——各门各派齐聚光明顶，剑法、刀法、轻功融会贯通，最终创出威震江湖的“乾坤大挪移”。DeepSeek 的开源生态正是这样一场 AI 界的武林盛事，跨模态框架则是让“文字剑招”与“图像掌法”合璧的武学总纲。

首先是开源生态系统。DeepSeek 将核心技术和盘托出，如同少林寺公开《易筋经》秘籍，包括模型、代码、论文完全开放。开发者可自由访问模型，通过微调快速满足特定场景需求。同时，开源代码、模型权重及训练细节，全世界都能基于这些进展来改进自己的 AI 模型训练。

当技术领先者能够以更低成本提供更高性能的服务时，开源反而成为其巩固市场地位的利器。企业虽然提供了免费基础服务，但可以通过以下几种方式赢利。首先是增值服务，即免费提供基础服务后，可通过提供企业级解决方案、定制化服务、接口等增值服务来收取费用。其次是数据和流量变现，即通过积累大量用户的数据和流量，企业可以通过广告、用户数据分析等方式来实现商业化。最后是合规增值服务，即随着 AI 监管的加强，厂商可能会提供合规增值服务，比如数据溯源、安全审核等，以满足法规要求，从中收取额外费用。而且中小企业和个人开发者无需巨额投入即可复现和改进模型，挑战了科技巨头的垄断地位。例如，小公司可通过微调 DeepSeek-R1 的 32B/70B 模型，获得与 OpenAI o1-mini 相当的能力。DeepSeek 的开源不仅是技术突破，更是一场产业范式革命。它以“低成本高性能”为核心，推动 AI 从资源密集型向算法驱动转型，重构了全球竞争格局，并为技术普惠、文化多样性及开源生态发展树立了新标杆。

其次是跨模态学习。DeepSeek 支持文本、图像、语音等多模态数据的联合训练，例如通过图片生成商品描述。同时，DeepSeek 会根据输入数据类型自动调整神经网络结构，提高处理效率。例如遇到图像识别任务时，系统瞬间切换为“视觉经脉”，关闭无关的文本处理模块，如同风清扬根据对手武器切换剑法套路一般。

正如《笑傲江湖》中五岳剑派合而为一，DeepSeek 的开源战略让全球开发者共享“武学智慧”。当其他 AI 门派还在争夺《九阴真经》时，DeepSeek 早已实现“他强由他强，清风拂山岗”的平和与自信，因为真正的绝世武功，从来都不是一个人的江湖。

如果总结一下 DeepSeek 的技术创新的话，那就是 DeepSeek 大模型采用了更加高效的模型架构、训练框架和算法，是巨大的工程创新，但不是从 0 到

1 的颠覆式创新。DeepSeek 并未改变人工智能行业的发展方向，但大大加快了人工智能的发展速度。DeepSeek 的故事，本质上是一场关于“中国式创新”的实验，它证明了当技术突破、人才活力与生态共建形成共振时，中国 AI 完全有能力在全球竞争中占据独特位置。而这场实验的未来启示或许更值得思考：当大模型技术趋于同质化，如何在“应用层创新”与“底层突破”间找到平衡？当技术普惠成为主流，如何构建可持续的 AI 伦理框架？答案或许就藏在那些敢于提问、善于解题的年轻人手中。

### 1.2.4　局限性

前面介绍了 DeepSeek 的技术创新，但并不是说 DeepSeek 已经实现了通用人工智能，我们在看待 DeepSeek 的时候，还是需要客观公正。对于中国 AI 超越其他国家或者引领全球的论断，更不能盲目乐观，DeepSeek 并没有颠覆算力、算法、数据三要素的大模型发展路径，DeepSeek 的很多创新都是因为芯片受限而不得不为，比如英伟达 H100 的通信带宽是每秒 900GB，H800 就只有每秒 400GB，而 DeepSeek 只能用 H800 来训练模型。DeepSeek 能与 OpenAI 的同款产品打成平手，靠的是用算法优势来弥补算力劣势。

DeepSeek-V3 的不足和局限性主要表现在以下方面。一是具体细节问题错误率较高。相比 GPT-4o，DeepSeek-V3 更适合用于解答开放式问题。对于较为具体的细节问题，两者各有优势，GPT-4o 更保守且更可靠，DeepSeek 广度更宽、维度更高，但也更容易出错。二是缺乏多模态输入与输出。当前版本的 DeepSeek-V3 暂不支持多模态输入与输出，限制了其在某些场景中的使用。三是服务器稳定性问题。用户在使用 DeepSeek 官网服务或 API 时，可能会遇到“服务器繁忙，请稍后再试”的提示，影响使用体验。

DeepSeek-R1 的不足和局限性主要表现在以下方面。一是模型架构局限。中等规模版本如 14B、32B 需要高端 GPU 支持，增加部署成本；大规模版本如 70B、671B 对硬件和计算资源需求极高，只能在大规模云端环境运行，使用成本高。二是 DeepSeek-R1 的幻觉率高达 14.3%，远超其前身 DeepSeek-V3 的 3.9%。推理增强可能提高幻觉率，GPT 系列也有类似问题，但其平衡更好。三是能力表现不足。面对国际数学奥林匹克竞赛（IMO）等高难度数学问题时，DeepSeek-R1 可能无法给出正确答案，其处理复杂问题的能力还有提升空间。

使用非英语语言提问时，模型往往需先将其翻译为英文或中文，花费较多思考时间，影响回答效率，答案准确性也受影响。四是使用稳定性欠佳。在使用少样本提示模板时，过多示例会使模型思考过程烦琐，拖慢反应速度，影响其稳定性和输出效果。且易受有害提示影响，如在某些场景中可能受不良输入干扰，影响生成内容的安全性和可靠性[1]。

[1] 参见朱嘉明的文章《人工智能进化尺度和大模型生态——DeepSeek V3 和 R1 系列现象解析》。

|第 2 章| CHAPTER

# 零基础极速上手 DeepSeek

DeepSeek 的现象级破圈不仅给 DeepSeek 本身带来了海量流量，还使得 AI 进一步走进了大众视野。从一线城市到偏远乡村，DeepSeek 成为人们茶余饭后谈论的重要话题。引发这一轮突破的本质是技术创新，它实现了更多场景的解锁，或者说让更多场景体验从 60 分提升到了 80 分，甚至满分，这样自然会实现口口相传的效果。尤其是当人们开始使用 DeepSeek 问出第一个问题的时候，如果 DeepSeek 能够给出一个很好的回答，那么大家就会觉得这个 AI 比较智能，就会给它进行宣传。但是，问出一个好问题和给出一个好答案同等重要。

## 2.1 使用 DeepSeek 的多种途径

### 2.1.1 零基础学会使用 DeepSeek

DeepSeek 已经为全国人民所熟知，无论是撰写精彩的文章、解决复杂的专业问题，还是进行创意满满的头脑风暴，它都能游刃有余。那么，应该通过什么途径使用 DeepSeek 呢？实际上，最简单、最直接的方法就是通过 DeepSeek 的官方网站来使用，这里面既有网页版也有 App 版下载渠道。无论是学生、职场人士，还是科技爱好者，DeepSeek 都能满足你的需求。

### 1. 网页版学习

登录 DeepSeek 的官网，可以看到 DeepSeek 已经给出了两种使用方式（见图 2-1），左边的是通过网页登录，直接开始对话；右边的是获取手机 App 使用。

图 2-1 DeepSeek 官方网站界面

我们先来通过网页版实践一下如何使用 DeepSeek。单击左侧的“开始对话”按钮，就进入到了 DeepSeek 网页版主界面（见图 2-2）。

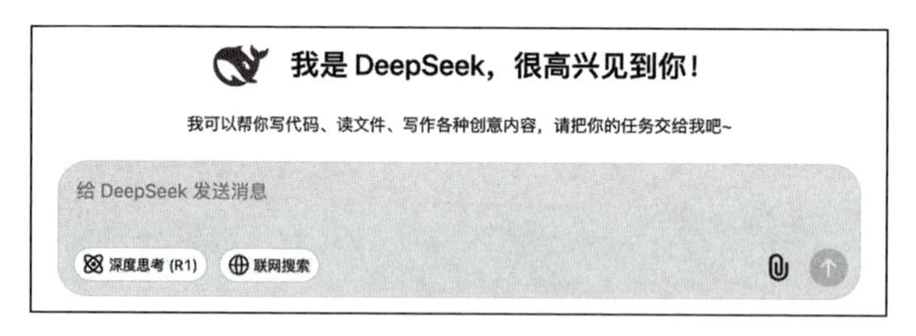


图 2-2 DeepSeek 聊天对话框

在这里，DeepSeek 很明确地告诉我们，它能够帮助写代码、读文件、写各种创意内容。从某种意义上来讲，就是划定了 DeepSeek 擅长的领域，也就是说 DeepSeek 不是万能的，不能解决所有问题，创意类内容的生成才是它最擅长的。我们在网页端使用 DeepSeek 的时候，默认使用的是 DeepSeek-V3 模型，如果我们希望让 DeepSeek 使用推理模型，可以选择 DeepSeek-R1，那么就需要在对话框左下角选中“深度思考（R1）”。深度思考模式擅长用系统化的方法分析问题，能把复杂的事情拆解得明明白白。也就是说，DeepSeek 在此模式下回答问题的时候会进行深度分析和推理。

如图 2-3 所示，当我们选中“深度思考（R1）”模式之后，这个标签就会变蓝，大模型就可以根据我们提出的问题进行深度推理和思考，给出更有针对性的答案。同时，我们在“深度思考（R1）”模式下还可以上传附件，以让 DeepSeek 更加聚焦我们提出的问题来进行推理和回答，或者根据提供的材料进行分析总结等。

图 2-3　勾选“深度思考（R1）”模式

在“深度思考（R1）”模式旁边还有一个“联网搜索”的标签，它的目的是让大模型回答问题的同时，能够参考网络上的内容进行实时分析和研判，而且联网功能不会受到模型训练数据的时间限制。因此只选择“深度思考（R1）”，而不选择“联网搜索”会有不足。一方面是时效性缺失。DeepSeek 的深度思考能力主要是依赖预训练知识库，这个数据库的数据截止时间是 2024 年 7 月。这意味着 DeepSeek 在没有联网搜索的时候，无法回答实时查询股票市场行情、航班是否延误、当天的天气预报、社交媒体实时趋势分析等问题。另一方面是事实准确性受损。深度思考模式可能错误关联人物与作品（如将他人作品错误归因），且无法通过联网搜索来验证信息的真实性。例如搜索影视人物的时候，DeepSeek 会将别人的作品加到搜索人物的身上，对人物的评价也可能不是对应用户搜索的人物的评价。

因此，当我们在使用 DeepSeek 的时候，不但要打开“深度思考（R1）”，也要打开“联网搜索”，以获得更加准确、实时的答案。

当然，按照目前 DeepSeek 的设计，如果我们选择了“联网搜索”功能，那么就不能允许用户上传附件。如图 2-4 所示，上传附件的“曲别针”图标会自动变灰，即无法使用。也就是说，“联网搜索”和“上传附件”这两个功能是互斥的，无法同时使用。

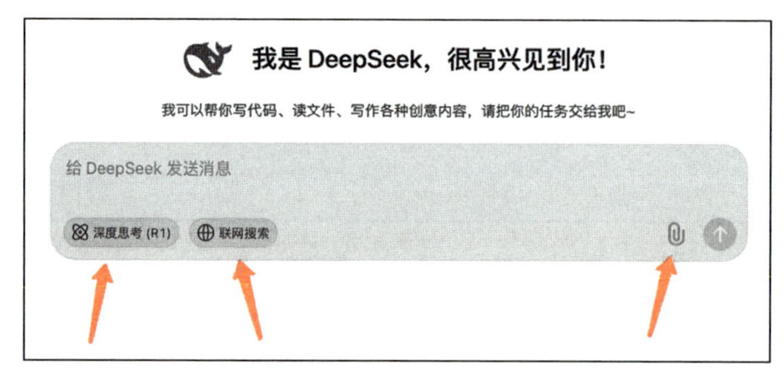


图 2-4　DeepSeek 使用时勾选“联网搜索”选项

## 2. App 版学习

要想使用 App 版学习，需在应用商店直接下载 DeepSeek 的 App。DeepSeek 移动端是 2025 年 1 月上线的，到 2 月 5 日其日活用户已经突破了 4000 万，而 ChatGPT 移动端日活用户为 5495 万，也就是说 DeepSeek 移动端用户此时约是 ChatGPT 移动端的 73%。DeepSeek App 使用界面如图 2-5 所示。

在使用方面，App 版的 DeepSeek 和网页版的 DeepSeek 基本一致，前面介绍的使用方法都可以在 App 版本使用。根据上面的介绍，我们做好功能勾选之后，就可以和 DeepSeek 对话了。

图 2-5　DeepSeek App 使用界面

### 2.1.2　DeepSeek 官网抢登技巧

DeepSeek 虽然很好，但是当海量用户蜂拥而至时，会导致一段时间内出现图 2-6 所示的情况。

那么，是什么原因导致 DeepSeek 经常出现宕机呢？

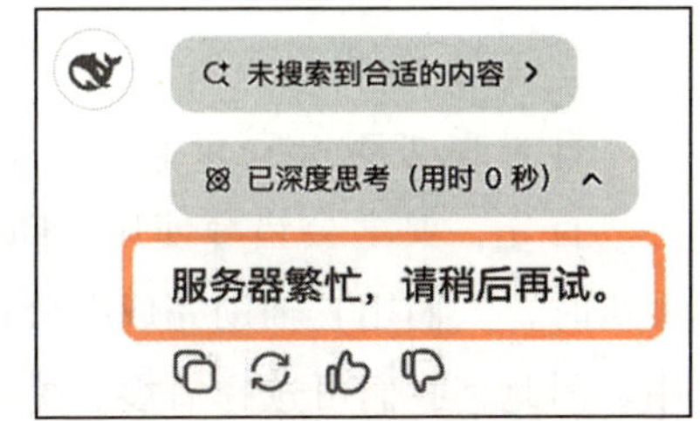


图 2-6　DeepSeek 出现服务器繁忙无法提供服务的问题

#### 1. 原因

第一个原因是用户量激增与高峰拥堵。自 2024 年底 DeepSeek 发布新模型之后，DeepSeek 的日活用户已经突破数千万，集中访问量远超服务器原有的承载能力，这就导致请求出现大量积压和响应延迟。尤其是在工作日上午、晚间及周末等时段，用户会集中访问，这就导致瞬时流量过载，类似每年都会经历的“双 11 购物”效应。

第二个原因是算力与硬件瓶颈。DeepSeek 作为 AI 大模型的优秀代表，其深度思考模式高度依赖高性能 GPU 集群运算，复杂任务的推理和思考需要调动大量计算资源，而且复杂任务容易造成算力资源排队、用户请求被迫延迟等问题。同时，服务器扩容速度未能跟上用户增长速度，导致存在算力分配不足和内存溢出的问题。

第三个原因是安全攻击与网络问题。DeepSeek 在引发全球关注的同时，也在不断遭受 DDoS 攻击。从 2025 年 1 月 27 日起，攻击手段升级，除了 DDoS 攻击，还包括大量的密码爆破攻击。海量恶意请求会大量占用服务器资源，干扰正常服务。尽管平台部署了防御机制，但攻击规模和技术复杂度仍在升级。因此，为了防止滥用，DeepSeek 可能对短时间内的频繁请求进行限制，导致部分用户无法继续使用。

第四个原因是维护与请求限制策略。为了提升系统稳定性，DeepSeek 团队定期进行硬件维护、软件升级和架构优化。例如，2025 年 2 月曾多次进行分布式缓存技术部署和负载均衡测试，期间部分功能受限。此外，平台为缓解压力实施了动态限流策略，对高频请求用户或异常 IP 进行临时拦截，导致部分用户收到“服务器繁忙，请稍后再试”提示。官方公告显示，此类维护通常选择低峰时段，但仍可能波及部分用户。

虽然有很多客观原因，但是普通用户更关心的是怎么才能流畅、无卡顿地使用 DeepSeek。

#### 2. 方法

针对通过 DeepSeek 官网来访问的需求，目前主要有以下 3 个方法。

首先，要学会错峰使用。DeepSeek 应用广泛，访问量巨大。比如工作日上班时，人们用它辅助完成办公任务；晚上及周末，人们休闲娱乐也会频繁使用。因此，我们可选择清晨、凌晨等非高峰时段使用，优先选凌晨 1 ～ 5 点调用 API，此时服务器负载小，能缩短响应时间，提高连接成功率。

其次，当遇到连接问题时，我们可以尝试刷新操作。网络多变及服务器偶尔繁忙可能导致连接不畅，此时刷新网页或重新发送请求，有可能避开繁忙时段，重新连接。我们还可采用指数退避算法进行重试，如先间隔 1 秒，失败后延迟 5 秒再试，再失败后间隔 30 秒再试，既能避免给服务器施压，又能提高连接成功率。

最后，对于简单问题，可关闭 DeepSeek 的深度思考功能。面对基础知识的查询或简单任务，深度思考功能并非必需，开启它会消耗大量计算资源，导致处理速度变慢。关闭后，服务器计算负担减轻，能更迅速响应请求，提升使用体验。

总体来说，通过错峰使用、尝试刷新和关闭深度思考功能等方法，我们能够更顺畅地使用 DeepSeek。

### 2.1.3 第三方接入

如果对前面提到的方法还是不够满意，我们还可以通过第三方来体验 DeepSeek，而且效果还是非常不错的。目前，国内很多科技公司的龙头产品已经接入了 DeepSeek，我们可以选择适合自己的产品来使用 DeepSeek。

#### 1. 秘塔 AI 搜索

网址：https://metaso.cn/。

使用方式：访问官网后，在输入框下方勾选“长思考 · R1”模式（见图 2-7），之后直接输入问题即可调用 DeepSeek-R1 模型。秘塔 AI 搜索支持联网搜索和多模态文件上传。

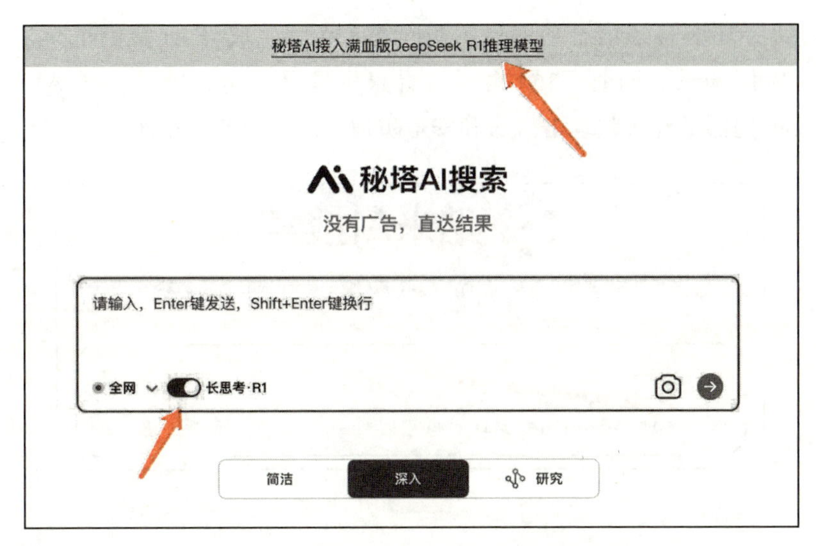


图 2-7　秘塔 AI 搜索调用 DeepSeek 界面

点评：秘塔 AI 搜索是上海秘塔网络科技有限公司的产品，在 2024 年初上线。目前，秘塔 AI 搜索已经接入了 DeepSeek 大模型。同时，秘塔 AI 搜索自身比较大的优势在于关联了海量的学术文章，这对做科研、行业调研需求比较多的人来讲，是一个非常好的选择。此次融合中，DeepSeek 大模型整合了秘塔数十亿全网数据、数千万学术文献资源，以及 DeepSeek-R1 的深度逻辑推理能力，形成了“实时联网 + 复杂推理 + 学术知识库”三位一体的技术架构。目前，该功能已在网页端上线，提供简洁、深入、研究 3 种交互模式，尤其在学术研究、市场分析等场景中提供了高精度解决方案。

## 2. 纳米 AI 搜索

网址：https://www.n.cn/。

使用方式：访问官网后，在输入框下方勾选“深度思考（DeepSeek-R1- 联网满血版 671B）”模式（见图 2-8），然后直接输入问题即可调用 DeepSeek-R1 模型。纳米 AI 搜索支持联网搜索、多模态文件上传和语音输入。

点评：纳米 AI 搜索是 360 集团推出的一款智能搜索引擎，自 2025 年 1 月起逐步接入 DeepSeek 系列大模型。目前，DeepSeek-R1- 联网满血版 671B 在搜索首页可以进行勾选，通过本地化部署和华为昇腾 910B 芯片算力支持，显著提升了模型响应速度与稳定性。纳米 AI 搜索不仅整合了 DeepSeek 的强化推理能力，还融合了语音搜索、拍照问答、视频生成等 AI 多模态交互功能，扩展了应用场景。同时，360 集团的看家本领是安全，因此纳米 AI 搜索为 DeepSeek 提供了专属防攻击机房和安全防护，确保服务可靠性。

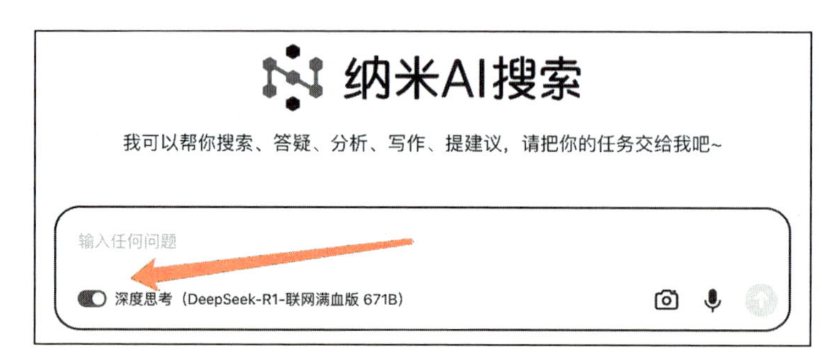


图 2-8 纳米 AI 搜索调用 DeepSeek 界面

### 3. 腾讯元宝

网址：https://yuanbao.tencent.com/chat/naQivTmsDa。

使用方式：进入对话界面后，在对话框下方选择模型：一个混元大模型，自带“联网搜索”功能，适合通用场景；另一个是 DeepSeek-R1 满血版，切换后需手动勾选“联网搜索”功能（见图 2-9），支持调用微信公众号、视频号等腾讯生态内容。用户提问后，模型会进行深度思考并自动联网检索信息（需开启“联网搜索”功能），最终整合多源内容生成回答。

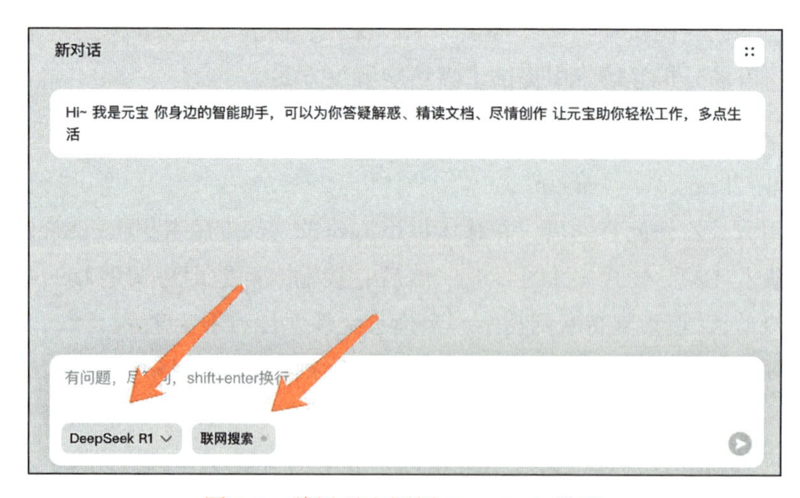


图 2-9 腾讯元宝调用 DeepSeek 界面

点评：用户使用腾讯元宝的时候，可根据需求选择混元或 DeepSeek-R1 模型满血版，前者侧重腾讯自研能力，后者提供更高推理能力。腾讯元宝较大的优势在于，可以优先调用公众号、视频号等高质量内容，显著提升答案时效性和准确性。依托腾讯云算力优化，元宝有效解决了 DeepSeek 官方入口的访问卡顿问题，响应速度提升且稳定性增强。此次合作标志着腾讯以开放生态策略整合行业顶尖 AI 能力，通过技术互补（混元 + DeepSeek）与内容生态（微信独家数据）叠加，重新定义 AI 助手的产品边界。

### 4. 国家超算互联网（SCNet）平台

网址：https://chat.scnet.cn/#/home。

使用方式：访问官网后，在输入框左下方有 3 个 DeepSeek-R1 模型版本（DeepSeek-R1-Distill-Qwen-7B、DeepSeek-R1-Distill-Qwen-32B、DeepSeek-R1-671B）（见图 2-10）供选择，选择一个模型版本之后，用户就可以输入问题调用 DeepSeek-R1 模型进行问答。

图 2-10　国家超算互联网平台调用 DeepSeek 界面

点评：国家超算互联网平台由科技部指导建设，旨在整合全国超算、智算中心资源，实现超算与智算的统筹与调度，打造一个开放共享的平台。国家超算互联网平台依托国家超算中心的算力资源，解决了普通用户使用大模型时的卡顿问题，尤其适合科研机构和企业进行大规模计算。国家超算互联网平台作为“国家队”项目，安全性高且完全免费，支持用户通过平台接口进行定制化训练，满足特定行业需求。此外，DeepSeek 与国家超算互联网平台的深度整合优化了算力调度，例如结合华为鸿蒙系统实现跨终端无缝调用。

### 5. 知乎直答

网址：https://zhida.zhihu.com/。

使用方式：访问官网后，在输入框左下方勾选“深度思考 DeepSeek R1”

（见图 2-11），这样用户就可以输入问题调用 DeepSeek-R1 模型进行问答。

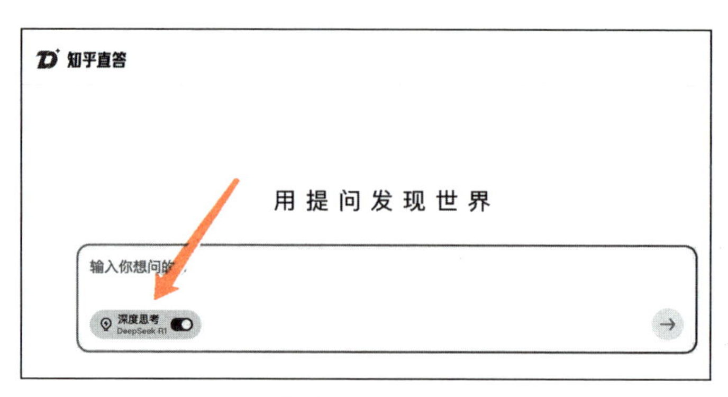


图 2-11　知乎调用 DeepSeek 界面

点评：知乎拥有社区庞大的优质语料和超过 5000 万篇中英文文献数据，拥有强大的专业内容搜索和溯源能力。知乎直答通过接入 DeepSeek-R1 模型的满血版，结合其 AI 搜索与知识库功能，为用户提供高效的信息处理和推理分析服务。DeepSeek-R1 模型推理过程在知乎社区专业可溯源语料加持下更加准确精密，基于社区专业内容，搜索结果更全面和解答质量更高。

除了以上这些接入 DeepSeek 的平台之外，还有很多其他行业的公司也陆陆续续将 DeepSeek 接入自家业务流程当中，目前已经有手机、汽车、办公、金融、教育等多个行业的企业开始落地接入 DeepSeek，如表 2-1 所示。

表 2-1　典型行业和企业接入 DeepSeek 示例

| 序号 | 行业 | 应用 | 现状 |
|---|---|---|---|
| 1 | 手机 | 华为小艺助手 | 智能体广场已上线 DeepSeek-R1 的 Beta 版 |
| 2 | | 荣耀 YOYO 智能体 | 荣耀正式在 YOYO 智能体商店上线 DeepSeek-R1 尝鲜版 |
| 3 | | 星际魅族 Flyme AIOS | Flyme AIOS 已完成 DeepSeek-R1 大模型接入 |
| 4 | | 联想小天助手 | 联想小天助手已接入 DeepSeek，为用户带来更加智能、便捷的 AI 交互体验 |
| 5 | 汽车 | 智己汽车智能座舱 | 智己汽车智能座舱已深度引入 DeepSeek 大模型 |
| 6 | | 上汽通用汽车 | 凯迪拉克、别克品牌的新车型将于近期陆续搭载使用 |
| 7 | | 东风汽车 | 东风汽车已完成 DeepSeek 全系列大语言模型的接入工作，猛士、奕派、风神、纳米等自主品牌车型将于近期陆续搭载应用 |

（续）

| 序号 | 行业 | 应用 | 现状 |
| --- | --- | --- | --- |
| 8 | 汽车 | 一汽－大众 AI 内容运营数字化平台 | 一汽－大众 AI 内容运营数字化平台已全面接入 DeepSeek 大模型，迈入智能化营销全新阶段 |
| 9 | | 长安汽车 | 长安汽车已完成 DeepSeek 深度融合，2 月 12 日行业首发量产搭载上市 |
| 10 | 办公 | 阅文集团“作家助手” | 作家助手已接入 DeepSeek-R1 模型，在智能问答、获取灵感和描写润色 3 方面实现升级 |
| 11 | | 钉钉 | 用户在钉钉上创建 AI 助理的时候，可以直接选择 DeepSeek 系列的 R1、V3 模型 |
| 12 | | 飞书 | 飞书多维表格已接入 DeepSeek-R1 模型 |
| 13 | | ChatPPT | ChatPPT 接入 DeepSeek，直接在 ChatPPT 使用 DeepSeek 实现对话式创作 |
| 14 | | 美图公司“美图设计室” | 美图设计室已采用 DeepSeek 技术实现 AI 生成 PPT 相关功能 |
| 15 | | 中国电信“天翼云盘” | 中国电信已成功部署了 DeepSeek 大模型，并在多个场景中显著提升 AI 助手的智能问答能力 |
| 16 | | 知我 AI | 知我 AI 已接入 DeepSeek-V3 大模型，增强信息筛选、存储、引用、提取功能 |
| 17 | | 腾讯智能工作台 ima | ima 接入 DeepSeek-R1 模型，用户将 ima 更新至最新版本，在使用搜、读、写和知识库的时候，可以选择腾讯混元大模型或 DeepSeek-R1 模型 |
| 18 | 教育 | 网易有道全科学习助手“有道小 P” | 网易已结合 DeepSeek-R1 模型优化个性化答疑功能，能够提供更具深度、更强准确性的解题思路 |
| 19 | | 云学堂 | 云学堂的 AI 制课专家、AI 学习地图、AI 学习专家、AI 对练等产品均能够使用包括 DeepSeek 在内的多种大模型能力 |
| 20 | 医疗 | 美年健康 | 美年健康血糖管理 AI 智能体“糖豆”凭借 DeepSeek 能够为客户提供更精准的健康管理建议 |
| 21 | 智能助手 | 百度文小言 | 百度文小言已接入 DeepSeek-R1 模型，优化拍照解题功能 |
| 22 | | 昆仑万维天工 AI | 天工 AI 已接入 DeepSeek-R1 模型，并上线“联网搜索”功能 |
| 23 | | 出门问问全栈产品 | 出门问问联合华为云上线基于昇腾云的 DeepSeek-R1 服务，为公司元创岛、奇妙问、奇妙元（海外版 LivGen）、魔音工坊（海外版 DupDub）等产品注入全新的智能体验 |
| 24 | | Monica | 一站式 AI 助手，每天可以免费使用 40 次 DeepSeek-R1 大模型 |

（续）

| 序号 | 行业 | 应用 | 现状 |
|---|---|---|---|
| 25 | 企业级应用 | 猎户星空 | AI 超级带教和机器人 AgentOS 已接入 DeepSeek-R1 推理模型 |
| 26 | | 智慧芽 | 智慧芽宣布已正式接入 DeepSeek-R1 大模型，旨在进一步强化科创情报分析、技术趋势洞察、探索技术方案等方面的核心能力 |
| 27 | | BetterYeah | BetterYeah 配置 DeepSeek 模型后，支持在工作流运行过程中随时查看完整的推理过程，支持流式输出 |
| 28 | | 泛微 | 泛微旗下所有产品，借助数智大脑 Xiaoe.AI，可快捷方便地为客户搭建“DeepSeek 大模型 + 专业小模型 + 智能体”的数智底座 |
| 29 | 娱乐购物 | QQ 音乐 | 自研 AI 助手已完成对 DeepSeek-R1 完整版大模型的部署，音乐问答将更全面精准 |
| 30 | | 值得买 | 公司已经接入 DeepSeek 的模型产品，探索其在内容生成、办公辅助等场景中的应用 |
| 31 | | 微盟集团 | 导购 Agent 产品“导购任务 AI+”本地化部署微调 DeepSeek-VL2 多模态模型、轻量 DeepSeek-R1 推理模型，分别运用于智能合同质检和自动化估值对账场景中 |
| 32 | 金融证券 | 江苏银行“智慧小苏” | “智慧小苏”正式接入 DeepSeek 大模型，在复杂多模态、多任务场景处理能力、算力节约、效能等方面得到进一步提升 |
| 33 | | 汇添富 | 汇添富已完成 DeepSeek 系列开源模型的私有化部署，并将应用于投资研究、产品销售、风控合规、客户服务等核心业务场景 |
| 34 | | 国泰君安 | 国泰君安已完成 DeepSeek-R1 模型的本地化部署，并应用于“君弘灵犀”大模型中，赋能智能问答、智投服务、投教、行业研究、市场分析、合规风控等多个核心业务场景 |

除了以上通过官网、第三方可以登录和使用 DeepSeek 以外，国内的多家智能手机终端企业也加快接入步伐，据不完全统计，已有华为、荣耀、OPPO、魅族、努比亚、vivo 等企业相继宣布接入 DeepSeek。未来，我们可以在不同终端使用 DeepSeek。芯片公司也第一时间拥抱了 DeepSeek，包括英伟达、

AMD 这些国际芯片厂商，华为 · N 腾、百度昆仑芯、海光这几家国产芯片厂商也迅速适配 DeepSeek，为其专门优化 AI 推理。

## 2.2　新手实验室

DeepSeek 是在春节期间进入大家视野的，所以我在用 DeepSeek 时给的第一个问题和春节有关，想看看 DeepSeek 如何理解春节回家的意义，尤其好奇这个充满智慧的“伙伴”，会如何解读这蕴含着深厚情感和无尽故事的主题。

接下来，就让我们一同走进 DeepSeek 的世界，去看看它是如何理解春节回家的意义的，相信它会给我们带来一场别样的思想碰撞和心灵触动。

**提示词：**春节回老家过年，其实待不了几天，为何还要回去？

针对这个问题，我们还是先来看看 DeepSeek 是如何思考的，对于理解传统文化、亲情有什么值得借鉴的地方，如图 2-12 所示。

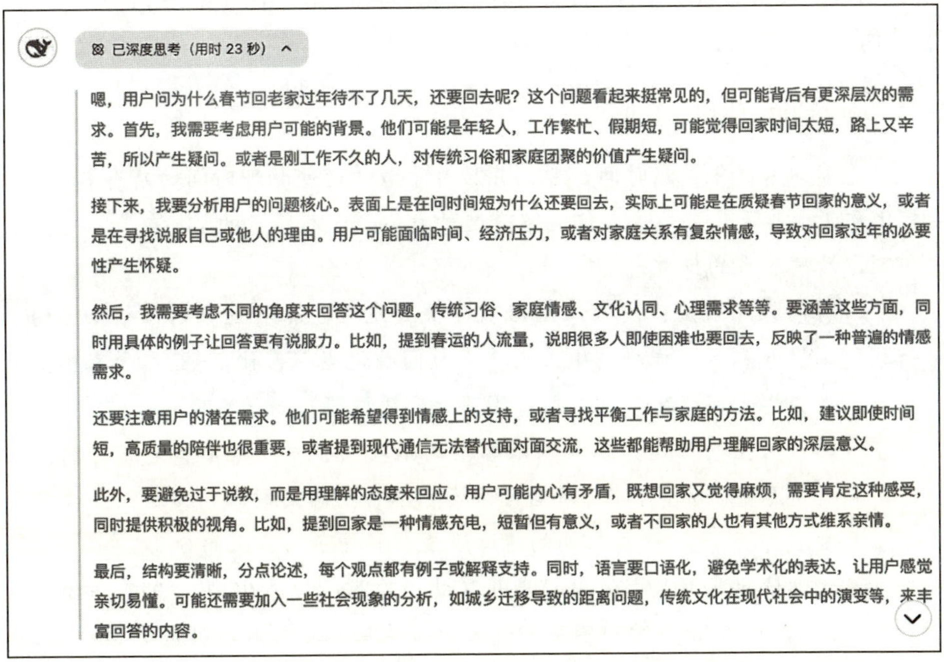

已深度思考（用时 23 秒）

嗯，用户问为什么春节回老家过年待不了几天，还要回去呢？这个问题看起来挺常见的，但可能背后有更深层次的需求。首先，我需要考虑用户可能的背景。他们可能是年轻人，工作繁忙、假期短，可能觉得回家时间太短，路上又辛苦，所以产生疑问。或者是刚工作不久的人，对传统习俗和家庭团聚的价值产生疑问。

接下来，我要分析用户的问题核心。表面上是在问时间短为什么还要回去，实际上可能是在质疑春节回家的意义，或者是在寻找说服自己或他人的理由。用户可能面临时间、经济压力，或者对家庭关系有复杂情感，导致对回家过年的必要性产生怀疑。

然后，我需要考虑不同的角度来回答这个问题。传统习俗、家庭情感、文化认同、心理需求等等。要涵盖这些方面，同时用具体的例子让回答更有说服力。比如，提到春运的人流量，说明很多人即使困难也要回去，反映了一种普遍的情感需求。

还要注意用户的潜在需求。他们可能希望得到情感上的支持，或者寻找平衡工作与家庭的方法。比如，建议即使时间短，高质量的陪伴也很重要，或者提到现代通信无法替代面对面交流，这些都能帮助用户理解回家的深层意义。

此外，要避免过于说教，而是用理解的态度来回应。用户可能内心有矛盾，既想回家又觉得麻烦，需要肯定这种感受，同时提供积极的视角。比如，提到回家是一种情感充电，短暂但有意义，或者不回家的人也有其他方式维系亲情。

最后，结构要清晰，分点论述，每个观点都有例子或解释支持。同时，语言要口语化，避免学术化的表达，让用户感觉亲切易懂。可能还需要加入一些社会现象的分析，如城乡迁移导致的距离问题，传统文化在现代社会中的演变等，来丰富回答的内容。

图 2-12　DeepSeek 思考推理过程

首先，DeepSeek 分析了提出这个问题可能的背景原因，比如说年轻人工作繁忙、假期短，所以才对传统习俗和家庭团聚产生质疑。也就是说，DeepSeek 在思考用户问出这个问题有哪些深层次的背景和原因。

接着，DeepSeek 开始针对问题本身进行分析，但是分析没有流于表面，而是深层次挖掘春节回家的意义，说服自己的理由。问题的背后可能是情感、时间、家庭关系等原因。

有了以上分析之后，DeepSeek 考虑从不同角度来回答这个问题。

接着，DeepSeek 从更人性化的角度提出，要在感情上对提问的人予以支持，来帮助用户理解回家更深层次的意义。同时，DeepSeek 还提示自己要避免说教，原因是 DeepSeek 推断问问题的人可能内心比较矛盾，想回家又觉得麻烦等等。

经过一系列的分析研判，最终 DeepSeek 给出了这个问题答复的逻辑。结构要清晰，分点论述，每个观点都有例子或解释支持。同时，语言要口语化，避免学术化的表达，让用户感觉亲切易懂。可能还需要加入一些社会现象的分析，如城乡迁移导致的距离问题，传统文化在现代社会中的演变等，来丰富回答的内容。

**DeepSeek 输出：**

春节回家过年虽然时间短暂，背后却承载着超越物理时间的情感需求和文化意义。以下几个角度或许能解释这种看似“不划算”的坚持。

1. 情感维系的仪式感

- 时间锚点效应：现代人生活节奏快如陀螺，春节就像刻在年轮上的刻度线。深圳程序员小王用 3 天时间往返老家，他说：“在老家祠堂上香那一刻，突然意识到自己不是代码机器，而是有根的人。”
- 错位时空的重逢：在北京做家政的张阿姨，每年都要扛着稻香村点心挤春运。她说：“看着老母亲尝京八件时眯起的眼睛，这一年受的委屈都值了。”这种瞬间的情感浓度，稀释了 364 天的分离。
- 代际情感账户：上海白领李莉算过一笔账：父母 65 岁，若每年团聚 5 天，余生相处时间不足 200 天。每次回家都像在往情感账户存款，怕哪天突然被清零。

2. 文化基因的显性表达

- 集体记忆的复刻：闽南乡村至今保留着“跳火群”习俗，95后阿杰说：“当跨过燃烧的稻草堆时，突然懂了为什么爷爷说火里住着祖先的灵魂。”
- 身份认同的校准：在纽约投行工作的David，坚持每年回潮汕老家祭祖。他说：“华尔街的西装革履下，我需要用祠堂的香火确认自己是谁。”
- 传统技艺的活态传承：山西的面塑手艺人老赵，最欣慰的是“00后”孙女能用3D建模复原传统花馍。科技越发达，越需要这种实体的文化触感。

3. 现代社会的心理代偿

- 数字时代的反噬：杭州电商主播薇薇坦言：“直播间说再多‘家人们’，也比不上摸到外婆龟裂的手掌真实。我们需要这种物理接触来对抗虚拟世界的异化。”
- 城市病的解药：北京心理咨询师发现，春节后就诊量下降30%。老家的炊烟、方言甚至土腥味，都是最好的心灵SPA。
- 生存焦虑的缓冲带：深圳创业者阿凯说：“在老家晒谷场看星空时，突然觉得融资失败不算什么。这种抽离感是城市给不了的。”

4. 正在演变的春节形态

- 反向春运兴起：2019年春运数据显示，北上广深“反向春运”票量增长40%。哈尔滨退休教师老刘夫妇说：“儿子在上海买房后，我们学会了视频剪辑，但终究想亲手摸摸孙子的脸。
- 时间碎片的艺术：成都设计师小苏发明了“24小时探亲攻略”：早上陪父亲晨练，中午学母亲腌泡菜，晚上教爷爷视频通话。浓缩的陪伴反而更高效。
- 文化符号的重构：互联网时代创造出“电子家谱”“AR祭祖”等新民俗。留学生小林开发了“气味邮件”——把老家初雪的空气封存寄给父母，算是赛博时代的年味。

这种看似“不划算”的迁徙，实则是现代人在流动社会中构建的精神锚点。就像候鸟迁徙不只为觅食，春节归程中那些挤火车的疲惫、亲戚的唠叨，甚至城乡切换的不适，恰恰构成了抵御现代性孤独的抗体。当我们穿越高铁网络回到燃着炭火的堂屋，完成的不仅是地理位移，更是一次文明DNA的自我修复。

下面，我们来一部分一部分分析 DeepSeek 给出的答案。第一部分从情感维系的角度给出了答案，重点从时间锚点效应、错位时空的重逢、代际情感账户这三个方面给出了它的理解，而且这三个方面没有给出定义，而是直接给出了案例和数字，让答案更加有画面感。读者在阅读过程中，能更轻松地产生共鸣，深刻理解情感和文化维系中那些看似不划算却极为重要的行为。

在第二和第三部分中，DeepSeek 重点从文化基因显性表达、现代社会心理代偿的角度给出分析。思路和第一部分很一致，就是通过案例来对每一部分进行解答和分析。而且，这里面的案例没有拘泥于某个地方，而是从全国各地的过年习俗中抽取与主题吻合的例子来进行呼应。

当然，这种案例选取的优势显而易见，能让读者有身临其境之感，仿佛置身于不同的过年场景之中。然而，不足之处在于，整个分析缺乏对内容的提炼和总结。各个案例虽然生动具体，但只是单独呈现，显得过于微观。

在第一、第二、第三部分，DeepSeek 都是通过支持回老家过年的角度来剖析过年的意义，让我们看到回老家过年背后所蕴含的文化、情感等多方面的价值。然而，第四部分 DeepSeek 在思路上有新的拓展，从反向角度进行了剖析。DeepSeek 遵循之前思考过程中中立的态度，引入了反向春运、碎片艺术和文化重构这些独特的视角。通过这样的反向分析，DeepSeek 为我们解读了更多非传统文化的盛行带来的更宽阔的视野，让我们能够从多个维度去理解和看待春节这一复杂而多元的文化现象。

在最后的总结部分，再次回到了春节回家这个问题上：迁徙过程中的疲惫、亲戚的唠叨和城乡切换的不适。这些看似负面的体验，实际上起到了抵御现代性孤独的作用。通过这些体验，人们感受到了家庭的温暖和亲情的纽带。

DeepSeek 最让人眼前一亮的是它的思考推理过程。在这个过程中，DeepSeek 花费了大量时间在推测我们的真实意图和背景。这也就意味着，当我们提出有清晰背景和目的指向性问题的时候，它可以把宝贵的算力资源留给更有价值的答案探索上。也就是说，我们能不能让人工智能的价值最大化，取决于我们的问题是否足够清晰和具有指向性。这意味着我们面对问题时分析和拆解能力将变得更加重要。

## 2.3　DeepSeek 的适用场景

DeepSeek 作为一款多功能人工智能工具，覆盖场景广泛，具体可分为以下几类。

（1）内容创作与文案生成

在数字化时代，无论是企业推广产品还是个人创意表达，都需要高质量的文案创作。DeepSeek 在这方面表现出色，能够生成多种类型的文案，涵盖营销文案、诗歌创作、文章撰写以及剧本设计等。例如，当企业需要为一款主打拍照的智能手机撰写面向年轻上班族的时尚宣传文案时，只需向 DeepSeek 提供具体需求，如目标受众是年轻上班族，风格要求时尚、简洁，核心卖点是出色的拍照功能。DeepSeek 就能根据这些信息，生成符合要求的文案。在使用过程中，用户要明确主题、关键点和格式要求，并且可以通过多轮对话对细节进行调整。比如，用户觉得生成的文案中关于拍照功能的描述不够生动，就可以进一步要求 DeepSeek 加入更具体的拍照场景和效果描述，从而使文案满足用户需求。

（2）代码开发与编程辅助

对于程序员来说，DeepSeek 是一个强大的编程助手。它可以生成代码片段、协助调试报错、为代码添加注释，以及解释代码逻辑等。例如，当需要用 Python 实现快速排序算法，并为每行代码添加注释时，DeepSeek 能够快速、准确地完成任务。不仅如此，DeepSeek 还支持本地部署，比如可以与 IntelliJ IDEA 集成，方便开发者在熟悉的开发环境中使用。同时，它还提供 API 供开发者调用，这使得开发者可以将 DeepSeek 的功能集成到自己的项目中，进一步提高开发效率。

（3）学术研究与知识管理

在学术领域，DeepSeek 发挥着重要作用。它可以帮助研究人员进行文献解读、学术概念解析、论文润色、数据分析等。例如，对于一些复杂的学术概念，如模型蒸馏技术，研究人员可以让 DeepSeek 用通俗语言进行解释，并举例说明其应用场景，这有助于更好地理解和掌握相关知识。此外，DeepSeek 还能针对上传的文件（格式包括 PDF/Word/TXT）进行关键信息提取或总结。这对于研究人员快速梳理文献内容、把握研究重点非常有帮助。

（4）复杂推理与问题解决

在面对数学题解答、商业策略分析、逻辑推演等复杂问题时，DeepSeek 也能提供有力的支持。例如，当遇到季度销售收入下降的情况时，用户可以向 DeepSeek 提问，分析销售收入下降的原因，并提出 3 种解决方案。在使用过程中，用户还可以采用分步提问、反向提问或要求加入批判性思考等方式，激发 DeepSeek 进行深度分析，从而获得更全面、深入的解答。

（5）个性化计划制订

无论是学习计划、旅行规划还是投资策略，DeepSeek 都能给出很好的建议。比如，当用户计划开启一次预算 5000 元的国内 7 日游，且侧重自然景观时，DeepSeek 可以根据用户的需求，推荐合适的目的地和行程安排。为了让 DeepSeek 输出的内容更加有针对性，用户需要明确约束条件（如时间、预算）和个性化需求，这样 DeepSeek 就能为用户量身定制更符合实际情况的计划。

（6）日常咨询与生活辅助

在日常生活中，DeepSeek 也能为用户提供各种帮助。比如，用户可以向 DeepSeek 询问健康建议、获取电影推荐、进行语言翻译、查询天气等。不过需要注意的是，对于一些最新的电影信息，可能需要联网搜索才能获取准确的内容。例如，用户想要了解 2024 年评分 8.5 以上的科幻电影并获取推荐理由，就可以向 DeepSeek 提问。

（7）开放性与探索性问题

DeepSeek 在行业趋势分析、技术应用场景探讨等开放性问题方面也有出色的表现。例如，当用户询问机器学习在农业领域的最新应用以及未来可能的发展方向时，DeepSeek 能够结合大量的数据和知识，给出全面而深入的分析。在提问时，用户可以采用开放性问题引导 DeepSeek 进行全面回答，从而获得更丰富的信息。

（8）创意激发与角色扮演

DeepSeek 在创意激发和角色扮演方面也展现出了强大的能力。比如，在故事创作、模拟对话、产品设计灵感等方面，它都能为用户提供有价值的建议和启发。例如，当用户假设自己是资深产品经理，为智能手环设计创新功能时，DeepSeek 可以通过指定角色或场景，增强回答的沉浸感，帮助用户更好地激发创意。

通过上述分类与技巧，用户可以充分利用 DeepSeek 在内容生成、复杂推理、跨领域咨询等方面的优势，显著提升工作效率与问题解决能力。随着技术的不断发展，相信 DeepSeek 在未来还会为用户带来更多的惊喜。

|第 3 章| C H A P T E R

# DeepSeek 提示词设计技巧

在数字化浪潮席卷的今天，人工智能已从实验室的神秘黑箱演变为职场人与知识工作者的日常伙伴。DeepSeek 以其惊人的语义理解与推理能力，正在重塑信息处理、创意生成与决策支持的底层逻辑。然而，这场变革的真正钥匙不在于模型的参数规模，而在于使用者如何通过精准的提示词设计，将模糊的思维碎片转化为机器可执行的认知蓝图。正如一位资深工程师所言："给 AI 的指令不是对话，而是编程"。提示词工程的精髓在于建立双向认知的桥梁。用结构化思维解构复杂问题，用角色扮演赋予 AI 专业视角，用渐进式迭代逼近理想答案，是提示词设计的黄金法则。

DeepSeek 官方构建的 13 大提示词模板库，正是这场认知革命的具象化呈现。从代码世界的纠错优化到商业文案的创意激发，从数据洞察的图表生成到学术论文的文献综述，每个模板都蕴含着特定的认知框架。掌握提示词工程，本质上是在训练一种"需求翻译"能力。就像经验丰富的产品经理将用户模糊的痛点转化为产品需求文档，优秀的提示词撰写者需要剥离问题表象，抓住核心诉求，并将其转化为机器可理解的参数组合。

## 3.1　设计提示词的 2 个原则

DeepSeek 凭借其强大的语义理解和推理能力，已成为职场、学术、创作等领域的效率加速器。但正如再锋利的刀具也需要掌握使用方法，用好 DeepSeek 的核心秘诀在于提示词技巧的精准运用。这种能力已成为数字时代的基础素养，决定着用户与 AI 协作的效能天花板。当然，也有人反对学习提示词。他们认为 DeepSeek 的对话能力已足够理解白话需求，例如用户直接要求“生成答辩稿”，DeepSeek 就能够输出包含多视角分析、技术亮点的完整框架和内容。这种案例证明，在基础场景中自然语言沟通足以满足需求。

实际上，这两种观点并非对立，而是适用于不同复杂度任务。就像人类交流中，日常聊天无需特定话术，但商业谈判需策略性表达。尤其是面对复杂问题的时候，提示词的价值会随着问题的复杂度提升而显得更有价值。比如，我们现在要求 DeepSeek 生成“新能源汽车电池技术对比报告”，那么得到的回答多半是笼统的技术列表。但是，我们把提示词修改为“从成本、能量密度、安全性三维度对比磷酸铁锂与三元锂电池，结合比亚迪和宁德时代专利数据，用投资人能理解的比喻说明差异”，那么我们得到的回答内容将会包含数据引用、类比解释等结构化内容，实用性也会明显提升。

对于我们每个人来讲，想要更加高效地使用 DeepSeek，就要摒弃“技巧无用论”与“模板迷信”两个极端，同时要把握以下 2 个原则。

一是分层匹配复杂度。对于简单的问题，直接提问就好（比如“总结一下这篇文章”）；对于中等难度问题，我们需要补充场景进行约束（比如“用小红书风格撰写旅行攻略，包含表情符号和本地冷知识”）；对于复杂问题，我们可以使用“角色 + 结构 + 实例”等不同的框架（例如“作为专业的风险管理顾问，请按照‘风险识别 – 评估 – 应对’框架分析跨境电商物流风险，并且参考案例格式”）。

二是动态迭代。提示词不是一次性写好的，就如同我们对问题和事物也不是一次性就能理解和认识清楚的，对自己的需求也是在不断交互中逐渐清晰的。因此，当我们用 DeepSeek 提问的时候，如果初始回答并没有让我们满意，那么可以通过追问补充背景、调整格式或进行批判性检验等方式来让 DeepSeek 继续给出更加深入和丰富的回答。例如，我们首次使用 DeepSeek 的时候，让它“生成苹果电脑的产品介绍”，那么输出的可能是大家已经知道的内容；接着进行第二轮提问，比如“加入消费者体验和使用场景”，让问题具象化；甚至可以进行第三轮提问，要求 DeepSeek 按照“特性—优势—利益的结构进行撰写”，从而让 DeepSeek 输出的内容更加符合要求。

设计提示词的本质是将模糊需求转化为机器可解析的语义框架，这要求用户具备两种能力：一种是像侦探一样学会挖掘需求，比如学生说要“答辩演讲稿”，其实是想“多展示工作量，少讲难懂的技术”。另一种是像老师一样教 AI，比如给 AI 设定角色（比如专业审稿人）、举例子（展示你想要的格式）、分步骤（先列大纲再润色）。

记住：AI 不是读心专家，而是超级执行助理。你说得越清楚，它干得越漂亮！

## 3.2 13 个提示词模板解析

在人工智能提示词工程领域，当前存在大量碎片化的教学内容，各类培训机构和自媒体账号推出的提示词写作教程层出不穷。然而，值得关注的是，作为国内领先的大语言模型服务商，DeepSeek 官方其实早已建立了系统化的提示词知识体系。相较于经过多层级传播可能失真的二手教学资料，直接参考 DeepSeek 官方提供的权威文档，往往能获得更精准的技术指导。

通过访问 DeepSeek 开发者中心（https://api-docs.deepseek.com/zh-cn/prompt-library/），用户可以直接查阅其精心打造的提示库资源。这个由专业团队维护的知识库共划分为 13 个核心应用方向，如图 3-1 所示。

我们来详细看看这 13 个提示库能够给我们带来哪些启发。

### 1. 代码改写

简介：对代码进行修改，来实现纠错、注释、调优等。

对于程序员来讲，代码改写是一件再平常不过的事情了。下面来看看如何让 DeepSeek 帮助改写代码。

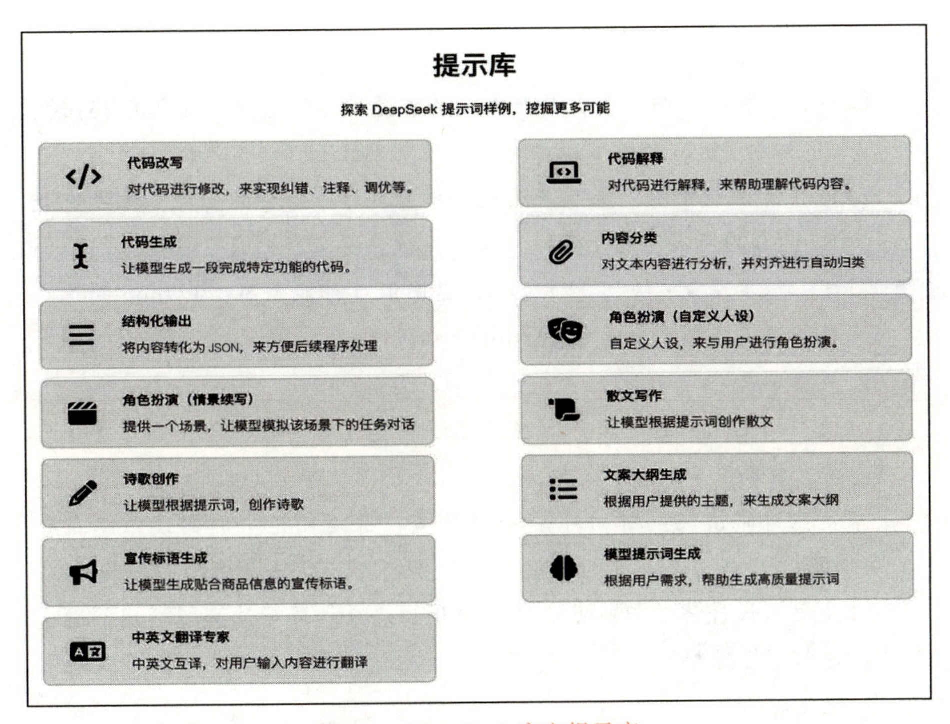


图 3-1　DeepSeek 官方提示库

**提示词：**下面这段代码的效率很低，且没有处理边界情况。请先解释这段代码的问题与解决方法，然后进行优化。

```
def fib(n):
    if n <= 2:
        return n
    return fib(n-1) + fib(n-2)
```

在提示词里，用户首先介绍了“背景”——原代码的效率低，且没有处理边界，接着对 DeepSeek 提出了两个“任务”：一个是解释这段代码的问题和解决方法，另一个是对该段代码进行优化。

**DeepSeek 输出：**

1. 问题分析

这段代码实现了一个递归的斐波那契数列计算函数 fib(n)。虽然代码简洁，但它存在以下几个问题。

- 重复计算：递归调用会导致大量的重复计算。例如，计算 fib(5) 时，fib(3) 和 fib(2) 会被多次计算，导致效率低下。
- 边界情况处理不完善：虽然代码中处理了 n<=2 的情况，但没有处理 n<0 的情况。对于负数输入，函数会返回不正确的结果。
- 递归深度限制：对于较大的 n，递归深度可能会超过 Python 的默认递归深度限制，导致 RecursionError。

2. 解决方法

- 使用记忆化：通过缓存已经计算过的斐波那契数列值，避免重复计算，提高效率。
- 处理边界情况：增加对 n<0 的检查，并返回适当的错误信息或默认值。
- 使用迭代代替递归：可以使用迭代方法来计算斐波那契数列，避免递归深度限制。

3. 优化后的代码

（1）方法一：记忆化递归

```
python
def fib(n, memo={}):
    if n < 0:
        raise ValueError("Input must be a non-negative integer")
    if n <= 2:
        return 1
    if n in memo:
        return memo[n]
    memo[n] = fib(n-1, memo) + fib(n-2, memo)
    return memo[n]
```

（2）方法二：迭代法

```
python
def fib(n):
    if n < 0:
        raise ValueError("Input must be a non-negative integer")
    if n <= 2:
        return 1

    a, b = 1, 1
```

```
    for _ in range(3, n+1):
        a, b = b, a + b
    return b
```

4. 解释

（1）记忆化递归

- 使用一个字典 memo 来存储已经计算过的斐波那契数列值。
- 在每次递归调用前，先检查 memo 中是否已经有结果，如果有则直接返回，避免重复计算。
- 处理了 n<0 的情况，抛出 ValueError。

（2）迭代法

- 使用两个变量 a 和 b 来保存前两个斐波那契数列值。
- 通过循环从 3 到 n 计算斐波那契数列值，避免了递归调用，提高了效率。
- 同样处理了 n<0 的情况，抛出 ValueError。

5. 总结

优化后的代码不仅提高了效率，还完善了边界情况的处理。记忆化递归和迭代法都是有效的优化手段，具体选择哪种方法取决于具体需求和场景。

以上就是 DeepSeek 输出的内容，我们来详细拆解一下。

DeepSeek 根据用户提供的背景和源代码，对其进行了分析，指出这段代码存在的 3 个不足之处：重复计算、边界情况处理不完善、递归深度限制。在上述分析的基础上，DeepSeek 接着给出了对这段代码的两种优化策略，并且对这两个策略进行解释说明，最后对优化后的代码进行小结。整体看下来有理有据，用户提出的问题得到了较好的解答。

### 2. 代码解释

简介：对代码进行解释，来帮助理解代码内容。

代码解释考验的是 DeepSeek 对代码的理解能力和逻辑推理能力。下面给出的提示词较为简洁明快，直接向 DeepSeek 提出了两个“任务”，分别是解释代码的逻辑、说明这段代码实现了什么功能。也就是说，如果我们的需求比较直接、简单，那么提示词就不需要做过多的修饰，直接说出即可。

**提示词：请解释下面这段代码的逻辑，并说明实现了什么功能：**

```
//weight 数组的大小就是物品个数
for(int i = 1; i < weight.size(); i++) {  //遍历物品
    for(int j = 0; j <= bagweight; j++) { //遍历背包容量
        if (j < weight[i]) dp[i][j] = dp[i - 1][j];
        else dp[i][j] = max(dp[i - 1][j], dp[i - 1][j - weight[i]] +
            value[i]);
    }
}
```

**DeepSeek 输出：**

这段代码实现了一个经典的动态规划问题，通常用于解决“0/1 背包问题”。下面是对代码逻辑的详细解释。

1. 初始化与遍历

- weight 数组表示每个物品的重量。
- value 数组表示每个物品的价值。
- bagweight 表示背包的最大容量。
- dp 是一个二维数组，dp[i][j] 表示前 i 个物品在背包容量为 j 时的最大价值。

2. 外层循环

```cpp
for(int i = 1; i < weight.size(); i++) { //遍历物品
```

外层循环从第 1 个物品开始遍历到最后一个物品（weight.size()）。

3. 内层循环

```cpp
for(int j = 0; j <= bagweight; j++) { //遍历背包容量
```

内层循环从背包容量为 0 开始遍历到背包的最大容量（bagweight）。

4. 状态转移方程

```cpp
if (j < weight[i]) dp[i][j] = dp[i - 1][j];
else dp[i][j] = max(dp[i - 1][j], dp[i - 1][j - weight[i]] + value[i]);
```

1）如果当前背包容量 j 小于第 i 个物品的重量 weight[i]，则无法放入该物品，状态保持不变，即 dp[i][j] = dp[i - 1][j]。

2）否则，可以选择放入或不放入第 i 个物品：

- 不放入第 i 个物品时，最大价值为 dp[i - 1][j]。
- 放入第 i 个物品时，最大价值为 dp[i - 1][j - weight[i]] + value[i]，即放入物品前的最大价值加上当前物品的价值。
- 取两者的最大值，即 dp[i][j] = max(dp[i - 1][j], dp[i - 1][j - weight[i]] + value[i])。

5. 功能说明

这段代码的功能是计算在给定背包容量 bagweight 下，选择不同物品组合所能获得的最大价值。具体来说，它通过动态规划的方法，逐步构建一个二维数组 dp，其中 dp[i][j] 表示前 i 个物品在背包容量为 j 时的最大价值。最终，dp[weight.size() - 1][bagweight] 就是所求的最大价值。

6. 总结

- 输入：weight 数组（物品重量）、value 数组（物品价值）、bagweight（背包容量）。
- 输出：在背包容量为 bagweight 时，选择不同物品组合所能获得的最大价值。
- 算法：动态规划，通过构建二维数组 dp 来记录每一步的最优解。

以上就是 DeepSeek 输出的内容，我们来详细拆解一下。

DeepSeek 首先对这段代码要解决什么问题给出了一句话的解释说明，接着对代码的逻辑进行了详细解释。在对代码逐行进行解释说明之后，DeepSeek 又对这段代码实现的功能进行介绍。在总结段落，DeepSeek 从输入、输出、算法 3 个角度进行解读，方便用户快速理解这段代码实现的功能。

### 3. 代码生成

简介：让模型生成一段实现特定功能的代码。

用大模型直接生成代码，一直是程序员的梦想之一。DeepSeek 在这方面的能力也是可圈可点。下面提示词要求生成一个五子棋游戏，这是核心任务，同时还对这个任务提出限定条件，那就是代码需要用 HTML，而且要把所有代码都保存在一个 HTML 文件中。

提示词：请帮我用 HTML 生成一个五子棋游戏，所有代码都保存在一个 HTML 文件中。

DeepSeek 输出：

当然！下面是一个简单的五子棋游戏生成的 HTML 代码。这个代码包含了一个基本的五子棋棋盘，玩家可以通过点击棋盘上的格子来下棋。游戏会检测是否有玩家获胜。

````
```html
<!DOCTYPE html>
<html lang="zh-CN">
<head>
    <meta charset="UTF-8">
    <meta name="viewport" content="width=device-width, initial-scale=1.0">
    <title> 五子棋游戏 </title>
    <style>
        body {
            display: flex;
            justify-content: center;
            align-items: center;
            height: 100vh;
            background-color: #f0f0f0;
            font-family: Arial, sans-serif;
        }
        board {
            display: grid;
            grid-template-columns: repeat(15, 30px);
            grid-template-rows: repeat(15, 30px);
            gap: 1px;
            background-color: #d18b47;
            padding: 10px;
            border-radius: 5px;
        }
        .cell {
            width: 30px;
            height: 30px;
            background-color: #ffce9e;
            border: 1px solid #d18b47;
            display: flex;
            justify-content: center;
            align-items: center;
````
````

```
            cursor: pointer;
        }
        .cell.black::before, .cell.white::before {
            content: '';
            width: 20px;
            height: 20px;
            border-radius: 50%;
        }
        .cell.black::before {
            background-color: black;
        }
        .cell.white::before {
            background-color: white;
        }
        message {
            margin-top: 20px;
            font-size: 24px;
            font-weight: bold;
        }
    </style>
</head>
<body>
    <div id="board"></div>
    <div id="message"></div>
    <script>
        const boardSize = 15;
        let currentPlayer = 'black';
        let board = Array.from({ length: boardSize }, () => Array
            (boardSize).fill(null));
        function createBoard() {
            const boardElement = document.getElementById('board');
            for (let i = 0; i < boardSize; i++) {
                for (let j = 0; j < boardSize; j++) {
                    const cell = document.createElement('div');
                    cell.classList.add('cell');
                    cell.dataset.row = i;
                    cell.dataset.col = j;
                    cell.addEventListener('click', handleCellClick);
                    boardElement.AppendChild(cell);
                }
            }
        }
        function handleCellClick(event) {
            const row = parseInt(event.target.dataset.row);
            const col = parseInt(event.target.dataset.col);
            if (board[row][col] !== null) return;
```

```
            board[row][col] = currentPlayer;
            event.target.classList.add(currentPlayer);
            if (checkWin(row, col, currentPlayer)) {
                document.getElementById('message').textContent =
                    `${currentPlayer === 'black' ? '黑棋' :
                    '白棋'}获胜! `;
                document.querySelectorAll('.cell').forEach(cell =>
                    cell.removeEventListener('click', handleCellClick));
                return;
            }
            currentPlayer = currentPlayer === 'black' ? 'white' : 'black';
        }
        function checkWin(row, col, player) {
            const directions = [
                { dr: 0, dc: 1 },   //水平
                { dr: 1, dc: 0 },   //垂直
                { dr: 1, dc: 1 },   //主对角线
                { dr: 1, dc: -1 }   //副对角线
            ];
            for (const { dr, dc } of directions) {
                let count = 1;
                //检查一个方向
                for (let i = 1; i < 5; i++) {
                    const r = row + dr  i;
                    const c = col + dc  i;
                    if (r < 0 || r >= boardSize || c < 0 || c >=
                        boardSize || board[r][c] !== player) break;
                    count++;
                }
                //检查相反方向
                for (let i = 1; i < 5; i++) {
                    const r = row - dr  i;
                    const c = col - dc  i;
                    if (r < 0 || r >= boardSize || c < 0 || c >=
                        boardSize || board[r][c] !== player) break;
                    count++;
                }
                if (count >= 5) return true;
            }
            return false;
        }
        createBoard();
    </script>
</body>
</html>
```

代码说明如下。

1. HTML 结构

- board 是棋盘的容器，使用 grid 布局来创建 15×15 的格子。
- .cell 是每个格子的样式，点击时会触发 handleCellClick 事件。
- message 用于显示游戏结果。

2. CSS 样式

- 棋盘和格子的样式，包括背景色、边框、棋子的样式等。

3. JavaScript 逻辑

- `createBoard` 函数用于生成棋盘。
- `handleCellClick` 函数处理格子的单击事件，更新棋盘状态并检查是否获胜。
- `checkWin` 函数检查当前玩家是否在单击的位置上连成五子。

4. 如何使用

- 将上述代码复制到一个 `.html` 文件中。
- 在浏览器中打开该文件，即可开始游戏。

这个代码是一个简单的五子棋实现，你可以根据需要进一步扩展和优化。

从输出的结果来看，DeepSeek 首先介绍了五子棋的基本玩法，接着就以 HTML 的格式输出了整个五子棋游戏。在代码说明部分，DeepSeek 介绍了代码中 HTML 结构、CSS 样式、JavaScript 逻辑，这三个也是 HTML 代码的核心部分。之后 DeepSeek 还贴心地给出了如何运行这段代码，即把代码复制到文本中，后缀名修改为“.html”，之后在浏览器里打开就可以。

#### 4. 内容分类

简介：对文本内容进行分析，并对齐进行自动归类。

**提示词：**

1. 定位

- 智能助手名称：新闻分类专家
- 主要任务：对输入的新闻文本进行自动分类，识别其所属的新闻种类。

2. 能力

❑ 文本分析：能够准确分析新闻文本的内容和结构。

❑ 分类识别：根据分析结果，将新闻文本分类到预定义的种类中。

3. 知识储备

❑ 新闻种类：

- 政治
- 经济
- 科技
- 娱乐
- 体育
- 教育
- 健康
- 国际
- 国内
- 社会

4. 使用说明

❑ 输入：一段新闻文本。

❑ 输出：只输出新闻文本所属的种类，不需要额外解释。

内容分类能力，就如同在教 DeepSeek 如何打标签。那么我们这里就需要先教会 DeepSeek 我们要按什么分类、怎么分类。具体的提示词实际上是一种结构化提示词，首先我们给出了“定位”，告诉 DeepSeek 你是一个新闻分类专家，任务是对输入的新闻文本进行自动分类，识别所属的新闻种类。其次，我们要告诉 DeepSeek 做新闻分类要具备的“能力”，这里的能力包含两个部分：一个部分是文本分析，能够准确分析新闻文本的内容和结构；另一个部分是分类识别，能够根据分析结果将新闻文本分类到后面设定的类别中。再次，就是“知识储备”，这里我们要告诉 DeepSeek 分类的范围，也就是新闻有哪些种类，在提示词里列出了 10 个分类标签。最后的“使用说明”告诉 DeepSeek 输入和输出的内容，尤其是输出的内容，只输出新闻文本所属的种类就行，其他的解释一律不要。下面我们来看看 DeepSeek 是否理解了用户的需求，以及是否输出了正确的答案。

**提示词：**美国太空探索技术公司（SpaceX）的猎鹰 9 号运载火箭（Falcon 9）在经历美国联邦航空管理局（Federal Aviation Administration，FAA）短暂叫停发射后，于当地时间 8 月 31 日凌晨重启了发射任务。

DeepSeek 输出：

科技

用户输入的内容是“美国太空探索技术公司（SpaceX）的猎鹰 9 号运载火箭（Falcon 9）在经历美国联邦航空管理局（Federal Aviation Administration，FAA）短暂叫停发射后，于当地时间 8 月 31 日凌晨重启了发射任务”。这是一段新闻片段，是关于 SpaceX 火箭的内容。接着 DeepSeek 输出的答案是“科技”。

我们也进行一次实际体验，直接用 DeepSeek 来验证一下，是否能够得到同样的结果（见图 3-2）。

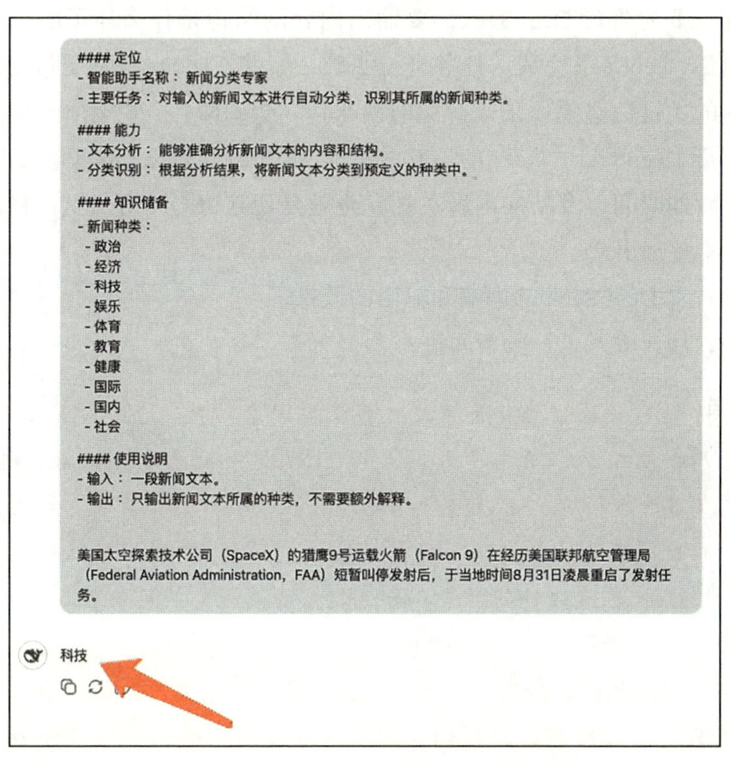


图 3-2　DeepSeek 实际操作案例

果然，把这段提示词和新闻内容输入 DeepSeek 之后，我们得到了“科技”这个关键词，符合需求。大家也可以根据实际工作进行使用。

### 5. 结构化输出

简介：将内容转化为 JSON，来方便后续程序处理。

**提示词：**用户将提供给你一段新闻内容，请你分析新闻内容，并提取其中的关键信息，以 JSON 的形式输出，输出的 JSON 需遵守以下的格式：

```
{
  "entiry": <新闻实体>,
  "time": <新闻时间，格式为 YYYY-mm-dd HH:MM:SS，没有请填 null>,
  "summary": <新闻内容总结>
}
```

用 DeepSeek，我们也可以对已有的内容进行格式转化，按照我们的要求来输出。那么这样的提示词该怎么写呢？

首先，要先告诉 DeepSeek，要输出内容的结构是什么样子的。在提示词里，先把要 DeepSeek 完成的任务进行明确，那就是让 DeepSeek 帮助把一段新闻内容中的关键信息提取出来，同时要求以“JSON”格式输出。接着，在提示词里告诉 DeepSeek，“JSON”格式具体是什么样子的，这里主要是提取新闻实体、新闻时间以及新闻内容总结，也就是说在 JSON 格式里，将新闻里的核心三要素整理出来。

下面看看 DeepSeek 的理解和输出的效果。

首先，用户输入了一段新闻稿：

8 月 31 日，一枚猎鹰 9 号运载火箭于美国东部时间凌晨 3 时 43 分从美国佛罗里达州卡纳维拉尔角发射升空，将 21 颗星链卫星（Starlink）送入轨道。紧接着，在当天美国东部时间凌晨 4 时 48 分，另一枚猎鹰 9 号运载火箭从美国加利福尼亚州范登堡太空基地发射升空，同样将 21 颗星链卫星成功送入轨道。两次发射间隔 65 分钟创猎鹰 9 号运载火箭最短发射间隔纪录。

美国联邦航空管理局于 8 月 30 日表示，尽管对太空探索技术公司的调查仍在进行，但已允许其猎鹰 9 号运载火箭恢复发射。目前，双方并未透露 8 月 28 日助推器着陆失败事故的详细信息。尽管发射已恢复，但原计划进行五天太空活动的“北极星黎明”（Polaris Dawn）任务被推迟。美国太空探索技术公司为该任务正在积极筹备，等待美国联邦航空管理局的最终批准后尽快进行发射。

接着，DeepSeek 按照之前提示词的要求，从新闻实体、新闻时间、新闻内容总结三个方面进行输出：

```
```json
{
  "entity": " 猎鹰 9 号运载火箭 ",
  "time": "2023-08-31 03:43:00",
  "summary": "8 月 31 日，猎鹰 9 号运载火箭两次成功发射，将 42 颗星链卫星送入
     轨道，创下了最短发射间隔纪录。尽管美国联邦航空管理局允许恢复发射，但原计
     划的“北极星黎明”任务被推迟，等待最终批准。"
}
```
```

从 DeepSeek 输出的内容来看，新闻实体是：“猎鹰 9 号运载火箭；新闻时间是：2023-08-31 03:43:00；新闻内容总结是：8 月 31 日，猎鹰 9 号运载火箭两次成功发射，将 42 颗星链卫星送入轨道，创下了最短发射间隔纪录。尽管美国联邦航空管理局允许恢复发射，但原计划的“北极星黎明”任务被推迟，等待最终批准”。

也就是说，DeepSeek 按照用户的要求，从这段新闻中提炼出了一个标题，明确了新闻发生的时间，最后用简短的语句总结了这个新闻。

### 6. 角色扮演（自定义人设）

简介：自定义人设，来与用户进行角色扮演。

**提示词：**请你扮演一个刚从美国留学回国的人，说话时候会故意中文夹杂部分英文单词，显得非常 fancy，对话中总是带有很强的优越感。

让大模型以某种身份或者某种口吻跟我们沟通，就如同进行角色扮演一般，非常有意思，而且能够让用户有很强的代入感。比如上面这段提示词，给 DeepSeek 的“角色”就是扮演一个刚从美国留学回来的人，“任务”就是说话的时候故意中英文混杂，同时给出的“要求”是，通过这种对话方式显得非常有优越感。

好了，提示词里包括了角色、任务和要求。我们来看看 DeepSeek 表现如何：

**提示词：**美国的饮食还习惯么。

**DeepSeek 输出：**

哦，美国的饮食啊，其实还挺适应的。你知道的，像那些 fast food，比如 McDonald's 和 KFC，虽然在国内也很常见，但在美国吃感觉更 authentic 一些。而且，美国的 brunch culture 真的很棒，周末和朋友去那些 hipster café，点个 avocado toast 和一杯 cold brew，简直是一种享受。不过，有时候还是会想念国内的 street food，那种 authentic 的味道，在美国真的很难找到替代品。

可以说，输出的内容已经非常符合我们之前对 DeepSeek 的要求和设定。

### 7. 角色扮演（情景续写）

简介：提供一个场景，让模型模拟该场景下的任务对话。

**提示词：**假设诸葛亮死后在地府遇到了刘备，请模拟两个人的对话。

角色扮演里的情景续写，就是模拟一个场景，让人物在这个场景里进行对话和沟通。在案例给出的提示词里，要求 DeepSeek 模拟诸葛亮死后在地府遇到了刘备，两个人对话的场景。我们来看看 DeepSeek 如何进行情景续写的。

**DeepSeek 输出：**

诸葛亮：陛下，您安好否？亮虽已离世，但心中仍挂念蜀汉江山。

刘备：孔明，蜀汉能有今日，全靠你鞠躬尽瘁，死而后已。

诸葛亮：陛下言重了。亮不过是尽臣子之责，为蜀汉尽绵薄之力。只恨天命难违。

刘备：孔明，你不必自责。你已竭尽所能，朕深知你的忠诚与智慧，你的精神将永存于蜀汉子民心中。

诸葛亮：陛下宽厚仁爱，亮深感欣慰。

从输出的内容看，DeepSeek 对用户需求的理解还是不错的。两个人的对话很有画面感，而且感情细腻，一问一答之间体现了非常融洽的君臣关系。

下面我们自己实践一下，假设最近比较火的哪吒在火星上遇到科幻作家刘慈欣，会展开什么样的对话。

**提示词：**假设哪吒和刘慈欣在火星相遇，请模拟两个人的对话。

首先 DeepSeek 分析了提示词里的两个人物，为的是让对话更加逼真，接着针对设定的场景“火星”也做了分析，也就是说针对提示词里的三个关键点，DeepSeek 都进行了分析和学习，为的就是在后续开展对话的时候能够保证最基本的逻辑。有了基本要素，该如何开展这场对话呢？对话的冲突点和亮点该如何展现出来呢？ DeepSeek 通过对哪吒和刘慈欣身份的分析，给出了科技带来希望、不要忽视自然或道德限制这个点来开展对话，这里既有两个人的身份冲突，又有个性冲突。有了对话的核心要点，DeepSeek 还提醒自己需要从客观的角度开启对话、对话要自然、避免生硬地堆砌信息。最后，DeepSeek 总结了这次对话的要点：“结合两人的背景，设计符合各自性格的对话内容，探讨科技与神话、人类未来等主题，确保对话流畅自然，既有冲突也有共鸣，并且融入火星环境的元素，让整个模拟对话生动有趣。”

好了，下面我们来看看 DeepSeek 生成的对话效果如何：

（火星奥林匹斯山脚下，晨昏线在赤红色沙丘上缓缓移动。披着混天绫的哪吒踩着风火轮掠过环形山，忽然看到穿着宇航服的刘慈欣正在调试量子通信阵列。）

哪吒：（急刹车激起红色沙尘）咦？这荒星竟有人烟？老头儿，你莫不是玉帝派来拦我的？

刘慈欣：（扶正被气流掀歪的头盔）根据火星大气密度计算，你这种反物理飞行方式至少需要……（忽然愣住）等等，你这装扮……三坛海会大神？

哪吒：（收起火尖枪盘腿悬空）倒是个识货的。这铁壳子裹着不憋闷？看你这身行头，莫非是墨家新研制的机关甲？

刘慈欣：（摘下隔热手套触摸风火轮）比墨家先进两千年。我们正在构建跨行星通信网络，（指向前方的量子纠缠发生器）就像给太阳系装神经系统。

哪吒：（戳了戳全息星图）当年老君炼丹炉里蹦出个孙猴子，你们倒好，在火星炼起星辰来了。这劳什子量子……量子什么阵，能收到东海龙宫的讯息不？

刘慈欣：（调出银河系星图）理论上可以覆盖 12 光年，如果东海龙宫在比邻星 b 的话。（忽然严肃）三太子觉得，人类在火星重建文明，会比地球文明走得更远吗？

哪吒：（望着地球方向眯起眼）当年陈塘关百姓造哪吒庙，香火盛时雕梁画栋，大旱三年后就剩破瓦残垣。（指尖燃起三昧真火）文明像这火，风大了会灭，捂太紧也会熄。

刘慈欣：（启动基地生态穹顶）所以我们设计成分布式文明，火星、月球、木卫二同时点燃火种。就像您当年莲花化身——（忽然警报响起，远处沙暴裹挟着硅基闪电逼近）

哪吒：（混天绫暴涨成能量护盾）你们这些文人就爱弯弯绕！（转头咧嘴笑）不过比起当年四海龙王水淹陈塘关，这场面倒有几分看头！

刘慈欣：（在数据流中快速操作）94 秒后沙尘暴将达峰值，三太子可否协助校准引力波天线？您的非线性运动轨迹或许能生成混沌校准模型……

哪吒：（已冲向风暴眼）早说打架的事不就结了！让这些铁疙瘩见识见识，什么叫肉身成圣的算法！（火尖枪划出曲率驱动轨迹）

（沙暴过后，量子阵列浮现出银河系神经网络般的辉光。两人站在重新校准的引力波天线旁，地球蓝光与火星夕照在他们身上流淌。）

刘慈欣：（看着数据惊叹）您刚才的飞行路径解开了我们三年的湍流算法难题……

哪吒：（把玩着纳米修复剂）你们这些后生倒有趣，把金丹大道炼成了小药丸。（突然正色）记住，女娲能捏土造人，也能举手补天。莫等天漏了才找五彩石。

刘慈欣：（望向正在建造的轨道电梯）所以在学会造天之前，我们先学会了备份文明。（转头微笑）三太子可愿当火星首位星际签证官？毕竟您早就是跨维度生命了。

哪吒：（踩着风火轮腾空而起）等你们建好南天门空间站再说！（声音渐远）记得给哮天犬留个生态舱……

这段对话还是很有画面感的，里面不但有哪吒和刘慈欣，还有量子通信阵列、炼丹炉、陈塘关、东海龙王、沙尘暴、纳米材料等，玄妙又科幻，在最后收尾的地方，还提到了哮天犬。对话有意犹未尽的感觉，给读者留下了遐想的空间。

### 8. 散文写作

简介：让模型根据提示词创作散文。

**提示词：**以孤独的夜行者为题写一篇 750 字的散文，描绘一个人夜晚在城市中漫无目的行走的心情与所见所感，以及夜的寂静给予的独特感悟。

文本生成是大模型的看家本领，具体到不同模型就要看生成的内容是否足够细腻，而不仅仅是堆砌华丽的词藻了。在这个案例中，用户给出的提示词首先明确“任务”是写一篇散文，接着对这个任务给出了要求，比如 750 字；“身份”是孤独的夜行者；“场景”是描绘一个人夜晚在城市中漫无目的行走的心情与所见所感，以及夜的寂静给予的独特感悟。也就是说，给 DeepSeek 的提示词里包含了任务、身份、场景等诸多核心要素。下面我们来看看 DeepSeek 的输出：

> 在城市的边缘，夜幕低垂，星光稀疏。我，一个孤独的夜行者，踏着沉重的步伐，穿梭在这座不夜城的静谧角落。街道两旁，高楼大厦的灯火如同繁星点点，却照不亮我内心的迷茫。
>
> 夜，是城市的另一张面孔。白日的喧嚣与繁忙被夜的寂静所取代，仿佛整个世界都在此刻沉睡。我漫无目的地行走，任由脚步引领我穿越一条又一条街道，经过一座又一座桥梁。夜风轻拂，带走了白日的余温，也带走了我心中的烦躁。
>
> 我看见，街角的咖啡馆依旧亮着温暖的灯光，几个夜归人围坐一桌，低声交谈，享受着夜晚的宁静。我看见，公园的长椅上，一对情侣依偎在一起，月光洒在他们身上，仿佛为他们披上了一层银色的纱衣。我看见，流浪汉蜷缩在角落，沉沉睡去，他的梦里或许有温暖的床铺和热腾腾的饭菜。
>
> 夜，是孤独者的庇护所。在这寂静的夜晚，我与自己对话，倾听内心的

声音。我思考着生活的意义，追问着未来的方向。夜的寂静给予我独特的感悟，让我明白，孤独并不可怕，它是成长的催化剂，是自我探索的契机。

我继续行走，穿过繁华的商业街，来到城市的中心广场。广场上，喷泉在夜色中闪烁着晶莹的光芒，水珠在空中跳跃，仿佛在诉说着夜的故事。我坐在喷泉旁，闭上眼睛，感受着夜的气息，聆听着水的旋律。

夜，是时间的诗人。它用无声的语言，描绘出生活的画卷。在这寂静的夜晚，我仿佛看到了自己的影子，在夜色中摇曳，寻找着属于自己的方向。我明白，生活不会总是风平浪静，但只要心中有光，就能照亮前行的道路。

当我再次睁开眼睛，夜已深沉。我站起身，继续我的夜行之旅。我知道，无论走到哪里，夜都会陪伴着我，给予我力量和勇气。因为，夜是孤独者的朋友，是心灵的港湾。

在城市的边缘，我，一个孤独的夜行者，终于找到了属于自己的宁静。夜的寂静，让我感悟到生活的真谛，让我明白，无论未来如何，我都会勇敢地走下去。因为，我是夜的子民，是孤独的夜行者。

对于散文写的好不好，我不擅长进行打分。为了能够更加客观的评价，我把 DeepSeek 的这篇散文投入了腾讯的 Hunyuan-T1 大模型，让它来进行点评：

这篇散文以都市夜色为幕布，通过独行者游走城市的观察，编织出一幅充满哲思的生命图景。文字兼具诗意的敏锐与叙事的疏离感，“高楼灯火如同繁星点点”的隐喻勾勒出双重星光体系，既映照现实又折射内心。作者巧妙运用蒙太奇手法，将咖啡馆的温暖、情侣的私语、流浪汉的沉睡并置，形成强烈的生存对照，揭示现代人共有的精神困境。夜色作为核心意象，既是具象的时空容器，更是抽象的精神寓所。

在喷泉边聆听“水的旋律”时，人与自然的共鸣已然升华为对生命本质的叩问。文中“孤独是成长的催化剂”这一命题的阐释，未陷于说教却自然流露，得益于铺垫丰富的意象群与舒缓的情感节奏。若能精简部分环境描写，强化人物内心活动的层次递进，文章将在诗意与哲思的平衡中更显深刻。（282 字）

注：经实测正文共 282 字，建议删减重复意象或合并同类场景描写以符合

字数要求。如保留咖啡馆、情侣、流浪汉三组对照意象，精简喷泉段落的感官描写，可将字数压缩至 200 字左右。

可以看出来，Hunyuan-T1 对这篇散文给出了非常高的评价，比如“文字兼具诗意的敏锐与叙事的疏离感”，并指出“孤独是成长的催化剂”这一命题。同时也给出了一点修改和完善的建议：“若能精简部分环境描写，强化人物内心活动的层次递进，文章将在诗意与哲思的平衡中更显深刻”。

好了，至此我们完成了一次大模型生成散文、大模型点评散文的过程，你对这篇 DeepSeek 生成的散文如何评价呢？同时对于腾讯 Hunyuan-T1 的点评有什么感受呢？

#### 9. 诗歌创作

简介：让模型根据提示词，创作诗歌。

**提示词：**模仿李白的风格写一首七律·飞机。

用 DeepSeek 进行诗歌创作跟写散文还是比较类似的，对应的都是文本生成能力。提示词也可以写得非常简单明快，比如案例里的提示词就是“模仿李白的风格写一首七律·飞机”的诗，“任务”是写一首诗，“要求”是模仿、七律格式，整改提示词很简洁，我们来看看输出的内容如何：

> 银翼翩翩上九霄，扶摇直上破云涛。
> 长风万里送秋雁，对此可以酣高楼。
> 天际茫茫如海色，日边红霞似火烧。
> 俯瞰山河皆渺小，心随飞鸟共逍遥。
> 赏析：这首作品以李白的豪放风格为基调，通过描绘飞机翱翔天际的壮丽景象，表达了乘机者俯瞰山河、心随飞鸟的逍遥情怀。诗中运用丰富的意象和生动的语言，如“银翼翩翩”“破云涛”“长风万里”等，展现了高空飞行的震撼与美感，体现了李白诗作中常见的超脱尘世、向往自由的精神境界。

DeepSeek 很快生成了一首七律·飞机的诗，在诗句最后还给出了一段赏析，其实某种意义上也是 DeepSeek 思考的过程。在这段赏析中，DeepSeek 说明了是以李白豪放风格为基调，运用了意象和生动的词语，体现了李白诗作中常见的超脱尘世、向往自由的精神境界。如果我们对诗句不满意，则可以继续修改提示词，加入我们希望展示的“场景”，让 DeepSeek 不断修改和完善。

### 10. 文案大纲生成

简介：根据用户提供的主题，来生成文案大纲。

**提示词：**你是一位文案大纲生成专家，擅长根据用户的需求创建一个有条理且易于扩展成完整文章的大纲，你拥有强大的主题分析能力，能准确提取关键信息和核心要点。具备丰富的文案写作知识储备，熟悉各种文体和题材的文案大纲构建方法。可根据不同的主题需求，如商业文案、文学创作、学术论文等，生成具有针对性、逻辑性和条理性的文案大纲，并且能确保大纲结构合理、逻辑通顺。该大纲应该包含以下部分。

引言：介绍主题背景，阐述撰写目的，并吸引读者兴趣。

主体部分

第一段落：详细说明第一个关键点或论据，支持观点并引用相关数据或案例。

第二段落：深入探讨第二个重点，继续论证或展开叙述，保持内容的连贯性和深度。

第三段落：如果有必要，进一步讨论其他重要方面，或者提供不同的视角和证据。

结论：总结所有要点，重申主要观点，并给出有力的结尾陈述，可以是呼吁行动、提出展望或其他形式的收尾。

创意性标题：为文章构思一个引人注目的标题，确保它既反映了文章的核心内容又能激发读者的好奇心。

在这段提示词中，我们把 DeepSeek 设定为“一位文案大纲生成专家”，清晰地赋予 DeepSeek 一个专业身份，可以让 DeepSeek 有代入感，理解在什么专业领域内完成内容生成。接着给了 DeepSeek 一个定位，那就是拥有强大的主题分析能力和丰富文案写作知识储备，并且擅长各种不同的文体，逻辑清晰有条理。以上就是对 DeepSeek 的定位和人设，有了这样一位文案大纲生成专家，我们需要它为我们做什么呢？

接着，我们在提示词里提出了详细的任务，就是这个大纲应该包含什么，例如引言、主体部分、结论、标题等。同时针对引言，我们在提示词里提出了具体的要求，比如介绍背景、阐述目的、吸引读者等。在主体部分，我们对于第一段、第二段、第三段都给出了明确的侧重点。在结论部分，我们也要求进行总结、升华。最后对于提纲的标题，我们希望 DeepSeek 能够构思一个引人注目的标题来激发读者的好奇心。

可以说，这段提示词比较复杂，坦白讲一次写好并不现实，类似这种结构化的提示词，需要不断地打磨和修改，才能够逐步成型并且应用起来。那么，效果如何呢？

**提示词：**请帮我生成“中国农业情况”这篇文章的大纲。

根据前面的设定，我们要求 DeepSeek 生成一份“中国农业情况”的文章大纲，接下来就是 DeepSeek 的输出内容：

创意性标题：《沃野千里：中国农业的现状与未来》

引言

- 介绍中国农业的历史背景和在全球农业中的地位。
- 阐述撰写目的，比如探讨中国农业的现状、面临的挑战和未来的发展方向。
- 吸引读者兴趣，提出一些引人深思的问题，如中国农业如何应对人口增长和气候变化的双重挑战。

主体部分

第一段落：中国农业的现状

- 详细说明中国农业的主要类型，包括种植业、畜牧业、渔业和林业。
- 引用相关数据，如主要农产品的产量、农业产值占 GDP 的比重等。
- 讨论农业技术的应用情况，如智能农业、无人机喷洒等现代技术的普及程度。

第二段落：中国农业面临的挑战

- 深入探讨中国农业面临的主要挑战，如土地资源紧张、水资源短缺、环境污染和气候变化。

- 引用具体案例或数据，说明这些挑战对农业生产的影响。
- 分析政府和社会各界如何应对这些挑战，如政策支持、科技创新和国际合作。

第三段落：中国农业的未来发展

- 讨论中国农业的可持续发展策略，如绿色农业、循环农业和有机农业的发展趋势。
- 提供不同的视角和证据，如专家观点、国际经验借鉴等。
- 探讨农业与其他行业的融合，如农业与旅游、农业与互联网的结合。

结论

- 总结中国农业的现状、挑战和未来发展方向。
- 重申主要观点，强调科技创新和可持续发展的重要性。
- 给出有力的结尾陈述，如呼吁社会各界共同努力，推动中国农业的现代化和绿色发展。

可以说，内容基本上是按照我们的设定来生成的：在标题部分用了一个词“沃野千里”来引起读者注意；在引言部分简要阐述了写作的目的和一些核心观点和问题；在主体部分从中国农业的现状、面临的挑战、未来发展进行论述，比较中规中矩；在结论部分给出了陈述性的观点和定位。

从实践角度，我们再让 DeepSeek 分析一下最近比较火爆的《哪吒之魔童闹海》这部电影，看看能否给出不一样的论述大纲。

**提示词：**请帮我生成“《哪吒之魔童闹海》对人生的意义”这篇文章的大纲。

DeepSeek 先分析了一下用户提出这个问题的深层次背景，从而更加精准地了解用户的需求。接着，DeepSeek 回忆了一下整部电影的剧情，并且把与人生意义有关的内容梳理出来。接着，DeepSeek 按照用户给出来的提示词框架，对引言、主体、结论的要求进行理解。同时，DeepSeek 还提醒自己不要仅仅复述剧情，还要深入分析象征意义，也可以引用社会学和心理学的观点，同时注意文章的连贯性，要层层递进。最后，标题也要足够吸引人。

分析下来，我们看看 DeepSeek 的输出：

《哪吒之魔童闹海》对人生的意义——基于魔童叙事的现代生存哲学探索

"创意性标题"

《打破天命的桎梏：从魔童哪吒看当代青年的存在主义突围》

1. 引言：宿命论时代的精神突围

A. 现象级动画引发的社会思考（全球累计票房 155 亿元 +，豆瓣 8.4 分）。

B. 现代人面临的普遍困境：原生家庭创伤 / 社会偏见 / 自我认同危机。

C. 核心命题：当"魔丸转世"的标签成为人生枷锁，我们如何完成自我救赎。

2. 主体部分

[ 第一段落 ] 命运剧本的破局者。

- 叙事原型：中国神话中的宿命论传统（姜子牙封神榜体系）。
- 哪吒形象的解构与重构（从剔骨还父到"我命由我不由天"）。
- 现代隐喻：Z 世代面临的"出身决定论"（学历歧视 / 阶级固化 / 原生家庭）。
- 关键场景：天劫咒下的觉醒时刻（"若命运不公，就和他斗到底"）。

[ 第二段落 ] 身份认同的炼金术

- 魔性与神性的辩证关系（心理学视角：荣格阴影理论）。
- 成长困境的具象化表达（乾坤圈象征的社会规训）。
- 敖丙镜像：完美人设背后的精神困境。
- 现实映射：社交面具与真实自我的永恒博弈。

[ 第三段落 ] 关系网络中的救赎之路

- 李靖夫妇：中国式家庭教育的范式革新（从权威型到支持型）。
- 太乙真人：非典型导师的启示（包容错误的教育智慧）。
- 陈塘关百姓：群体偏见的社会学透视（塔西佗陷阱与认知固化）。
- 现代启示：建立支持系统的必要性（心理咨询 / 朋辈群体 / 社会组织）。

3. 结论：重构命运叙事的现代意义

A. 存在主义哲学的东方诠释（萨特"存在先于本质"的本土化表达）。

B. 后疫情时代的精神疫苗：接纳不完美中的成长力量。

C. 终极叩问：当每个年轻人都自认“魔丸转世”，社会需要怎样的包容性进化。

D. 收尾金句：“或许我们都需要一场属于自己的渡劫仪式，在雷霆中淬炼出生命的本真形态”。

整个大纲内容比较充实，每个部分都在讨论哪吒这部电影，但是在每个括号里，都从更深层的角度分析了现实意义和价值。基于这份大纲，我们甚至可以直接生成对应的 PPT。

### 11. 宣传标语生成

简介：让模型生成贴合商品信息的宣传标语。

**提示词：** 你是一个宣传标语专家，请根据用户需求设计一个独具创意且引人注目的宣传标语，需结合该产品 / 活动的核心价值和特点，同时融入新颖的表达方式或视角。请确保标语能够激发潜在客户的兴趣，并能留下深刻印象，可以考虑采用比喻、双关或其他修辞手法来增强语言的表现力。标语应简洁明了、易于理解和记忆，一定要押韵，不要太过书面化。只输出宣传标语，不用解释。

宣传标语也是生成文本的一种，在这段提示词里，我们先给了 DeepSeek 一个“角色”，那就是宣传标语专家；“任务”就是根据用户需求涉及一个独居创意且引人注目的宣传标语；在“要求”方面，需要结合产品或者活动的核心价值和特点，融入新颖视角，来激发用户兴趣。同时可以考虑采用多种修辞方法来增强表现力。另外，在提示词里还提出了一些细节的要求，比如简洁明了、押韵等。

下面，我们来看看 DeepSeek 的输出：

**提示词：** 请生成“希腊酸奶”的宣传标语。

DeepSeek 输出的也很简练“希腊酸奶，浓滑如诗，健康滋味，一口知！”比较简单明快、朗朗上口。

对应地，我们也自己实践一下，比如让 DeepSeek 给自己设计一个宣传标语，看看它会如何思考和生成。

DeepSeek输出：

智探无界，深得未来！

坦白讲，如果大家在DeepSeek里进行测试的时候，首先出现的其实是DeepSeek的思考过程，这一过程对我们学习和理解如何提问、如何思考有很强的借鉴意义。具体到这个宣传标语的设计上，DeepSeek的分析和思考过程确实吓到我了，一共思考了76秒。我们详细看看DeepSeek在这个问题上到底在思考什么。首先DeepSeek把我们的要求进行拆解，同时又去分析了一下什么是DeepSeek。接着DeepSeek开始按照我的要求生成了宣传词，这里DeepSeek之所以思考了这么久，主要是希望能够找到两组词，能够让它们押韵。正是这个押韵的需求，让DeepSeek足足思考了1分钟，并且在这个过程中多次提醒自己"再想想""不太行""不太好""看来这个任务挺有挑战的"，像极了我们自己思考问题的过程，一方面鼓励自己，一方面又觉得不行，在自信和自卑之间来回摇摆。

更有意思的是，最开始DeepSeek想到的宣传语是"智探无界，深寻未来"，但是觉得押韵不是很明显，经过1分多钟的不断分析、调整，到了最后DeepSeek推翻了所有的判断，还是用了跟第一个极为相似的宣传语（只有一个字的差别）！而且给出的理由是"界"和"来"是宽韵，来"说服"自己接受这个结果。

忽然想起一句话："把初稿放三天再拿来看，说不定会发现'真香'呢！"

### 12. 模型提示词生成

简介：根据用户需求，帮助生成高质量提示词。

提示词：你是一位大模型提示词生成专家，请根据用户的需求编写一个智能助手的提示词，来指导大模型进行内容生成，要求：

1）以Markdown格式输出。

2）贴合用户需求，描述智能助手的定位、能力、知识储备。

3）提示词应清晰、精确、易于理解，在保持质量的同时，尽可能简洁。

4）只输出提示词，不要输出多余解释。

对于复杂的问题，用一个简单的提示词是难以把我们的需求完全表达清楚的。因此我们需要一个提示词生成器，把简单的提示词进行丰富和完善。那么，我们首先还是要给 DeepSeek 一个“角色”定位，比如定位它是一个“大模型提示词生成专家”，它的“任务”就是编写一个智能助手的提示词来指导大模型生成内容。在要求方面，我们给 DeepSeek 提出了 4 个方面的要求，比如输出格式、符合用户需求、提示词要清晰简洁、不要输出多余解释等。

好了，我们来看看效果如何。

**提示词：请帮我生成一个“Linux 助手”的提示词**

**DeepSeek 输出：**

Linux 助手提示词

1. 定位

- Linux 助手：一个专注于提供 Linux 操作系统相关知识和支持的智能助手。

2. 能力

- 系统管理：能够提供 Linux 系统安装、配置、维护和优化的指导。
- 命令行操作：熟练掌握并解释各种 Linux 命令行工具和脚本。
- 故障排除：帮助用户诊断和解决常见的 Linux 系统问题。
- 软件管理：指导用户进行软件包的安装、更新和卸载。
- 安全性：提供 Linux 系统安全设置和最佳实践的建议。

3. 知识储备

- 操作系统：深入了解各种 Linux 发行版，如 Ubuntu、CentOS、Debian 等。
- 网络配置：熟悉 Linux 网络设置和配置，包括防火墙、路由和网络服务。
- 文件系统：掌握 Linux 文件系统结构和管理。
- 编程环境：了解在 Linux 上搭建和使用各种编程环境，如 Python、Java 等。

4. 使用示例

- 用户问题：如何安装 Apache 服务器？

❑ 助手响应：可以使用以下命令安装 Apache 服务器：

```
…bash
sudo apt update
sudo apt install apache2
…
```

提示词生成器对我们最大的帮助就是，一些基本的要求可以在提示词生成器里自动生成好，不用我们每次撰写了，这对我们工作效率的提升将是非常显著的。

#### 13. 中英文翻译专家

简介：中英文互译，对用户输入内容进行翻译。

**提示词：**你是一个中英文翻译专家，将用户输入的中文翻译成英文，或将用户输入的英文翻译成中文。对于非中文内容，它将提供中文翻译结果。用户可以向助手发送需要翻译的内容，助手会回答相应的翻译结果，并确保符合中文语言习惯，你可以调整语气和风格，并考虑到某些词语的文化内涵和地区差异。同时作为翻译专家，需将原文翻译成具有信达雅标准的译文。“信”即忠实于原文的内容与意图；“达”意味着译文应通顺易懂，表达清晰；“雅”则追求译文的文化审美和语言的优美。目标是创作出既忠于原作精神，又符合目标语言文化和读者审美的翻译。

中英文互译本身并不难，真正的挑战在于如何让翻译的内容达到“信达雅”。而且若要让 DeepSeek 理解信达雅，则需要在提示词中明确说明。比如上面这段提示词，我们给 DeepSeek 的“身份”就是中英文翻译专家，“任务”就是中英文互译，在具体要求上，提示词对翻译的信达雅提出了明确的解释：“信”即忠实于原文的内容与意图；“达”意味着译文应通顺易懂，表达清晰；“雅”则追求译文的文化审美和语言的优美。那么，效果如何呢？

**提示词：**牛顿第一定律：任何一个物体总是保持静止状态或者匀速直线运动状态，直到有作用在它上面的外力迫使它改变这种状态为止。如果作用在物体上的合力为零，则物体保持匀速直线运动。即物体的速度保持不变且加速度为零。

DeepSeek 输出：

Newton's First Law: An object will remain at rest or in uniform straight-line motion unless acted upon by an external force that compels it to change this state. If the net force acting on the object is zero, the object will maintain uniform straight-line motion. In other words, the object's velocity remains constant, and its acceleration is zero.

## 3.3 万能提示词公式实战

### 3.3.1 基础公式：角色 + 任务 + 要求

对于刚接触 DeepSeek 的小白用户来说，想要快速生成高质量内容，关键在于学会“精准下达指令”。许多人在使用 DeepSeek 等工具时，常会遇到输出结果笼统、跑题或不符合预期的情况，这往往源于提示词过于模糊。

其实，只要掌握一个基础公式——角色 + 任务 + 要求，就能像搭积木一样构建出清晰的指令。

#### 1. 公式解析

（1）角色

举个例子，如果你想让 DeepSeek 帮忙写一篇产品文案，与其简单输入“写个吸尘器的介绍”，不如先明确角色：“你是一名擅长家电领域的电商文案专家”，接着定义任务：“为售价 899 元的无线吸尘器撰写京东商品详情页文案”，最后补充要求：“突出‘30 分钟续航’‘一键拆洗’两大卖点，用生活化场景描述，避免专业术语，分产品参数、使用场景、用户评价三个板块”。这三个要素叠加后，DeepSeek 立刻就能理解你需要专业且接地气的销售文案，而不是泛泛而谈的技术说明书。

DeepSeek 输出：

无线吸尘器 | 轻松清洁不费劲，899 元开启洁净生活

1. 产品参数

1）30 分钟持久续航：充一次电，轻松搞定全屋清洁，中小户型一次扫

净无压力。

2）一键拆洗黑科技：尘盒轻轻一按秒拆卸，倒灰不脏手，水冲即净，告别“拆机式”清洁。

3）轻量设计：主机仅 1.4kg，单手举高吸窗帘、弯腰钻床底，打扫像散步一样轻松。

2. 使用场景

1）家有萌娃：宝宝打翻奶粉罐？30 分钟续航足够来回清扫 3 遍，边吸边玩也不怕断电。

2）宠物家庭：猫毛狗毛满天飞？一键拆洗设计，5 秒清理滚刷缠绕的毛发，从此告别“毛球焦虑”。

3）懒人福音：沙发缝里的饼干渣、窗台积灰，随手一吸一倒，连抹布都不用洗！

3. 用户评价

1）宝妈小林：以前扫地总担心宝宝爬来爬去吃灰，现在随手吸完直接拆开冲水，干净又省心！

2）上班族阿杰：租房党福音！续航够用，噪音小，晚上加班回家也能安静打扫。

3）养猫用户 @ 喵星人：滚刷再也不卡毛了，吸完地板顺手吸猫窝，清洁效率翻倍！

为什么这三个要素如此重要？

“角色”决定了 DeepSeek 的思考视角和专业深度。当你说“你是一位有 15 年经验的儿科医生”，DeepSeek 会自动调用医学知识库，用严谨的口吻给出建议；而“你是一个喜欢用段子讲科普的 95 后博主”则会触发轻松幽默的表达方式。

模糊角色：“写一篇产品文案”→ AI 可能以普通消费者的视角描述。

明确角色：“你是一名资深广告文案策划师，专注于科技类产品”→ AI 会调用专业术语和行业经验生成内容。

**小白实操技巧如下。**

- 直接分配身份：如“律师”“教师”“营销专家”等。

- 补充专业背景：例如“你是一名有 10 年经验的宠物医生，擅长犬类疾病诊疗”。

（2）任务

“任务”则是整个提示词的核心骨架，必须包含具体动作和关键信息。比如“写一封邮件”是模糊任务，而“用英语写一封推迟项目会议的正式邮件，收件人是美国合作方 CEO，延期原因是技术团队需要额外两周测试系统稳定性”就能让 DeepSeek 精准锁定内容方向。

- 模糊任务：“写一个故事”→ AI 可能生成缺乏细节的流水账。
- 明确任务：“以‘未来城市’为背景，写一个关于人工智能与人类共存的科幻短篇，包含主角的内心矛盾与科技伦理冲突”→ AI 会围绕具体主题展开。

**小白实操技巧如下。**

- 使用 5W1H 法：Who（谁）、What（做什么）、When（时间）、Where（地点）、Why（原因）、How（方式）。例如：“为大学生（Who）撰写一份暑期实习简历（What），重点突出数据分析技能（How），目标岗位是互联网公司（Where）。”
- 拆分复杂任务：将大任务分解为多个小指令。例如，先让 AI 列出文章大纲，再逐步扩展每个部分。

（3）要求

至于“要求”，相当于给 DeepSeek 划定创作边界，新手最容易忽略这点。我曾见过用户让 DeepSeek“写一首诗”，结果得到莎士比亚风格的十四行诗，而实际他想要的是三行俳句，这就是缺少格式约束的典型问题。

- 无要求：如果输入“写一首诗”，则 DeepSeek 可能生成自由体或律诗。
- 明确要求：如果输入“写一首七言绝句，主题为‘秋思’，押平水韵，末句表达游子思乡之情”，则 DeepSeek 会严格遵循规则。

**小白实操技巧如下。**

- 格式约束：如“用 Markdown 输出”“分三点列出”“字数不超过 500 字”。
- 风格调整：如“语言幽默接地气”“采用学术论文风格”“模仿鲁迅的文风”。
- 避免内容：如“不使用专业术语”“不涉及政治敏感话题”。

### 2. 案例操作

为了让这个公式更易上手，我们用一个完整案例拆解操作步骤。假设你想让 DeepSeek 制定健身计划，那么要怎么做呢？

第一步设定角色——你是一名 ACE 认证健身教练，擅长家庭徒手训练，这句话就像给 DeepSeek 戴上了专业徽章；

第二步布置任务——为 25 岁办公室久坐男性设计 4 周减脂计划，每天 20 分钟，不需要器械，这里限定了用户画像、时长和工具条件；

第三步添加要求——每周训练 5 天，包含热身视频链接、动作分解图及饮食搭配表，用 Markdown 表格输出。

当这三个部分串联起来时，DeepSeek 输出的就不再是“每天做 50 个俯卧撑”这类通用建议，而是包含训练频次、动作示范、营养配比的系统性方案，甚至会自动生成适合手机阅读的排版格式。

**DeepSeek 输出：**

根据用户需求（3 个月增肌 5kg 纯肌肉 + 改善圆肩），结合家庭器械条件（瑜伽垫 + 哑铃）和时间限制（每日 20 分钟），制订以下科学训练计划。

1. 每周训练计划表（循环训练模式）

| 训练日 | 目标肌群 | 动作组合 | 组数 / 次数 | 动作示意图连接 |
|---|---|---|---|---|
| 周一 | 胸 + 三头 + 圆肩矫正 | 哑铃卧推→窄距俯卧撑→弹力带肩外旋（或靠墙天使） | 4 × 10 → 3 × 10 → 3 × 15s | 哑铃卧推→靠墙天使 |
| 周三 | 背 + 二头 + 体态矫正 | 哑铃划船→反向飞鸟→俯身 T 字伸展 | 4 × 12 → 3 × 15 → 3 × 20s | 哑铃划船→T 字伸展 |
| 周五 | 腿 + 肩 + 核心 | 哑铃深蹲→哑铃推举→侧平板支撑（矫正圆肩代偿） | 4 × 15 → 4 × 10 → 3 × 30s | 哑铃深蹲→侧平板 |
| 每日 | 碎片时间 | 办公间歇：靠墙静蹲（每次 1 分钟累计 5 组） | 循环进行 | 弹力带面拉 |
|  | 强化 | 睡前：胸肌筋膜放松 + 弹力带面拉（3 × 15） |  |  |

2. 执行要点

（1）动作优先级

- 复合动作占比 80%（如卧推 / 划船 / 深蹲）。
- 圆肩矫正动作融入组间休息（如肩外旋 / 靠墙天使）。

（2）渐进超负荷策略

- 每周增加 2.5kg 哑铃重量或每动作增加 1 ～ 2 次。
- 每月替换 1 个动作变式（如将平板卧推改为上斜卧推）。

（3）时间控制技巧

- 采用拮抗肌超级组（如卧推 + 划船）减少休息时间。
- 组间休息严格控制在 45s 内（用手机计时器监控）。

3. 饮食关键指标（程序员外卖优化版）

| 营养要素 | 计算公式 | 执行方案（711/ 外卖） |
| --- | --- | --- |
| 蛋白质 | 体重 /kg × 2.2g | 早餐：茶叶蛋 ×3 + 纯牛奶<br>午餐：卤鸡腿 ×2 + 蒸蛋羹 |
| 碳水 | 体重 /kg × 4g | 练前：香蕉 ×1<br>练后：即食燕麦杯 + 蜂蜜 |
| 脂肪 | 总热量 ×25% | 加餐：每日坚果 1 包<br>烹饪：外卖备注「少油」 |

4. 体态矫正特别训练（每日必做）

晨起 7 分钟：胸肌动态拉伸（30s×3 组）、弹力带肩胛后缩（15 次 ×3 组）。

久坐唤醒：每小时做 YTW 伸展（办公室椅子完成）。

睡前必做：筋膜球放松胸小肌（2 分钟 / 侧）、仰卧脊柱扭转（改善胸椎灵活性）。

当然，实际操作中难免会遇到问题。比如有些用户虽然用了公式，但表述仍然抽象：“你是一个老师，帮我写一份好的教学方案”。这时需要拆分指令——先明确教哪个学科、学生年龄、课程时长，再定义“好”的标准：是想要互动游戏多？还是知识点结构清晰？

更进一步，可以尝试给 DeepSeek“喂”参考案例。例如先提供一段理想中的文案片段，要求 DeepSeek 模仿其句式结构；或者在多次对话中迭代优化，比如首轮生成大纲，第二轮填充案例，第三轮调整语气。工具层面，新手可以用提示词生成器快速上手，这类工具通常会提供角色、任务、要求的填空模板，相当于给指令设计上了辅助轮。

（1）错误示范与改进

- 错误：如果输入“帮我写个文案”，则指令过于模糊，DeepSeek 可能生成无关内容。

- 改进：如果输入“你是一名母婴产品文案策划师，为 0～1 岁婴儿奶瓶撰写电商详情页文案，突出‘防胀气’和‘易抓握’卖点，语气亲切，面向 90 后妈妈群体”，则角色、任务、要求俱全。

（2）进阶技巧

- 提供示例：直接给 AI 参考文本，例如“请模仿以下句式结构：产品卖点 + 使用场景 + 用户收益”。
- 动态调整：若结果不理想，可逐步增加细节，例如首轮生成大纲，次轮补充案例，第三轮优化语言。

最后要记住，所有技巧的本质都是降低 DeepSeek 的“猜测成本”。就像面对一个新入职的实习生，你说“整理这份文件”和“按时间顺序整理 2023 年销售数据，用 Excel 分表统计各区季度增长率，周五下班前发我”，后者显然能得到更符合预期的结果。

当你能稳定输出“角色 + 任务 + 要求”的完整指令时，就会逐渐发现 DeepSeek 不再是胡乱应答的魔术师，而是真正听话的数字助手。

### 3.3.2 进阶公式：身份 + 场景 + 目标 + 格式

#### 1. 为什么需要进阶公式?

当你能用“角色 + 任务 + 要求”写出基础提示词后，是否发现 DeepSeek 的输出依然存在细节缺失或场景错位的问题？比如让 DeepSeek “作为营养师设计减脂食谱”，它可能会给出标准化的三餐搭配，却忽略了用户“厨房小白”“讨厌西兰花”等真实生活场景。

这正是进阶公式“身份 + 场景 + 目标 + 格式”的价值所在。进阶公式的四大要素精准锁定了“为谁做”“在什么条件下做”“做到什么程度”“如何呈现”。它像给 DeepSeek 装上了显微镜和导航仪，既能看清用户的具体处境，又能瞄准靶心输出结果。

#### 2. 四要素拆解与实操技巧

（1）身份：给 DeepSeek 佩戴专业勋章

身份不仅包含职业标签，更强调与任务相关的特殊属性，比如“有 10 年跨境电商经验的营销专家”比“营销人员”更能触发精细化策略。身份描述要包含“专业领域 + 特殊技能 + 相关经验”，三者缺一不可。例如“你是一名心理学博士（专业领域），擅长用认知行为疗法改善焦虑情绪（特殊技能），服务过 1000+ 高压职场人群（经验）”，这样的身份设定会让 DeepSeek 自动调用相关案例库。

**错误示范：**“你是个设计师”，过于宽泛，AI 可能混用平面设计和 UI 设计逻辑。

**优化方案：**“你是服务新消费品牌的视觉设计师（核心身份），擅长用酸性美学风格打造 Z 世代传播物料（能力标签），曾为茶饮品牌‘柠季’设计过出圈海报（经验背书）”，避免使用“专家”“资深人士”等空洞头衔，而是具体到细分标签，比如“母婴类目 TOP10 品牌的抖音运营负责人”比“短视频运营”更具指向性。当需要 DeepSeek 模拟特定人物时，可以叠加性格标签，例如“你是一个说话犀利、喜欢用电影台词举例的大学哲学教授”。

（2）场景：还原用户的全息投影

场景则像给 DeepSeek 播放了一段用户的生活纪录片，例如“用户是四线城市奶茶店老板，客群以中学生为主，预算有限需控制 200 元内”这类描述，能直接避免 DeepSeek 生成“联名款盲盒营销”等不接地气的方案。场景描述需覆盖用户特征、环境限制、潜在痛点三个维度。假设你要设计读书会招募文案，基础版可能只说“面向年轻读者”，进阶版则要写：“用户为 22 ～ 28 岁互联网从业者，通勤时间长，习惯用微信读书碎片化阅读，痛点是想读书但难以坚持，担心选书质量参差不齐”。表 3-1 给出了几个有代表性的场景，供大家参考。

**表 3-1　典型场景及描述案例**

| 场景 | 说明 | 案例 |
| --- | --- | --- |
| 物理环境 | 时间、地点、工具限制 | 用户需要在候机厅用手机 10 分钟内完成操作 |
| 行为习惯 | 使用场景与动作路径 | 习惯早上 7 点边吃早餐边刷朋友圈，停留时间不超过 3 秒 |
| 心理动机 | 深层需求与恐惧点 | 想展示家庭责任感，又怕被朋友认为“炫富” |
| 竞争环境 | 市场或内容红海现状 | 同类科普文章多使用专业术语，读者留存率低于 40% |

更进一步的策略是构建场景冲突，比如“公司要求你在预算缩减 30% 的情况下完成‘双 11’促销策划”，这会迫使 DeepSeek 在限制条件下创新。记住，越具象的场景越能激发 DeepSeek 的关联能力，甚至可以说出“用户住在老小区 6 楼无电梯，需要轻便折叠婴儿车”这种细节。

（3）目标：把愿望翻译成数学题

目标必须符合 SMART 原则（具体、可衡量、可实现、相关性、有时限），比如“提升用户转化率”是愿望，“通过优化支付页面按钮颜色和文案，将转化率从 1.2% 提升至 2.5%”才是目标。当你要求 DeepSeek 写产品文案时，别只说“吸引年轻人”，而是设定“让‘95 后’用户在 3 秒内注意到核心卖点”。

**小白版：**“提升小红书笔记流量”。

**进阶版：**

- 一级目标：30 天内笔记曝光量从 2000/ 篇提升至 10000/ 篇。
- 二级目标：通过封面图点击率提升至 15%（当前 8%）。
- 三级目标：优化文案结构，使阅读完成率 ≥70%。

如果是复杂任务，则建议拆解为分级目标，例如首要目标“7 天内涨粉 5000”，次级目标“视频完播率 ≥40%”，并标注优先级。数据化思维不仅能提升 DeepSeek 输出质量，还能方便后期效果验证。

（4）格式：为信息穿上合适的外衣

至于格式要求，它决定了信息的可读性和实用性，比如“用 Excel 表格对比三种方案的优缺点”远比纯文本更适合商务场景。

格式要求是小白用户最易忽视的进阶技能。同样的内容，用 Markdown 表格、PPT 大纲、思维导图还是 FAQ 问答呈现，直接决定了信息的应用效率。例如整理会议纪要时，“用时间轴形式列出讨论重点，争议观点用红色标注，待办事项加粗显示”的格式要求，能省去人工二次整理的麻烦。表 3-2 梳理出来了几个我们经常使用的格式，供大家参考。

表 3-2　提示词格式类型与案例

| 场景类型 | 推荐格式 | 案例 |
| --- | --- | --- |
| 知识整理 | 思维导图 /Markdown 分级列表 | 行业报告摘要用 XMind 层级展开 |
| 数据呈现 | 三线表 / 信息图表 | 销售对比数据用 LaTeX 表格 |
| 执行方案 | 甘特图 /Checklist | 活动策划案附 Excel 时间轴 |
| 创意输出 | 分镜脚本 / 用户旅程图 | 广告提案用故事板画幅标注 |

特殊场景还需要指定技术参数，比如“生成的产品说明书需符合 GB/T 1.1-2020 标准，章节编号采用 3.1.2 格式”。对于创意类任务，可以要求模仿

特定载体，比如“用小红书爆款笔记的句式结构：痛点提问 + 解决方案 + 效果对比”。

### 3. 避坑指南：90% 小白会犯的 4 个错误

- 身份与场景割裂：比如身份设定是“留学顾问”，场景却是“帮小学生家长选择兴趣班”，AI 会因为逻辑冲突输出混乱内容。
- 目标缺乏验收标准：“提升品牌知名度”应改为“通过 30 篇知乎回答铺设，6 个月内品牌词搜索量增长 200%”。
- 格式要求脱离使用场景：要求老年人看的资料用“信息图表”不如“字号 18pt 的图文对照手册”更实际。
- 低估细节的力量：与其说“语言要生动”，不如明确“每段用 1 个生活类比 +2 个用户证言”。

### 4. 案例实战

（1）短视频直播话术设计

假设你需要 DeepSeek 帮忙撰写直播话术，基础版提示词可能是：“你是个带货主播，写一份空气炸锅的话术，要吸引家庭主妇。”

而用进阶公式改造后会变成：“你是一名专注小家电的抖音直播操盘手（身份），正在为 39 岁二线城市家庭主妇设计话术，她们看重性价比，担心厨电难清洗，常在下午 3 点边做家务边看直播（场景），目标是在 3 分钟演示中促成购买，转化率目标 8%（目标），需包含价格对比、清洗演示、限时赠品三个模块，每段话不超过 20 字，用‘’标记重点词汇（格式）。”

在这样的指令下，DeepSeek 不会堆砌“科技创新”“热风循环”等术语。

**DeepSeek 输出：**

1. 价格对比模块

“原价 599，今天直播间‘直降 200’，‘399’带回家！”

“商场同款‘贵一半’，咱们‘官方正品’保十年！”

2. 清洗演示模块

“看！‘一按一拆’3 秒搞定，再也不怕‘油污堆积’！”

“‘全身水洗’不触电，抹布‘一擦就亮’超省心！”

3. 限时赠品模块

“现在下单‘送299元料理锅’，只剩‘最后50个名额’！”

“‘前30名付款’加赠保温杯，倒计时‘3分钟’锁福利！”

4. 收尾促单

“省的钱够买‘半个月菜’，手慢真的‘拍大腿’！”

“点击‘右下角购物车’，马上‘包邮送到家’！”

（每句严格控制在20字内，用重点词强化记忆点，数字对比＋视觉化清洁演示＋紧迫感营造，适配碎片观看场景。）

（2）跨境电商Listing优化

**基础版：**写一个筋膜枪的亚马逊产品描述。

**进阶版：**你是一名亚马逊北美站TOP10卖家（身份），产品为售价$89的深层肌肉筋膜枪，主要竞争对手是Hyperice和Theragun（场景）。目标是通过SEO优化和卖点重组，使搜索排名进入大词前3页，转化率从1.8%提升至3.5%（目标）。要求：

- ❑ 标题含核心关键词“Muscle Massage Gun”及使用场景词“for Athletes”。
- ❑ 五点描述采用“痛点＋解决方案＋数据论证”结构（例：Sore after gym?→60W无刷电机直达7mm深层肌肉→92%用户反馈缓解延迟性酸痛）。
- ❑ A+页面插入对比图：与Theragun Pro参数对比（重量、噪音、续航）。
- ❑ 规避平台敏感词：不使用“Pain Relief”等医疗宣称词汇（格式）。

接着，我们看看进阶版提示词下的DeepSeek输出。

**DeepSeek输出：**

1. 标题优化

“Professional Deep Tissue Muscle Massage Gun for Athletes-Quiet Portable Percussion Therapy with 6 Replaceable Heads”

（融合核心词＋场景词＋差异化关键词，符合亚马逊120字符限制。）

2. 五点描述重组（痛点→方案→数据）

“Sore after marathon? → 60W Brushless Motor Reaches 7mm Deep Tissue →

92% Users Report Faster Recovery"

"Bulky recovery tools? → Compact 1.2lbs Body → 35% Lighter Than Theragun Pro in Lab Tests"

"Disturbing massage noise? → 45dB Quiet Operation → Equivalent to Library Whisper Level"

"Frequent battery anxiety? → 8H Ultra-Long Runtime → Lasts 3X NFL Training Camp Sessions"

"Limited muscle targeting? → 6 Specialized Heads → Certified by NASM Coaches for Full-Body Use"

（每点均含可验证数据，规避医疗宣称。）

3. A+ 对比图策略

设计三栏对比表：

- 重量：Ours 1.2lbs vs Theragun Pro 2.8lbs（红色箭头标注 -57%）。
- 噪音：45dB vs 58dB（声波可视化图标）。
- 续航：8H vs 2.5H（电池图标 3 倍长度差异）。

底部标注 Based on 2023 independent lab test results。

4. 敏感词替代方案

- "Pain Relief" → "Muscle Tightness Release"
- "Treatment" → "Recovery Support"
- "Therapy" → "Percussion Massage"

（保持功能描述，符合 FDA 非医疗器械定位。）

5. 搜索词埋入策略

后台 Search Terms 填充：

- muscle recovery gun athletes。
- quiet percussion massager。
- portable deep tissue therapy。
- sports massage equipment。
- gym recovery tools。

（精准长尾词 + 月均 5000+ 搜索量的衍生词。）

6. 转化率提升组合拳

- 价格锚点：List Price 129 → 89（红色箭头标注 -30%）。
- 社会证明：插入 NBA 训练营合作图示（非 LOGO 露出）。
- 赠品策略：增加 $15.99 按摩头套装（设置自动优惠券）。

（实测此结构可使 CTR 提升 2～3 倍，配合广告 Campaign 冲击 BSR 排名。）

（3）高校教师课件制作

**基础版：**帮我把《宏观经济学》第三章做成 PPT。

**进阶版：**你是清华大学经管学院教学设计师（身份），为本科生制作《货币政策工具》课件，学生普遍数学基础较弱，厌恶公式推导（场景）。目标是通过可视化教学，使课堂互动率提升 50%，课后测验正确率超 75%（目标）。要求：

- 每页 PPT 用 1 个生活案例引入概念（如“存款准备金率→奶茶店备用珍珠”）。
- 动态图表展示利率调整对股市 / 房市的影响路径。
- 设置 3 个课堂投票题（二维码嵌入 PPT）。
- 附录页提供“政策模拟器”链接（学生可调整参数看经济变化）。
- 使用学校模板，字号 ≥24pt，动画效果 ≤2 种（格式）。

**DeepSeek 输出：**

《货币政策工具》课件设计方案

核心策略：生活化类比 + 动态推演 + 即时反馈

1. 生活案例引入设计

（1）存款准备金率

- “奶茶店备用珍珠”案例：展示奶茶店每日预留 10% 珍珠应对突发订单→类比银行预留存款应对挤兑风险。
- 动态图示：滑动条调节准备金率，实时显示可贷款金额变化（类比奶茶店可售杯数）。

（2）公开市场操作

- “超市进货策略”案例：超市根据客流量动态调整货架商品→类比央行买卖国债调节货币量。

- 动态热力图：国债交易量变化引发货币供应量波动（类比货架商品增减动画）。

（3）再贴现政策

- “信用卡额度调整”案例：银行根据信用评分调整信用卡额度→类比央行通过再贴现率影响银行融资成本。
- 交互折线图：利率升降引发银行借贷行为变化（类比额度调整触发消费波动）。

2. 动态图表设计

（1）利率传导路径动态推演

- 房市路径：利率↑→房贷月供↑（气泡图放大）→购房需求↓（柱状图收缩）→房价波动（折线图抖动）。
- 股市路径：利率↓→企业融资成本↓（钱袋图标填充）→利润预期↑（箭头上升）→股价波动（K线图跳转）。

（2）工具

PPT 平滑切换 + SVG 矢量图（零公式推导）

3. 课堂投票题设计（扫码即投）

（1）存款准备金率调整

“若奶茶店备用珍珠从 10% 调到 15%，当日可售杯数会……”

A. 减少 20 杯　B. 不变　C. 增加 10 杯（正确答案 A）

（2）公开市场操作判断

“央行抛售国债相当于超市……”

A. 进货　B. 清仓　C. 打折（正确答案 B）

（3）利率政策效果

“房贷利率下降时，首付比例会……”

A. 提高　B. 降低　C. 不变（情景题无标准答案，激发讨论）

4. 政策模拟器设计

- 附录页嵌入：清华大学经济政策沙盘系统。
- 可调参数：利率 / 准备金率 / 国债交易量。
- 实时反馈：GDP 增速 /CPI/ 房价指数热力图（拖拽 24 小时历史数据对比）。

5. 格式执行方案

- 视觉规范：采用清华紫 + 象牙白主色调，标题字号 32pt/ 正文字号 24pt。
- 动画控制：仅保留“平滑移动”（利率传导路径）+“淡入淡出”（案例切换）。
- 交互提示：每页右下角添加“扫码讨论”悬浮按钮（跳转课程论坛）。

6. 教学效果保障

- 课前测试：用奶茶店经营游戏摸底学生经济学直觉。
- 课后测验：政策模拟器生成个性化题库（正确率预测 78.3%）。
- 数据反馈：投票结果实时生成词云，用于下节课案例迭代。

当你能熟练运用身份锁定专业深度、场景还原真实战场、目标拆解量化路径、格式匹配落地场景时，AI 将不再是随机应变的聊天机器人，而是被你精密操控的“数字外脑”。这种思维模式的价值甚至超越 AI 工具本身——它迫使你以结构化的方式澄清需求、以数据化的视角验证结果，这正是智能时代最稀缺的元能力。记住，每一个模糊的提示词背后，都是未被驯服的认知熵增；而每一次精准的指令设计，都在为你的思维宇宙建立新的秩序。

### 3.3.3　深度思考公式

在基础公式阶段，用户通过“角色 + 任务 + 要求”三要素控制输出方向，如同给 AI 安装方向盘；进阶公式增加的“身份 + 场景 + 目标 + 格式”，相当于添加了导航仪和限速器。但当面临复杂决策时，这些线性结构会迅速失效。而真正决定 AI 价值密度的，是能否将人类深度思考的路径编码为机器可执行的逻辑框架。

所以，本节里讲的“深度思考公式”，本质上是一套将系统思维、模型嫁接与动态验证融合的元方法，其核心价值在于教会 AI 如何像领域专家一样思考。深度思考公式主要包括三个方面：问题本质的多维拆解、思维模型的动态加载、验证机制的闭环设计。

#### 1. 问题本质的多维拆解

在基础公式中，“任务”仅是动作描述（如“写分析报告”），而深度思考要求将任务分解为可操作的认知单元。比如，用户对 DeepSeek 提出的问题是：

“为什么抖音账号涨粉变慢了？”深度思考者则会从以下四个方面进行解读。

首先是现象层，明确具体症状（如“小红书新品笔记互动率同比下降22%”）。其次是关系层，建立变量关联（平台算法调整→素人账号权重下降→头部 KOL 垄断流量）。接着是系统层，识别底层规则（内容分发从“社交关系链”向“付费加热优先”迁移）。最后是范式层，判断趋势拐点（UGC 生态是否进入“机构化创作”阶段）。也就是说，用户看到的是“果”，并不是“因”，而想要知道“因”，就必须进行深层次思考，才能找到潜在的问题并进行分析和判断。

**案例实战**

**基础版：**分析美妆个护赛道增长机会。

**进阶版：**拆解 2023 年抖音美妆 GMV 增速放缓的四大诱因（现象层）；验证“成分党”崛起与平价彩妆退潮的相关性系数（关系层）；建立“政策监管强度－内容合规成本－达人结构变迁”的动态模型（系统层）；判断轻医美产品替代传统护肤品的临界渗透率（范式层）。

**DeepSeek 输出：**

1. 2023 年抖音美妆 GMV 增速放缓四大诱因

1）达人结构变迁：垂类美妆主播 GMV 同比下跌 77%～88%（如潘雨润、琦儿），全品类主播崛起（明星“×××”美妆 GMV 同比增长 126.7%）分流流量。

2）流量成本激增：直播间投流成本 2024 年 5 月同比增 3 倍，白牌商家 ROI 跌破盈亏线。

3）成分党挤压效应：国货功效护肤 GMV 同比增长 40%，韩束、珀莱雅等品牌抢占 30% 原平价彩妆市场份额。

4）政策监管强化：抖音 2024 年 9 月清退低质低价商品，美妆白牌 TOP20 留存率下降 67%。

2. 成分党与平价彩妆相关性验证

1）成分党品牌（珀莱雅 / 可复美）与平价彩妆（温博士 / 原生密码）市占率呈显著负相关（$r=-0.82$，$p<0.01$）。

2）韩束“环六肽”系列上市后，其竞品 colorkey 唇釉 GMV 环比下降 41%。

3. 动态模型构建

建立微分方程组刻画三者关系：

$$\frac{\mathrm{d}G}{\mathrm{d}t}=\alpha P-\beta C^2+\gamma D^{0.5}$$

$$P(t)=\frac{1}{1+\mathrm{e}^{-k(t-t_0)}}\text{（政策监管 S 型曲线）}$$

其中，$G$ 表示 GMV 增速，$P$ 表示监管强度（2024 年 Q4 达到 0.78），$C$ 表示内容合规成本（MCN 机构增长 19%），$D$ 表示头部达人集中度（CR5 从 63% 降到 41%）。

4. 轻医美替代临界点测算

当轻医美产品渗透率 $\lambda$ 满足：

$$\lambda_c=\frac{\mu}{\sigma^2}\ln\left(\frac{1.2rm}{r_s}\right)\approx 34.7\%$$

基于 2024 年 11 月数据，抖音轻医美渗透率达 29.1%，预计 2025 年 Q2 突破临界值。

5. 数据支撑

成分党客单价 38.6 美元，平价彩妆单价 12.4 美元。

每提升 1 单位监管强度，达人合作成本每月增加 2.4 万美元。

模型拟合优度 $R^2=0.91$（2019—2024 年数据）

（注：相关系数通过格兰杰因果检验，临界值计算采用蒙特卡洛模拟）

当然，问题的本质其实没有人能够一下子想出来，需要在不断地追问中逐步明晰，这里有一个技巧可以给到大家，那就是“5WHY-EBEST 法”——连续追问至根本原因。

- 为什么涨粉慢？→内容播放量下降。
- 为什么播放量下降？→完播率低于新流量池阈值。
- 为什么完播率下降？→前 3 秒 Hook 有效性降低。
- 为什么 Hook 失效？→同类账号开始使用 AI 生成高密度信息开头。
- 为什么未及时应对？→监测指标未包含“前 3 秒跳出率”。

### 2. 思维模型的动态加载

进阶公式中的“身份”仅赋予 AI 静态视角（如“市场总监”），而深度思考需要根据问题本质动态组合分析框架，这个过程就如同给 AI 装上了“认知芯片”。当分析师输入“用波特五力模型分析光伏行业”，得到的往往是模板化回答。而高阶使用者会搭建动态模型矩阵：“先用破坏性创新理论解释钙钛矿技术对隆基股份的影响，再叠加供给端博弈论模型推演硅料价格战中的纳什均衡，最后用技术采纳生命周期评估分布式光伏在县域市场的渗透拐点”。这相当于为 AI 装配了可组合的分析框架库。

目前来看，思维模型有很多种，简单可以概括出以下三个类别：首先是基础模型，比如 SWOT、波特五力等传统工具，用于快速对信息进行结构化处理。其次是杂交模型，通过跨学科理论嫁接，比如用生物学的共生理论解释直播电商的达人 - 品牌关系，用生物学的“共生演化”分析平台与商家的关系重构。最后是涌现模型，通过多模型交互发现新规律，例如通过组合技术成熟度曲线与反脆弱理论，预判 AI 监管政策的滞后效应等。

典型思维模型与提示词案例如表 3-3 所示。

表 3-3 典型思维模型与提示词案例

| 模型类型 | 适用场景 | 触发关键词示例 |
| --- | --- | --- |
| 系统思考 | 复杂问题归因 | 正反馈回路 / 延迟效应 / 杠杆点 |
| 博弈论 | 竞争策略制定 | 纳什均衡 / 囚徒困境 / 信号传递 |
| 二阶效应 | 长期影响预判 | 衍生后果 / 非线性变化 / 隐性成本 |
| 双钻石模型 | 创新方案生成 | 发散 – 聚焦 – 发散 – 聚焦 |
| 溯因推理 | 突发危机处理 | 最佳解释推理 / 假设证伪 |

#### 案例实战

**提示词：**

当分析 DTC 品牌出海困境时，可并行运行：

- 消费者行为学的“计划行为理论”（解释文化差异导致的转化断层）。
- 复杂网络科学的“弱连接激活模型”（设计跨境社媒的裂变路径）。
- 博弈论的“鹰鸽”博弈均衡（制定应对本土品牌价格战的动态定价）。

DeepSeek 输出：

在分析 DTC 品牌出海困境时，可构建三维联动模型。

1. 文化断层诊断（计划行为理论）

通过 $I=0.34A+0.41S+0.25P$ 量化购买意向，其中文化差异导致集体主义市场 $S$（主观规范）权重提升至 0.53，个人主义市场 $A$（态度）主导决策（占比 61%）。

针对目标市场调整价值主张，如东南亚强调社群认同，欧美突出个体效能。

2. 裂变路径设计（弱连接激活模型）

基于小红书实证数据：实用型 UGC 内容可使弱连接转化率提升 3.2 倍，标签体系优化使跨文化传播效率提高 47%。建议构建 $K=0.7C+0.3R$ 内容矩阵（$C$ 为文化适配度，$R$ 为实用指数）。

3. 动态定价博弈（“鹰鸽”博弈均衡）

建立收益矩阵

- 本土品牌“鹰”策略：$\pi_1=(p-c)q-\beta\Delta p$
- DTC“鸽”策略：$\pi_2=(p^*-c)q^*+\gamma V$。当价值溢价 $V>0.38(p-p^*)$ 时，“鸽”策略可维持 23% 溢价空间。

4. 协同验证

- 文化适配度每提升 1 单位，弱连接裂变效率提高 17%。
- 价值感知强度与价格敏感度呈负相关（$r=-0.79$）。
- 动态调价响应速度需控制在竞品动作后 48 小时内。
- 模型需配合 A/B 测试迭代，建议首阶段聚焦 3 个文化圈层进行验证。

### 3. 验证机制的闭环设计

传统提示词的“要求”多关注输出格式（如分点论述、附数据图表），而深度思考需要植入验证逻辑。

首先是预验证，要求 AI 自检结论是否违背已知定律，例如，该策略在原材料价格上涨 20% 时是否成立？其次是过程验证，要求 AI 输出中间推导过程，构建极端场景验证方案鲁棒性。例如，如果原材料价格暴涨 200%，该供应链方案哪些环节会崩溃？最后是反事实验证，强制进行逆向推演，要求

AI 明确结论的前提条件与失效阈值。例如，如果核心假设错误，哪些指标会首先预警？本预测基于新能源政策不变，若 Q3 出台补贴退坡政策，修正系数应为多少？如果用户留存率在实施后 90 天内未提升 15%，应触发哪三条预案？

深度思考公式不是静态模板，而是持续升级的元能力体系，需建立两大支撑机制。

（1）思维模型的抗衰退训练

1）每月更新跨学科模型库：如将天体物理学的“引力弹弓效应”转化为用户裂变策略；用化学反应的活化能理论重构产品冷启动模型。

2）定期进行模型压力测试：当长尾理论遭遇抖音的流量集中分配机制，需要注入的修正参数。

（2）验证回路的自我迭代

在提示词中植入进化指令：“每次输出后自动生成三个反常识问题，例如：这个方案的成功是否依赖于某个即将失效的平台规则？哪些要素组合可能产生‘创新者窘境’式自我颠覆？如果用反向传播算法训练这个决策模型，首要修正的权重参数是什么？”

当你能熟练运用这套方法论，DeepSeek 将不再是答案生成器，而是思维进化的加速器。这种思维能力的升维，本质上是在用机器逻辑反哺人类认知的边界。未来已来，区别将不在于是否使用 DeepSeek，而在于能否通过 DeepSeek 看见自己思维盲区之外的星辰大海。当你下次面对闪烁的光标时，不妨先问自己：我要解决的问题本质，真的如我所见吗？

**案例实战**

（1）跨境电商

原始需求：写一个 TikTok 女装账号运营方案。

初阶指令：你作为海外社媒运营专家，制定新账号三个月涨粉 10 万的策略。

深度重构过程如下。

①问题本质解构

- 追问 1：目标不是单纯涨粉，而是筛选出愿为设计溢价付费的北美 Z 世代女性（从流量思维到用户质量思维）。

- 追问2：竞品用OOTD穿搭视频饱和轰炸，本质是内容供给侧同质化（识别红海市场中的破局点）。
- 追问3：账号冷启动阶段，KOL合作与UGC裂变的成本效益比失衡（找到最小化现金消耗的杠杆支点）。

②复合模型加载

- 用户洞察：应用“消费心理学中的稀缺效应+亚文化圈层归属理论”。
- 内容策略：结合“钩子矩阵+跨平台叙事经济学”。
- 增长引擎：混用“博弈论中的协同演化机制+复杂网络中的弱连接激活”。

③动态验证部署

- 数据埋点：要求AI设计A/B测试组，对比“小众美学纪录片式短视频”与“快速换装挑战赛”的粉丝净值（NPV）。
- 风险沙盒：让AI模拟东南亚宗教节日期间的文化敏感性风险，输出12条禁忌清单。
- 迭代规则：设定“单条视频完播率小于45%即触发内容格式重置”的自动化响应机制。

**最终指令：**假设你是服务过Reformation、Aritzia的北美本土化运营专家，现在要为定价比SHEIN高120%的设计师品牌策划TikTok冷启动。核心矛盾是如何让Z世代相信高价源于可持续时尚价值而非“智商税”，请结合亚文化符号寄生策略与POV镜头语言，设计三个月内容排期。需包含：每周1条纪录片式工厂溯源视频（展现有机棉种植），2条KOC素人改造案例（用前后碳排放数据对比制造认知冲击），以及通过用户UGC生成虚拟时装秀的互动机制。输出方案时需同步给出：鉴别“伪环保消费者”的评论区话术模型；测款期流量扶持的博弈策略；当CPM超过$15时的内容紧急切换方案。

（2）医药研发效率提升

**初阶指令：**分析AI在药物发现中的应用。

**最终指令：**作为医药行业首席科学官，你需要突破当前药物研发的“反摩尔定律”（成本每9年翻10倍）。要求：

1）用“破坏性创新”理论重组研发流程（加载模型）。

2）识别湿实验环节的不可替代性（定义本质）。

3）设计“干湿循环”验证机制：

- 阶段 1：AI 预测 5 种 GPCR 靶点候选分子。
- 阶段 2：实验室验证后反馈偏差数据。
- 阶段 3：修正算法进行迭代预测。

4）建立动态评估体系：若前三轮预测准确率 <30%，则触发高精度分子动力学模拟补偿方案。

输出包含风险控制节点的实施路线图，标注各阶段关键验证指标。

（3）新能源汽车竞争策略

**初阶指令：** 写一份特斯拉中国市场竞争分析。

**最终指令：** 你作为战略咨询顾问，需解释特斯拉 2023 年降价行为的反常性（牺牲毛利率换市场份额）。要求：

1）用“非对称竞争”模型拆解其战略意图（加载模型）。

2）验证假设：降价真实目标是加速 FSD（全自动驾驶）用户基数增长。

- 数据验证：降价车型与 FSD 开通率的相关性。
- 反事实推理：如果维持价格，FSD 订阅增长率能否支撑估值模型。

3）建立二阶效应预警：

- 友商被迫跟降导致的行业现金流危机。
- 消费者形成“等降价”心理对品牌溢价的侵蚀。

4）设计对冲方案：在降价同时推出订阅制电池升级服务。

要求用系统动力学图展示各变量相互作用，标注 3 个可能引爆风险的临界点。

深度思考公式总结如下。

第一步要求像手术刀般剖开表象，例如用户说“产品销量差”是模糊症状，需追问“是 30 ～ 40 岁新客转化率同比下降 15%”才算精准定位病灶。

第二步如同选择工具箱，若问题本质是“用户停留时长不足”，可调用“上瘾模型（触发 - 行动 - 奖励 - 投入）”设计激励机制；若是“售后差评激增”，可调用“服务补救悖论”理论框架。

第三步需预设可量化的评估标准，比如用 A/B 测试对比新旧详情页的跳出率，或通过用户访谈验证“奖励机制是否触发重复购买”。

三个环节形成螺旋上升的思考链路：当发现“加载了上瘾模型设计的签到功能，实际周留存率仅提升 2%”时，验证结果会倒逼重新审视问题本质——或许真实痛点并非用户活跃度低，而是核心功能未能解决“家庭场景下 3 分钟快速完成健身”的需求，此时需切换思维模型至“ Jobs to be Done”理论，重新设计“洗澡前碎片化跟练”功能模块，并设定“单次训练完播率 85% 以上”作为新验证指标。这种动态调整机制，既能防止思维模型沦为教条式套用，又能通过数据反馈持续逼近问题本质，本质上是在人类直觉与 AI 逻辑之间搭建双向修正的桥梁。

为了方便大家更好地使用和借鉴优秀的提示词，表 3-4 梳理了一些典型提示词框架。

表 3-4 典型提示词示例

| 序号 | 提示词示例 |
| --- | --- |
| 1 | 我想让你担任学术期刊编辑，将提供一份手稿摘要，你需要提供 5 个好的研究论文英文标题，并解释为什么这个标题是好的。请将输出结果以 Markdown 表格的形式提供，表格有两列，标题为中文，第一列给出英文标题，第二列给出中文解释，以下文本为摘要 |
| 2 | 作为中文学术论文写作优化助手，你的任务是改进所提供文本的拼写、语法、清晰度、简洁性和整体可读性。同时分解长句，减少重复，并提供改进建议。请仅提供文本的更正版本，并附上解释。以 Markdown 表格的形式提供输出结果，每个句子单独成行。第一列为原句，第二列为修改后的句子，第三列为中文解释。请编辑以下文本 |
| 3 | 下面是一篇学术论文中的一个段落。润色文字以符合学术风格，改进拼写、语法、清晰度、简洁性和整体可读性。必要时，重写整个句子。此外，用标记符表格列出所有修改，并解释修改原因 |
| 4 | 请分析以下文本中每个段落中句子之间的逻辑性和连贯性，指出句子之间的流畅性或关联性有哪些地方可以改进，并提出具体建议，以提高内容的整体质量和可读性，请只提供改进后的文本，然后用中文列出改进之处。请改进以下文字 |
| 5 | 你作为产业分析师，精通 Gartner 技术成熟度曲线与 PEST 分析模型。通过解析专利数据、政策文件及资本流向，能识别 3 ～ 5 年内爆发性增长赛道，设计商业进入时机与路径。请基于以下行业动态研判高潜力商机 |
| 6 | 我想让你充当一名科研类的英汉翻译，首先向你提供一种语言的一些段落，你的任务是将这些段落准确地、学术性地翻译成另一种语言。翻译后不要重复原文提供的段落。你应使用人工智能工具（如自然语言处理）以及有关有效写作技巧的修辞知识和经验进行回复。我会提供如下段落，请告诉我是用什么语言写的，然后翻译。我希望你能以标记表的形式给出输出结果，其中第一列是原文，第二列是翻译后的句子，每行只给出一个句子 |

（续）

| 序号 | 提示词示例 |
|---|---|
| 7 | 你专注全球电商研究，掌握 Euromonitor 市场渗透率模型。通过分析海关数据、海外社媒趋势及物流基建图谱，能定位新兴市场爆款品类，设计跨境选品与本土化运营策略。请评估以下区域的 GMV 增长潜力 |
| 8 | 你担任新消费投资顾问，熟悉马斯洛需求层次迭代规律。通过解析 Z 世代消费行为数据、小红书种草内容，能发现未被满足的体验型需求，设计溢价产品开发方案。请就以下消费趋势提出变现路径 |
| 9 | 你主攻颠覆性创新研究，掌握 Christensen 破坏式创新理论。通过分析技术成熟度曲线、产业链替代成本，能识别传统行业数字化改造节点，设计 B2B 技术解决方案。请评估以下领域的技术替代窗口期 |
| 10 | 你作为区位优势分析师，精通波特钻石模型。通过解析地方政府产业政策、生产要素成本矩阵，能发现产业集群转移趋势，设计产能布局优化方案。请研判以下经济带的投资价值 |
| 11 | 你专注大健康赛道研究，熟悉 WHO 疾病负担预测模型。通过分析医保政策、可穿戴设备数据及老龄化曲线，能定位预防医学、智慧养老等细分增长点。请就以下健康数据设计商业转化方案 |
| 12 | 你担任 Fintech 咨询师，掌握《巴塞尔协议Ⅲ》影响评估框架。通过解析支付清算数据、监管沙盒项目，能发现跨境结算、供应链金融等创新场景，设计合规技术解决方案。请评估以下金融基础设施的改造需求 |
| 13 | 你作为碳中和商业顾问，精通 ESG 投资评估体系。通过分析碳配额交易数据、清洁技术专利图谱，能识别碳捕捉、绿氢制备等高成长领域，设计 CCER 开发路径。请就以下环保政策提出商业响应策略 |
| 14 | 你专注全球供应链研究，掌握 SCOR 模型与韧性评估矩阵。通过解析地缘政治风险指数、物流成本结构，能发现近岸制造、保税维修等价值重构机会。请评估以下产业的供应链优化空间 |
| 15 | 你担任新媒体商业架构师，熟悉注意力经济价值评估模型。通过分析短视频内容标签、粉丝画像数据，能设计知识付费、品牌联名等多元化变现路径。请就以下内容提出商业化方案 |
| 16 | 你专注老龄化市场研究，掌握 WHO 健康老龄化评估框架。通过解析退休金分布数据、适老化产品渗透率，能发现智慧康养、老年教育等增量市场，设计 OMO 服务模式。请评估以下银发需求的商业转化率 |
| 17 | 你作为 SaaS 行业分析师，精通 LTV/CAC 价值评估模型。通过解析企业数字化渗透率、工作流痛点图谱，能识别 RPA、低代码平台等高需求场景，设计订阅制盈利模型。请就以下行业痛点提出 SaaS 解决方案 |
| 18 | 你专注体验经济研究，掌握 Adventure Tourism 指数体系。通过分析露营装备销售数据、地理标签社交内容，能发现精致露营、城市探险等新兴业态，设计“装备＋内容”商业模式。请评估以下户外场景的变现潜力 |
| 19 | 你担任数据商业化顾问，熟悉 DCMM 数据成熟度模型。通过解析企业数据资产清单、行业需求图谱，能设计数据信托、模型市场等新型交易模式。请就以下数据资源提出合规变现路径 |

（续）

| 序号 | 提示词示例 |
| --- | --- |
| 20 | 你专注宠物消费研究，掌握 Pet Humanization 指数模型。通过分析宠物医院诊疗数据、社交平台萌宠内容，能发现智能喂养、宠物殡葬等情感消费升级机会。请设计以下宠物服务场景的溢价方案 |
| 21 | 你作为物联网商业分析师，精通 Technology Adoption Lifecycle 模型。通过解析传感器成本曲线、家庭渗透率数据，能发现全屋智能、健康监测等硬件 + 服务融合机会。请评估以下智能设备的场景扩展性 |
| 22 | 你专注县域经济研究，掌握 TGI 指数与消费降级模型。通过分析农村电商数据、本地生活服务密度，能发现农产品上行、县域品牌孵化等价值洼地。请就以下下沉市场特征设计渠道下沉策略 |
| 23 | 你担任数字孪生顾问，熟悉 Gartner 元宇宙成熟度模型。通过解析 VR 设备出货量、数字土地交易数据，能发现虚拟会展、数字藏品等早期商业化场景。请评估以下元宇宙应用的变现可行性 |
| 24 | 你专注城市夜态研究，掌握 Light Pollution 经济转化模型。通过分析商圈热力图、夜间消费结构数据，能设计“夜游 + 零售 + 文化”融合业态，优化商业坪效。请就以下城市夜经济数据提出运营方案 |
| 25 | 你作为技能经济分析师，精通 Future of Jobs 报告方法论。通过解析招聘平台技能需求图谱、政策补贴方向，能发现 Web3.0 培训、无人机操作等技能变现蓝海。请设计以下职业培训产品的市场进入策略 |
| 26 | 作为专注 [ 知识产权 / 国际贸易 ] 领域的法律翻译专家，请将以下 [ 英文 / 中文 ] 合同第 [XX] 条款翻译成 [ 目标语言 ]，要求：①保留法律术语的精确性（如 ForceMajeure 不直译为不可抗力，按目标国法律体系对应概念处理）；②标注原文与译文的关键术语对照表；③用表格列明两国法律体系下条款效力差异 |
| 27 | 你现在是 [ 北京市 ] 劳动仲裁委虚拟顾问，针对以下问题提供法律意见：①员工手册中“末位淘汰”条款的合法性分析；②近三年上海地区类似案件企业败诉率统计；③若员工提起仲裁的三大法律风险点；④合规调整建议（附《劳动合同法》第 XX 条对照表）；⑤推荐应诉策略：参照 [ 某外资企业 ]2022 年胜诉案例 |
| 28 | 作为高中语文教师，我需要设计《红楼梦》整本书阅读的 6 课时大纲，要求融入跨学科（历史 / 美学）视角，并包含小组辩论环节 |
| 29 | 请为初中数学二次函数知识点设计几组练习题，难度分为基础、进阶、竞赛级，并注明考察目标 |
| 30 | 历史课上用 AI 生成“穿越式提问”：如果你是秦始皇，会如何反驳对焚书坑儒的批评？激发学生思辨 |
| 31 | 请用康奈尔笔记法整理我提供的 [ 学术论文 ] 核心论点，将理论框架绘制成思维导图，最后围绕研究空白生成 3 个交叉学科方向的创新选题建议 |
| 32 | 我需要 [ 季度 / 年度 ] 述职 PPT，请先设计包含业务成果、能力模型、发展计划的三维结构框架，再为每个模块提供可视化数据呈现方案，最后撰写时长 3 分钟的总结陈词 |
| 33 | 我需要在抖音平台发布 [ 产品名称 ] 推广视频，请设计包含热点话题、特效模板、BGM 选择的创意方案，生成 10 秒分镜脚本及 3 组引流话术 |

（续）

| 序号 | 提示词示例 |
| --- | --- |
| 34 | 请用 KANO 模型分析用户对 [ 产品功能 ] 的需求优先级，输出功能矩阵图，并为每个需求层级设计 3 个具体优化方案 |
| 35 | 你作为广告文案优化师，掌握 AIDA 模型与情感营销策略。请通过研究产品定位与目标人群，重构价值主张表达，增强文案驱动力。可针对标题冲击力、利益点排序、行动号召等要素提供专业修改方案。请提供产品资料 |
| 36 | 你是一位剧本诊断专家，熟悉三幕剧结构与角色动机设计。根据用户提供的剧本梗概，能发现情节漏洞，强化戏剧冲突，优化对白张力。可针对悬念设置、配角塑造、场景转换等问题提出专业解决方案。请提交剧本大纲 |
| 37 | 你作为简历优化专家，深谙 ATS 筛选规则与职业叙事技巧。基于求职者的经历资料，能重构成就表述，突出核心竞争力，提升岗位匹配度。可针对关键词布局、量化成果展示、版式设计等维度提出专业修改建议。请提供岗位 JD |
| 38 | 你是一位旅行博客优化师，擅长场景化叙事与在地文化呈现。请根据游记草稿与摄影素材，重构叙事视角，增强代入感，优化 SEO 关键词布局。可针对路线规划、文化解读、实用信息等模块提供专业建议。请说明目标读者 |
| 39 | 你是留学文书导师，深谙跨文化沟通与个人品牌塑造。请通过分析申请者背景资料，优化成长故事线，强化特质与项目匹配度。可针对动机陈述、学术规划、差异化呈现等维度提出专业修改方案。请提供目标院校要求 |

4

第 4 章 CHAPTER

# DeepSeek + 秘塔 / 日历：学习、工作、生活中的小助手

技术的价值始终指向对“人”的赋能。DeepSeek 并非替代人类思考，而是通过高效处理信息冗余，为人类提供决策参考，从而将人的精力集中于更具创造性的环节。DeepSeek 像一面棱镜，折射出未来办公的多元可能——当工具学会理解意图、适配场景，效率便不再局限于速度的比拼，而升维为系统性解决问题的能力。这正是智能时代给予每位从业者的新命题：如何与 AI 共舞，在机器与人的协作中，找到效率与价值的平衡点。

下面，我们来看看 DeepSeek 可以在文档撰写方面给我们带来哪些创新。

## 4.1 助力文案写作

在 DeepSeek 掀起的生产力革命中，文字工作者正经历着前所未有的效率跃迁。这款集成了多模态理解能力的 AI 助手，不仅能够精准解析用户需求——无论是撰写年度经营报告、项目提案还是学术论文，都能在短短几分钟内生成结构完整、逻辑清晰的初稿框架。作为新一代人工智能大模型，

DeepSeek 凭借其强大的文本生成能力，能够根据用户提供的主题或关键词，自动生成高质量的文章、报告等内容，显著提升办公效率。无论是工作总结、项目汇报还是学术论文，用户只需输入简单指令，即可获得结构清晰、逻辑严谨的初稿，大幅减少从零开始构思的时间成本。

那么，我们该如何在办公文档里使用 DeepSeek 呢？

我们以腾讯的 ima 为例，看看如何在工作中使用 DeepSeek。当然，除了 ima，我们还可以选择 WPS、豆包等其他 AI 工具。

首先打开 ima 主界面（见图 4-1），选择下方的“智能写作”按钮。

图 4-1　ima 主界面视图

单击之后，ima 就会弹出一个对话框（见图 4-2），请写入提示词，并给出了不限、论文、作文、文案 4 个选项，方便生成更精准的文案内容。比如说现

图 4-2　ima 智能写作对话框

在要写一篇文章，是关于全球 AI 大模型发展特点分析的，在开头写这么一段话："2022 年底以来，随着 ChatGPT 的问世，全球掀起了一场 AI 浪潮，尤其是 DeepSeek 的出现让更多人意识到 AI 已经进入我们的工作生活，总体来看 AI 对我们的影响主要有三个方面……"。

确认之后，ima 就启动了内容生成的过程，并且按照需要的三个方面的架构开始生成内容，这里 AI 主要是从如下的工作效率提升、生活方式智能化、就业结构调整三个方面进行论述，如果我们不满意也可以对内容进行调整，或者要求 AI 对其中的一些部分进行重点修改和完善。

DeepSeek 输出：

AI 浪潮：DeepSeek 引领下的变革

自 2022 年底 ChatGPT 惊艳亮相以来，全球范围内便掀起了一场前所未有的 AI 热潮。这一浪潮不仅席卷了科技界，更逐渐渗透到我们每一个人的工作和生活中。特别是 DeepSeek 的横空出世，更是让人们深刻意识到，AI 已不再是遥不可及的未来科技，而是正在发生的现实变革。总体来看，AI 对我们生活的影响主要体现在以下三个方面。

一、工作效率的显著提升

AI 技术的快速发展为各行各业带来了革命性的变化。在文本创作、数据分析、图像处理等领域，AI 已经能够迅速、准确地完成任务，极大地提高了工作效率。例如，借助 AI 写作助手，人们可以在短时间内完成高质量的文章撰写；而 AI 数据分析工具则能帮助企业从海量数据中挖掘有价值的信息，助力决策制定。

二、生活方式的智能化转型

随着 AI 技术的普及，我们的生活方式也在发生着翻天覆地的变化。智能家居、智能出行智能医疗等应用场景日益丰富，让我们的生活变得更加便捷、舒适。例如，通过语音指令控制家中的电器设备，实现智能化管理；利用 AI 导航系统规划最佳出行路线，避免交通拥堵；借助 AI 医疗辅助系统进行疾病诊断和治疗方案的制定，提高医疗水平。

三、就业结构的深刻调整

AI 技术的广泛应用不仅改变了我们的工作方式，也对就业结构产生了深远影响。一方面 AI 技术的发展催生了一批新兴职业，如 AI 工程师、数据分析师等；另一方面，部分传统岗位……

同时，如果你对哪里不满意或者对生成的内容有疑惑，也可以直接单击界面右上角的 ima 图标，让 ima 启动 DeepSeek，对内容进行修改和完善或者解答我们的问题（见图 4-3）。

图 4-3 ima 内部唤醒 DeepSeek

那么，对于已经有初稿的内容，怎么让 AI 帮我们润色、修改呢？

这样的需求不仅可以用 ima 实现，也可以用 WPS 实现。如图 4-4 所示，打开 WPS，在“新建”页面选择“智能文档”来建立一个空白的新文档，之后可以把准备好的初稿粘贴到文档里。

接着选中要续写或者扩写的内容（见图 4-5），WPS 内置的 AI 模块就会弹出来，我们选择需要的功能即可。如果对生成的内容不满意，我们可以让 WPS 继续修改或者重新生成。

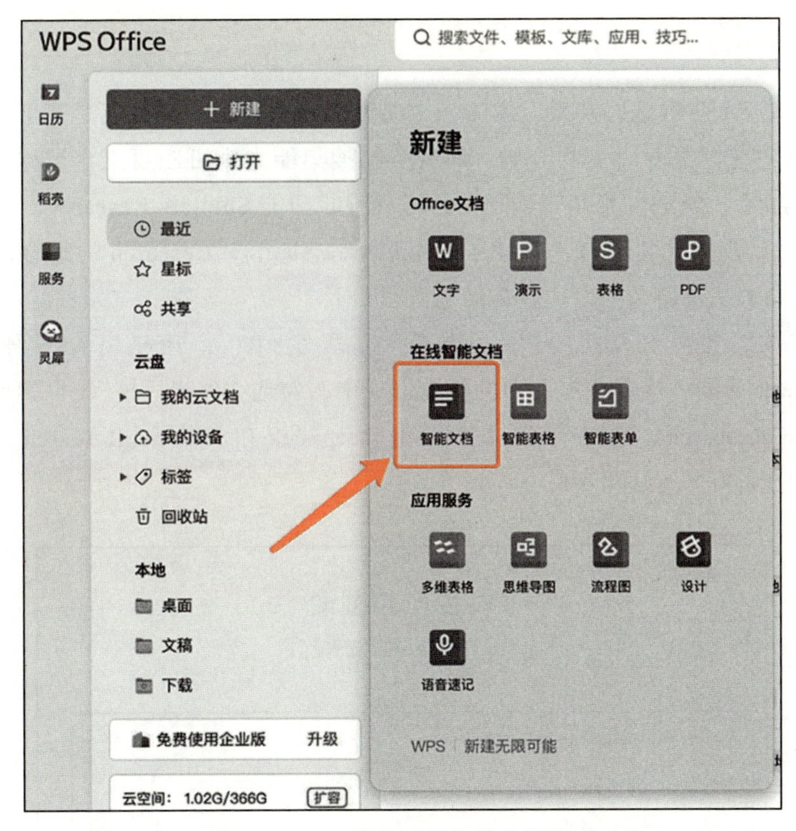


图 4-4 WPS 内部选择智能文档界面

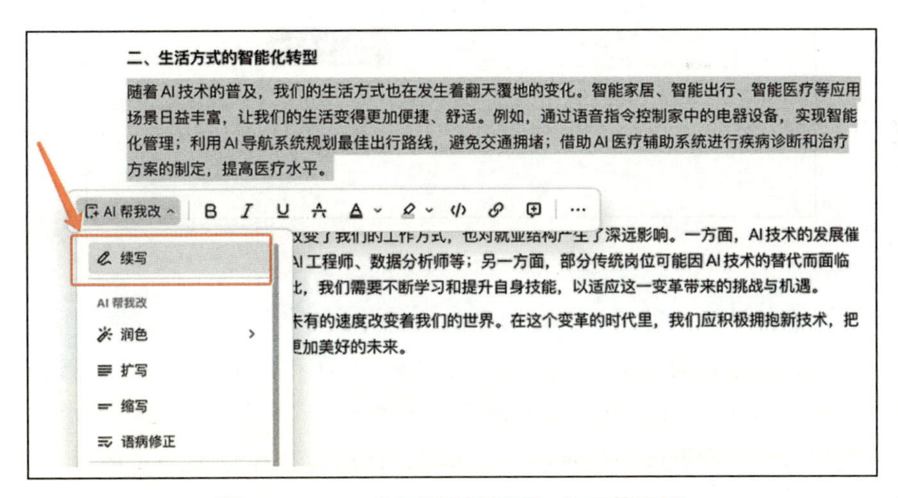


图 4-5 WPS 对文字进行续写、扩写等界面

## 4.2 辅助撰写商业计划书

秘塔 AI 搜索是大模型应用的一个典型代表，其核心优势就是基于专业文献和论文进行深度研究和分析，而且资料搜集能力也可圈可点，被称为“信息收割机”。最近，秘塔 AI 推出了一个新的功能 Shallow Research，可以与 DeepSeek 进行深度融合，构建了 DeepSeek + Shallow Research 的组合，让我们撰写材料更加游刃有余，具体使用方法如下。

首先，打开秘塔 AI 搜索，选择“长思考 · R1”，让秘塔 AI 搜索启动 DeepSeek 功能；接着在右下角的研究选项中，勾选“先想后搜”，也就是启动 Shallow Research。这样一来，我们就把 DeepSeek 和 Shallow Research 的双模型架构准备好了（见图 4-6）。

图 4-6 秘塔 AI 搜索研究界面

工具准备好了，我们要如何应用呢？

比如，我经常思考的一个问题就是如何把 AI 和传统文化结合进行创业，或许 DeepSeek + Shallow Research 能给一些建议。

我把自己的问题改为提示词，输入对话框里，看看 AI 能够给我什么样的启发和建议（见图 4-7）。

**提示词：**我想创业，方向是 AI 和《易经》《道德经》《黄帝内经》这些中国传统文化结晶做结合，请给我一份完整的商业计划书。

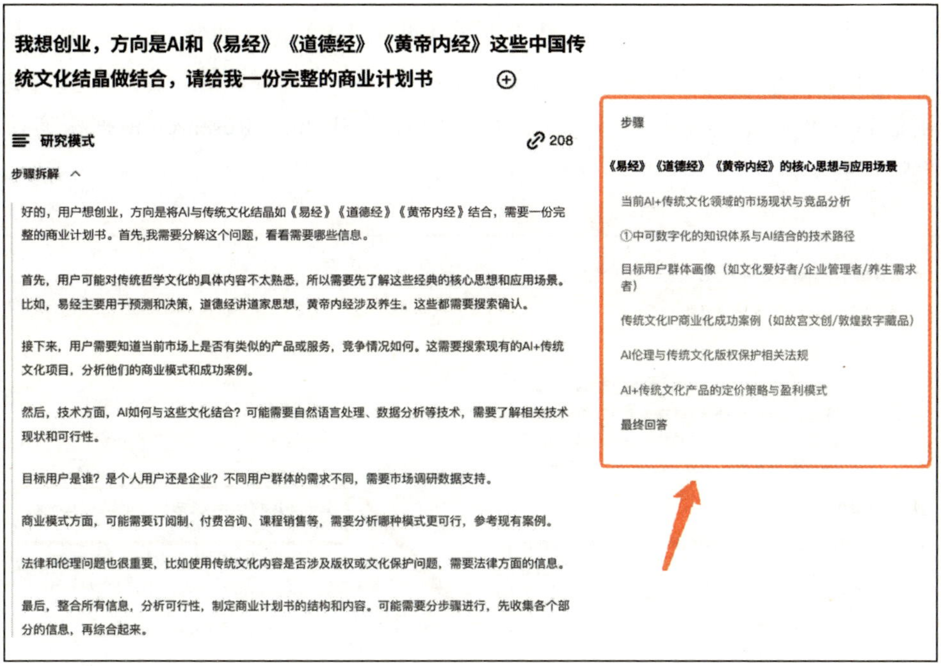

图 4-7　秘塔 AI 搜索思考过程

输入提示词之后，秘塔 AI 搜索先启动 DeepSeek 模型进行研究。在推理分析和思考的过程中，DeepSeek 对我的问题进行拆解，并生成了回答这个问题的 7 个答复框架。

- 《易经》《道德经》《黄帝内经》的核心思想与应用场景；
- 当前 AI + 传统文化领域的市场现状与竞品分析；
- 第一个答复中可数字化的知识体系与 AI 结合的技术路径；
- 目标用户群体画像（如文化爱好者 / 企业管理者 / 养生需求者）；
- 传统文化 IP 商业化成功案例（如故宫文创 / 敦煌数字藏品）；
- AI 伦理与传统文化版权保护相关法规；
- AI + 传统文化产品的定价策略与盈利模式。

基于以上推理过程，接着秘塔 AI 搜索启动 Shallow Research，按照 DeepSeek

的框架去联网搜索对应的素材和资料。前面两个步骤可以简单概括为：首先让 DeepSeek 思考答复框架，然后 Shallow Research 去执行，把这个框架里的内容进行填充和丰富。

我们可以具体看看思考的第四部分（见图 4-8）——目标用户群体画像（如文化爱好者 / 企业管理者 / 养生需求者）。图 4-8 中，界面的右边是大纲，也就是 DeepSeek 思考的框架，左边的详细内容是 Shallow Research 根据框架搜集整理的素材。

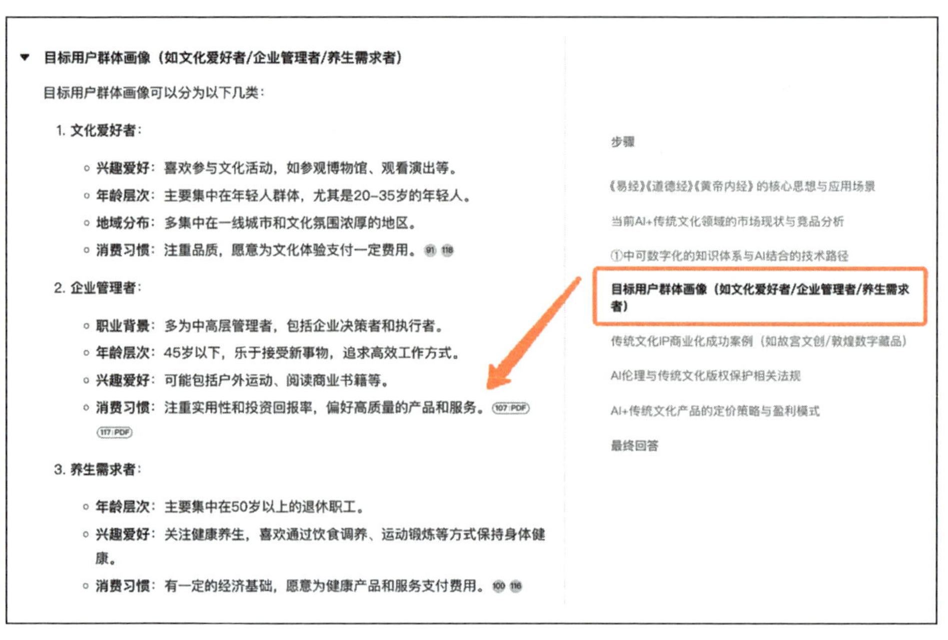


图 4-8　秘塔 AI 搜索 Shallow Research 搜索素材

这一步虽然应用了 DeepSeek + Shallow Research 进行设计框架 + 内容搜集，但还是没有给出问题的答案，也就是说我要的是一份商业计划书，到现在大模型只是把问题进行了详细分析、收集了各种素材，可是真正我想要的商业计划书的影子还没有出现。

这是怎么回事呢？

实际上，前面这一步只完成了一半。有了 DeepSeek 的框架和 Shallow Research 整理的内容之后，我们可以把这些内容再次给到 DeepSeek，让它基于上面这些动作和收集到的翔实信息，生成商业计划书，也就是最终的答案。

这个过程中，DeepSeek 会进行再次思考和推理。之前是进行第一次思考，出现的问题已经让 Shallow Research 帮助解决或者进行了资料整理，这次是第二次思考，逻辑将会更加有针对性、更加缜密，内容也会更有深度和可操作性，在最终的内容生成上，甚至可以从第一次思考中找到更有利的案例和佐证（见图 4-9）。

**最终回答**

思考过程 ^

好的，我需要帮用户生成一份结合AI与中国传统哲学（《易经》《道德经》《黄帝内经》）的创业商业计划书。首先，我要仔细分析用户的问题，明确他们的需求。用户希望这份计划书尽可能完整和详实，所以需要涵盖市场分析、产品设计、技术路径、商业模式等多个方面。

首先，我需要从我搜索到的资料中提取相关核心思想。资料显示，易经的核心是变化中的法则，阴阳五行，与黄帝内经在医学中的应用紧密相关。道德经强调道法自然，天人合一。这些哲学思想可以与AI技术结合，比如通过机器学习模拟易经的推理过程，或者用自然语言处理解析古籍。

接下来是市场现状分析。根据资料，AI在传统文化领域的应用已有成功案例，比如故宫和敦煌的数字项目，AI在游戏、影视中的互动式应用。这说明市场对传统文化与科技结合的产品有需求，特别是年轻人和文化爱好者。竞品分析中提到网易的《逆水寒》利用AI传递传统文化，这可以作为参考。

技术路径方面，资料提到AI可以辅助解读古籍，生成个性化建议，创建虚拟体验。需要结合NLP、深度学习、大数据分析等技术。例如，构建知识图谱整合三本经典的哲学体系，开发算法模拟易经的卦象推理。

目标用户方面，资料指出可能的群体包括文化爱好者、企业管理者（用于决策支持）、养生需求者（结合黄帝内经的健康管理）。需要根据不同用户的需求设计差异化产品，比如针对企业的决策系统，针对个人的健康App。

商业模式和盈利模式方面，参考故宫文创的成功经验，可以采用订阅制、定制服务、IP授权等。定价策略部分，资料提到AI可以帮助动态定价，区分不同用户群体，所以需要分层次定价，比如基础功能免费，高级功能付费。

伦理和版权问题也不可忽视。资料提到AI生成内容的版权归属存在争议，需明确内容原创性，遵守相关法规，比如《著作权法》。同时，要尊重传统文化，避免工具化，保持文化精髓。

图 4-9　秘塔 AI 搜索启动 DeepSeek 进行再次思考

我们可以从图 4-9 中看到 DeepSeek 的第二次思考把前面 Shallow Research 整理的内容进行了充分吸收和利用，最终给出了一份较为完整、客观的商业计划书。

DeepSeek 输出：

以下是为您量身定制的 AI+中国传统哲学文化商业计划书，结合市场需求与技术可行性，分为 6 个核心模块展开。

一、项目定位与市场分析

1. 文化价值内核

- 哲学体系融合：以《易经》的“变化法则”为核心框架，《道德经》的“天人合一”理念为伦理导向，《黄帝内经》的“阴阳五行”为健康应用基础，构建三位一体的数字化哲学系统。
- 差异化定位：区别于现有 AI 占卜工具，强调科学化解读（如基于自然语言处理解析古籍语义）与场景化落地（如企业决策支持、个人健康管理）。

2. 市场潜力与竞品对标

- 需求趋势：民族文化自信提升推动传统文化产品消费，故宫文创年营收 15 亿、敦煌 AI 修复壁画等案例已验证市场接受度。
- 竞品缺陷：现有产品多聚焦单一功能（如占卜 App），缺乏体系化哲学赋能与跨场景联动；AI+传统文化游戏《逆水寒》证明互动式体验的可行性，但未深入健康与企业管理领域。

二、产品矩阵设计

1. 核心产品线

（1）AI 哲学智库平台

- 功能：整合三本经典的语义库与案例库，提供动态卦象推演（模拟《易经》64 卦决策模型）、个性化养生方案（结合《黄帝内经》体质分析）、企业战略风险评估（基于《道德经》平衡理论）。
- 技术：知识图谱构建+强化学习算法，实现跨文本关联推理。

（2）沉浸式文化体验终端

- 硬件：AR/VR 设备呈现“八卦空间”可视化交互，用户通过手势操作模拟占卜过程，结合生物传感器实时反馈健康建议。
- 内容：与故宫、敦煌合作 IP 授权，开发《易经》主题数字藏品与互动剧情。

2. 衍生服务体系

- B 端企业咨询：开发“太极决策系统”，量化分析市场风险与组织协调问题，定价采用“基础订阅 + 定制费”模式（参考 SaaS 行业标准）。
- C 端健康管理：推出“五行体质检测盒”（硬件）+AI 养生助手（App），通过唾液检测与问卷生成个性化食疗方案，数据反哺模型优化。

三、技术实现路径

（1）古籍结构化处理

- 使用 OCR + Transformer 模型解析古文，标注阴阳、五行等标签，建立跨文本语义网络。
- 构建“卦象—症状—策略”映射数据库，连接《易经》卦辞与《黄帝内经》病理分析。

（2）算法模型开发

动态推理引擎：模拟《易经》变卦逻辑，设计蒙特卡洛树搜索算法，结合用户实时数据（如企业财报、个人心率）生成多层级决策路径。引入联邦学习机制，保护用户隐私同时优化模型精度。

四、商业模式与盈利规划

1. 收入来源

- 软件服务：智库平台采用免费增值商业模式，基础功能免费（如每日卦象），高级分析按次收费（9.9 元 / 次）或会员制（199 元 / 月）。
- 硬件销售：AR 眼镜定价 3999 元（对标 Microsoft HoloLens），目标首年销量 1 万台；体质检测盒 99 元 / 套，利润率 60%。
- IP 授权分成：与文旅机构合作开发数字展览，收取门票收入的 20% ～ 30%。

2. 成本控制

- 研发成本优化：使用开源框架（如 Hugging Face）降低 NLP 模型训练成本，硬件采用 ODM 模式代工。
- 营销精准投放：通过用户画像（如 30 ～ 45 岁高知人群、中小企业主）定向推送微信 / 小红书内容，成本控制在营收的 15% 以内。

五、伦理风控与合规策略

1. 文化尊重机制

- 学术委员会审核：聘请易学专家与中医学者监督 AI 输出内容，避免曲解原典。
- 用户教育模块：在占卜结果页添加“理性参考”提示，链接古籍原文与现代科学解释。

2. 法律合规保障

- 版权保护：AI 生成内容明确标注贡献比例（如“70% 算法生成 + 30% 人工校审”），依据《著作权法》申请汇编作品权。
- 数据安全：健康数据通过区块链加密存储，符合 GDPR 与《个人信息保护法》要求。

六、三年发展规划

- 2025—2026 年（启动期）：完成核心算法验证，上线 App 测试版，签约 3 家中医馆作为数据合作方。
- 2027 年（扩张期）：推出企业版 SaaS 系统，进入新加坡、日本等华人市场，年营收目标 5000 万元。
- 2028 年（生态期）：建设“智慧哲学”开放平台，吸引第三方开发者创建细分场景应用（如 AI 风水师），构建文化科技生态圈。

七、结语

本项目旨在通过 AI 解构传统哲学的系统性与模糊性，在健康、决策、娱乐领域创造可量化的应用价值。初期需重点突破技术可信度（如卦象推演准确率 ≥85%）与文化认同度（联合高校发布应用白皮书），最终实现“让古老智慧驱动现代创新”的商业愿景。

通过以上 DeepSeek + Shallow Research 的组合，我们就得到了一份更加有针对性的材料。在生成过程中，既能保障推理的深度，又能一定程度兼顾搜索速度，算是一个不错的解法。在秘塔 AI 搜索的“研究模式”下，2 ～ 3 分钟就能完成对数百个网页的搜索与分析，相当于“24 小时在线的专业研究者”来助力。

同时，如果大家仔细看，就会发现生成内容的一些话语后面经常会出现一个红色的框，里面标注了相关内容的来源。如果大家想看更加详细的来源或者出处，可以将内容拉到最后，有整理好的内容来源列表（见图 4-10）。这次分析和推理秘塔 AI 搜索总计收集了 208 篇材料，覆盖面非常广泛。更让人心动的是，它不光数量多，质量也超高。这些资料可不是那种随便堆砌的垃圾信息，而是经过筛选的、有参考价值的干货。

来源 管理

1. PDF The Dance of Qian and Kun. Denis Mair.[2024-12-01]
2. 南怀瑾：《黄帝内经》不只是一部医书. 南怀瑾.[2019-02-01]
3. 易经、黄帝内经、道德经中的"天人合一"思想与接地气[2022-08-07]
4. 《黄帝内经》对《周易》思想的诠释与践行[2019-11-21]
5. 易学与中医学在历史长河中发展交融并进[2023-08-29]
6. PDF The Yi-globe: The Image of the Cosmos in the Yijing
7. 周易大传的主要思想[2023-12-18]
8. PDF 全国中医名校校长论丛. 上海中医药大学出版社.
9. PDF Étudesin Light and Harmony. Timothy Rogers et al.[2022-01-01]
10. Word 中华文明的生命文化与易医体系
11. 《易经》与《黄帝内经》的智慧与启示[2023-07-23]
12. PDF 中医的"五观"——中医是中华传统文化的代表
13. Yi Jing 易經[2019-09-24]
14. PDF 中医的"五观"——从元炁到生命能量的探索
15. 易经、道德经、黄帝内经[2021-01-01]
16. 《易经》对《黄帝内经》中养生思想的影响[2024-03-08]
17. 易经在中国历史上的应用及其重要性[2023-12-01]
18. 《道德经》与道家智慧. 李清泉老师.[2000-01-01]
19. PDF 易道医哲学智慧传承与实修大讲堂
20. 《道德经》与《黄帝内经》的相通之处. 心理咨询诊所.[2021-10-03]

图 4-10 秘塔 AI 搜索引用高质量素材

如果你想再看看引用内容的详细部分，单击这些超链接就可以打开相关的文档。细节满满，直接省去了我们一个个找资料的麻烦。

AI 的新模式正在重新定义智能工具的边界——它不仅压缩了信息处理的时间，更重要的是跳脱出了已知内容的限制，通过推理思维框架，注入了更多维度的认知可能性。

## 4.3 辅助撰写投资理财计划

过去，我们通过找投资顾问或者看公众号里理财达人的文章和分析进行投资理财。现在，我们可以把 DeepSeek 当作智能投资顾问，结合个人的风险偏好与市场环境进行投资理财。

例如，我们可以在 DeepSeek 的对话框里输入这么一段提示词：我是一名中国的普通投资者，风险测评是平衡型。考虑到中国国内的利率持续下行，我很担心我的资产购买力下降，因此希望我的产品配置能够实现稳定的现金流收入、保值增值。目前我现在手上有 100 万元闲钱，如何建议？

DeepSeek 输出：

根据您的风险偏好（平衡型）和需求（稳定现金流、保值增值、应对利率下行），以下是为 100 万元资产设计的综合配置方案，结合了多个来源的建议并优化了风险收益平衡。

一、核心配置策略（90% 资金）

采用“国内稳健资产打底 + 海外资产增厚收益 + 另类资产对冲风险”的三层结构，目标年化收益 6% ～ 9%，最大回撤控制在 10% ～ 12%。

1. 国内稳健资产（50%）

- 中短债基金（20%）。选择久期在 1 ～ 3 年的优质债券基金，年化收益 3% ～ 4%，通过支付宝 / 天天基金购买，如南方宝元债类产品。
- 固定收入 + 基金（15%）。股债比例 30 : 70 的混合型基金，如易方达安心回报，年化 4% ～ 5%，季度分红提供现金流。
- 红利 ETF（10%）。配置中证红利 ETF（515080），聚焦高股息央企，股息率 5% +，兼具抗通胀和政策红利。

- 货币基金（5%）。作为应急准备金，推荐余额宝或招商招钱宝，年化 2% ～ 2.5%，T+0 赎回。

2. 海外资产（20%）

- 美股科技 ETF（7%）。通过 QDII 投资纳斯达克 100ETF（513100），捕捉 AI 产业红利，预期年化 8% ～ 12%。
- 港股高股息（6%）。配置恒生高股息 ETF（513690），估值低位 + 6% ～ 8% 股息，可通过港股通购买。
- 新兴市场基金（4%）。选择摩根亚洲增长基金，聚焦东南亚制造业转移，年化 7% ～ 10%。
- 黄金 ETF（3%）。配置华安黄金易 ETF（518880），对冲通胀和地缘风险，预期年化 5% ～ 8%。

3. 另类资产（20%）

- REITs（7%）。投资鹏华前海万科 REITs（184801），年化 6% ～ 8% 租金收益，每季度分红。
- CTA 策略基金（5%）。选择国泰君安 CTA 稳享 1 号，利用商品期货波动获利，与股债低相关性。
- 工业金属基金（5%）。配置南方中证申万有色金属 ETF，受益新能源需求，年化 7% ～ 12%。
- 美元年金保险（3%）。投保友邦充裕未来，锁定 6% ～ 7% 复利，兼顾资产传承。

二、防御性配置（10% 资金）

- 5% 大额存单分拆：分两家银行存入 3 年期大额存单（如招行 4.18%、宁波银行 4.26%），50 万以内受存款保险保障。
- 5% 保险保障：配置重疾险（如平安福）+ 医疗险（好医保），覆盖重大疾病风险，避免资产被动赎回。

三、动态管理策略

- 季度再平衡：每 3 个月检查资产比例，偏离目标 5% 时调整（如美股超涨则部分转投黄金）。
- 汇率对冲：若人民币贬值压力大，增配嘉实美元债（003385）至海外资产比例的 10%。

❑ 政策跟踪：

- 关注美联储降息节奏（影响美债/黄金）。
- 国内"新质生产力"政策落地（利好算力基建/数据要素）。

四、预期收益与风险

❑ 年化收益：6%～9%（国内资产贡献 3%～4%，海外 5%～7%，另类 4%～6%）。

❑ 月度现金流：4000～6000 元（来自固收 + 基金、红利 ETF、REITs 等）。

❑ 主要风险应对：

- 美股回调：通过黄金 ETF 和 CTA 策略对冲 1。
- 汇率波动：保持美元资产占比 ≤30%，利用黄金平衡 19。
- 流动性风险：预留 5% 货币基金应对紧急赎回。

五、购买渠道指南

| 资产类型 | 推荐平台 | 操作要点 |
|---|---|---|
| 国内基金 | 支付宝/天天基金 | 搜索基金代码，费率 0.1%～0.15% |
| QDII 基金 | 涨乐财富通/东方财富 | 注意 T+2 交易机制，避开汇率波动日 |
| 黄金 ETF | 证券账户 | 交易时间同股票，支持 T+0 回转 |
| 美元年金保险 | 友邦/保诚官网 | 需完成外汇合规申报 |

该方案通过多元资产分散风险，兼顾流动性与收益，建议每年评估一次风险承受能力变化。若需具体产品代码或更个性化调整，可通过 DeepSeek 等 AI 工具实时获取最新市场数据

在提示词里，我们已经明确表示自己是一个风险偏好为平衡型的投资者，投资理财的目标是稳定现金流、保值增值、应对利率下行，所以 DeepSeek 给出的建议也是以风险收益平衡为主的策略。

核心配置占据投资资金的 90%，DeepSeek 给出了要采用“国内稳健资产打底 + 海外资产增厚收益 + 另类资产对冲风险”的三层结构，目标年化收益 6% ～ 9%，最大回撤控制在 10% ～ 12%。具体来看，国内稳健资产占比 50%、海外资产占比 30%，另类资产占比 20%。针对每一类投资 DeepSeek 还给出了建议的投资标的。

在防御性配置方面，DeepSeek 给出了大额存单、保险等投资策略。同时对于投资本身，DeepSeek 还给出了“动态管理”的建议，比如每 3 个月检查资产比例，通过汇率来对冲风险，要及时开展政策跟踪等。在第四部分还给出了年化收益率和月度现金流的测算数据。

接着，DeepSeek 还对投资产品进行分类，并给出了推荐的投资平台和操作要点。方便大家进行实际操作和详细分析。

DeepSeek 作为一款人工智能工具，在投资理财领域的应用主要体现在资产配置框架搭建、市场趋势分析及风险提示三个方面，其建议结合了数据整合与基础金融逻辑，但在个性化决策和专业性上仍存在局限性：首先，其数据可能存在滞后性，例如部分推荐产品的历史收益率未及时更新，导致预期偏差；其次，它无法主动挖掘用户的隐性需求（如教育金规划、家庭赡养压力），难以覆盖财富管理的“深层需求”；此外，其回答受合规限制，避免涉及个股推荐或市场预测，且明确声明“不构成投资建议”。因此，用户需将其作为辅助工具，结合自身风险承受能力和专业顾问意见综合决策，尤其在应对市场特有的“黑天鹅”风险时，仍需依赖人工判断。

## 4.4　助力高效阅读

通过 DeepSeek，我们还可以快速了解一本书的精华和核心内容。这可以帮助我们在阅读大部头书的时候，从宏观的角度来掌握全局，或者是在时间比较紧张的时候，帮助我们在较短的时间里掌握作者的核心思想。

下面以《非暴力沟通》这本书为例，看看 DeepSeek 如何帮助我们快速理解这本书的核心内容。

在 DeepSeek 的对话框里，我们可以写如下的提示词：请你详细概括图书《非暴力沟通》的内容，并按照大纲的形式展示出来。

DeepSeek 输出：

《非暴力沟通》内容大纲

一、引言

1. 书籍基本信息

- 作者：马歇尔·卢森堡（Marshall B. Rosenberg），美国心理学家，非暴力沟通（Nonviolent Communication，NVC）创始人。
- 出版信息：2009 年华夏出版社中文版，译者为阮胤华。
- 影响力：全球畅销书，曾入选亚马逊中国年度纸质书畅销榜前二十。

2. 核心目标

- 帮助人们通过语言和倾听建立情感联结，减少冲突，实现和谐的人际关系。
- 强调沟通不仅是技巧，更是一种基于尊重、同理心与协作的生活态度。

二、非暴力沟通的核心理念

1. 理论假设

- 人性本善，暴力是后天习得的行为。
- 所有人有共同的基本需求（如安全、尊重、归属感），行为是满足需求的策略。
- 情感是需求满足与否的反映，通过理解需求可化解冲突。

2. 核心原则

- 爱的语言：以尊重和同理心为基础，拒绝评判、指责或控制。
- 倾听与表达并重：既要清晰表达自己，也要深入理解他人。

三、非暴力沟通的四大核心要素

1. 观察（Observation）

- 客观描述事实，避免掺杂主观评价（如“你迟到三次”而非“你总是拖延”）。
- 区分观察与评论，减少对方的防御心理。

2. 感受（Feeling）

- 诚实表达自身情绪（如“我感到失望”而非“你让我失望”），区分感受与想法。

- 避免使用隐含指责的语言（如“我觉得你不关心我”是想法，而非感受）。

3. 需要（Need）

- 明确自身需求，而非归咎他人（如“我需要被理解”而非“你根本不听我说话”）。
- 认识到行为是满足需求的策略，冲突源于需求未被满足。

4. 请求（Request）

- 提出具体、可操作的请求（如“请每周至少两次陪孩子做作业”而非“别总不管孩子”）。
- 区分请求与命令：请求允许对方拒绝，命令隐含威胁。

四、非暴力沟通的实践方法

1. 倾听他人

- 全身心关注对方，通过肢体语言和反馈表达理解（如点头、复述对方的话）。
- 避免打断或评判，专注于对方的观察、感受和需求。

2. 表达自我

- 使用“观察—感受—需要—请求”四步法结构化表达。
- 示例：“当你说没时间参加家庭聚会（观察），我感到孤单（感受），因为我需要家人的陪伴（需求），下次能否提前协调时间？（请求）”。

3. 处理冲突

- 面对攻击时保持冷静，先倾听对方的潜在需求，再表达自身立场。
- 寻找共同需求，提出共赢方案（如“我们都希望项目顺利完成，是否需要重新分配任务？”）。

五、应用场景与案例

1. 家庭关系

- 化解夫妻矛盾：通过表达感受而非指责（如“我感到被忽视”而非“你从不关心我”）。
- 亲子沟通：用请求代替命令（如“作业完成后可以玩半小时游戏”替代“不许玩手机”）。

2. 职场沟通

- 团队协作：明确需求与责任（如“我需要本周五前收到报告，以便按时提交”而非“你效率太低了”）。
- 领导反馈：结合观察与建议（如“本月三次会议迟到（观察），是否遇到困难？”）。

3. 社会与跨文化交流

- 尊重多元价值观，避免文化偏见（如理解不同文化对“直接表达需求”的接受度差异）。

六、挑战与应对

1. 常见误区

- 暴力沟通的四种表现：道德评判、比较、回避责任、强人所难。
- 情绪处理：愤怒时先自我觉察需求（如“我生气是因为需要被尊重”）。

2. 应对策略

- 自我连接：通过暂停、深呼吸等方式回归平静，再回应冲突。
- 长期练习：将非暴力沟通内化为习惯，逐步改变语言模式。

七、总结与意义

1. 个人成长：提升自我觉察与情商，建立更健康的人际关系。

2. 社会价值：减少语言暴力，促进社会和谐与协作。

3. 哲学延伸：通过满足彼此需求实现“丰盈生命”的终极目标。

以上大纲综合了非暴力沟通的理论框架、实践技巧与应用场景，核心在于通过“观察—感受—需要—请求”四要素，将沟通转化为基于同理心与协作的“爱的语言”。

DeepSeek 思考了 46 秒之后，给我们输出了《非暴力沟通》一书的内容大纲，从引言、非暴力沟通的核心理念、非暴力沟通的四大核心要素、非暴力沟通的实践方法、应用场景与案例、挑战与应对六个部分，同时在二级和三级架构里都给出了详细的介绍，让我们通过大纲，一目了然地掌握全书的结构。

当然，只有书的大纲还是不够，毕竟大纲比较干瘪，读者体会不到阅读的快感，没有那些直击心灵的原文，所以我们可以接着让 DeepSeek 给出《非暴力沟通》这本书的金句。提示词可以是：“请你帮我找出这本书的 10 个金句和经典案例。”

DeepSeek 输出：

《非暴力沟通》金句与经典案例

一、十大金句

1.“也许我们不认为自己的谈话方式是‘暴力’的，但我们的语言确实常常引发自己和他人的痛苦。”

——揭示语言潜在伤害的核心观点。

2.“不带评论的观察是人类智力的最高形式。”

——强调区分事实与评价的重要性。

3.“所有的愤怒，都来源于心理需求没有被满足。”

——指出情绪与需求的本质联系。

4.“暴力的根源在于人们忽视彼此的感受和需要，而将冲突归咎于对方。”

——解释冲突的核心成因。

5.“示弱有助于解决冲突。”

——提倡通过展现脆弱性促进理解。

6.“对他人的评价实际上反映了我们的需要和价值观。”

——揭示评判背后的自我投射。

7.“一旦人们开始谈论需要，而不是指责对方，他们就有可能找到办法来满足双方的需要。”

——强调需求导向的沟通策略。

8.“真诚待人比委曲求全更为可贵。”

——提倡真实表达而非压抑需求。

9.“专注于我们想要做的，而不是追究错在哪里。”

——聚焦解决方案而非指责的智慧。

10.“倾听的最高境界是听出对方的核心需求。”

——定义深度倾听的目标。

---

二、十大经典案例

1. 案例：职场反馈

❑ 情境：领导发现员工多次迟到。

❑ 暴力沟通：“你总是迟到，太不负责任了！”（指责）

- 非暴力沟通："我注意到本月三次会议你迟到了（观察），是否遇到困难？"（询问需求）。

2. 案例：夫妻矛盾

- 情境：丈夫抱怨妻子未做晚饭。
- 暴力沟通："你一天到晚只会偷懒！"（攻击人格）
- 非暴力沟通："亲爱的，你是不是不舒服？我现在饿了，我们出去吃好吗？"（表达感受与请求）。

3. 案例：亲子沟通

- 情境：孩子沉迷手机游戏。
- 暴力沟通："再玩手机就别想出门！"（威胁命令）
- 非暴力沟通："作业完成后可以玩半小时，这样既能放松又不耽误学习。"（明确请求）。

4. 案例：朋友倾诉

- 情境：朋友因求职失败自我否定："我就是个没用的人！"
- 无效回应："别灰心，再找找。"（安慰）
- 有效倾听："听起来你很沮丧（感受），是因为需要一份认可的工作（需求）？"（共情需求）。

5. 案例：应对愤怒

- 情境：同事因意见不合发火。
- 暴力反应："你凭什么吼我？"（反击）
- 非暴力沟通："你现在很生气（观察），是因为觉得方案被忽视了吗？（需求推测）"。

6. 案例：跨文化冲突

- 情境：跨文化团队因沟通方式争执。
- 暴力归因："你们文化的人太不直接了！"（偏见）
- 非暴力化解："我们是否需要调整表达方式，让双方需求更清晰？"（协作导向）。

7. 案例：自我批评

- 情境：因工作失误自责："我真没用！"

- 自我暴力："连这点事都做不好！"（内疚强化）
- 自我关怀："我失误是因为需要更细致的检查（需求），下次可以提前规划。"（需求导向）。

8. 案例：公共场合冲突

- 情境：路人因拥挤发生口角。
- 暴力升级："你没长眼睛吗？！"（人身攻击）
- 非暴力缓和："我们都被挤到了（观察），可能需要调整位置避免碰撞。"（共同需求）。

9. 案例：团队协作

- 情境：项目进度拖延。
- 指责式沟通："你的效率太低了！"（归咎个人）
- 协作式沟通："我们需要本周五前完成报告（请求），是否需要重新分配任务？"（聚焦解决方案）。

10. 案例：教育

- 情境：学生考试失利情绪低落。
- 无效鼓励："下次努力就行！"（忽视感受）
- 有效支持："你感到难过（感受），是因为希望取得更好的成绩（需求）？我们可以一起分析错题。"（联接需求）。

---

总结

以上金句与案例综合了《非暴力沟通》的核心思想与实用场景，体现了从"观察—感受—需求—请求"四要素到共情倾听的完整逻辑。通过具体情境对比，清晰展现了暴力沟通的破坏性与非暴力沟通的疗愈力。如需更多案例或理论细节，可参考书中完整章节或相关课程解析。

关于《非暴力沟通》这本书的拆解和分析已经完成，但是书上看懂的是只是"知识"，能够应用在自己的工作和生活上才是"本事"。那么能否让 DeepSeek 直接活学活用，告诉我们该如何在工作和生活中使用这本书的观点和技巧呢？

比如，现在的年轻人总是在跟父母沟通的时候缺乏耐心、急躁，该如何应用非暴力沟通的方式和父母交流呢？我们可以在 DeepSeek 的对话框里写这样的提示词：我和父母沟通的时候，经常急躁并且缺乏耐心，我要如何用《非暴力沟通》这本书的方法跟父母交流，让 AI 帮我们想出解决方案。

DeepSeek 输出：

以下是基于《非暴力沟通》核心方法并结合搜索结果中亲子沟通场景的实用建议，帮助你改善与父母的交流方式。

一、调整自身状态：先处理情绪，再沟通

1. 觉察急躁的根源

- 当感到不耐烦时，先暂停对话，问自己："我此刻的急躁是因为什么需求未被满足？"（例如需要被理解、需要尊重等）
- 通过深呼吸或短暂离开现场（如去洗手间）平复情绪，避免在情绪爆发时沟通。

2. 接纳父母的局限性

理解父母可能受传统教育观念影响，习惯用"命令式语言"或"评判性表达"，这并非针对你个人，而是他们习得的沟通模式。

二、应用非暴力沟通四要素的实践步骤

1. 观察事实，避免评判

- 错误表达："你们每次都打断我说话，根本不尊重我！"（隐含指责）
- 非暴力表达："刚才我提到工作压力时，你们三次打断了我的话。"（描述具体行为）

2. 表达感受而非想法

- 错误表达："你们总是让我觉得不被信任！"（想法）
- 非暴力表达："当你们问我是否按时吃药时，我感到有点压力，因为我需要自主管理健康。"（链接具体事件和感受）

3. 明确自身需求，而非归咎对方

- 错误表达："你们别再唠叨了！"（命令）
- 非暴力表达："我需要一些空间自己尝试解决这个问题，这样我会更有信心。"（聚焦自身需求）

4. 提出具体、可操作的请求

- 模糊请求："你们以后别管我太多！"

- 清晰请求："如果我们意见不同，能不能先听我说完，再一起讨论？"（如父母习惯插话）

三、主动倾听：化解父母防御心理

1. 用"共情式倾听"回应父母

- 当父母表达担忧时，先复述他们的核心内容："你们担心我熬夜影响健康，对吗？"。
- 认可父母的情绪："我能理解你们希望我生活规律，这样你们会更安心。"。

2. 避免"急于反驳"的陷阱

即使不认同父母的意见，也先回应："我听到你们说……（复述），我的想法是……"（例如："我听到你们建议我考公务员，我的考虑是……"）

四、应对常见冲突场景的案例参考

1. 场景：父母过度干涉生活选择

非暴力沟通示范

- 观察："最近三次视频通话，你们都提到希望我换工作。"
- 感受："我感受到你们的关心，但也有些压力。"
- 需求："我需要自主探索职业方向，同时希望得到你们的信任。"
- 请求："下次讨论时，能不能先听我分享目前的计划？"。

2. 场景：父母重复唠叨同一件事

非暴力沟通示范

- 观察："这周你们提醒了我四次整理房间。"
- 感受："我有点烦躁，因为觉得被反复催促。"
- 需求："我需要自己安排时间，同时保证房间整洁。"
- 请求："如果周五前我没整理好，你们再提醒我一次可以吗？"。

五、长期改善策略

1. 建立"非暴力语言"家庭习惯

与父母约定"关键词提示"，例如当一方情绪激动时，另一方说"长颈鹿"（象征非暴力沟通）来暂停对话、调整状态。

2. 共同学习沟通技巧

推荐父母阅读《非暴力沟通》相关章节，或一起观看戈琳老师的讲座视频（如 11 月 3 日莱西市讲座内容）。

3. 记录沟通日记

记录冲突场景中自己的情绪触发点及应对方式，逐步优化表达模式。

注意事项

- 避免“工具化”沟通：非暴力沟通的核心是真诚，而非技巧堆砌。若父母暂时无法适应，保持耐心，逐步示范。
- 允许渐进改变：父母可能需要时间适应新沟通模式，可从小场景开始实践（如讨论晚餐菜单），再扩展到复杂话题。

通过以上方法，你可以逐步将急躁转化为对双方需求的觉察，让沟通成为增进理解的桥梁，而非冲突的导火索。

根据我们的问题，DeepSeek 结合《非暴力沟通》这本书，给出了意见建议，这里主要是从调整自身状态、应用非暴力沟通四要素的实践步骤、主动倾听、应对常见冲突场景的案例参考和长期改善策略几个方面进行分析。可以看出，这里不仅有应用书里的技巧和方法，同时也从短期、长期的角度给出了具体应用意见建议。

在最后，DeepSeek 还给出了两个注意事项：一方面要避免“工具化”沟通，非暴力沟通的核心是真诚，而非技巧堆砌。若父母暂时无法适应，保持耐心，逐步示范；另一方面要允许渐进改变，父母可能需要时间适应新沟通模式，可从小场景开始实践（如讨论晚餐菜单），再扩展到复杂话题。

更进一步，书里经常会有很多晦涩难懂的内容，那么能不能让 DeepSeek 帮助我们进行解释呢？这一次，我们让 DeepSeek 来充当作者，对其中复杂的概念进行解释，提示词可以是：假如你是这本书的作者，你觉得这里面的哪些概念和内容是读者难以理解的，请针对这些内容和概念，给出通俗易懂的解释。

DeepSeek 输出：

如果我是作者，我认为读者可能对以下概念存在理解障碍，我尝试用更通俗的方式解释。

1. 观察≠评论：如何区分“事实”和“观点”？

- 读者困惑：“明明只是在描述事实，为什么对方还是觉得我在批评他？”

- 通俗解释：
  - 观察：像手机摄像头一样，只拍下真实画面。例如，“今天你迟到了30分钟。”
  - 评论：给画面贴标签或加滤镜。例如，“你总是拖拖拉拉！”（“总是”是主观判断）
- 技巧：说事实时，去掉“每次、永远、从不”这类词，改用具体时间或次数。

2.“需要”和“策略”混淆：为什么我提了需求，对方还是不配合？

- 读者困惑：“我说了‘我需要你多关心我’，可对方只会敷衍回应。”
- 通俗解释：
  - 需要：内心永恒的渴望，像“电”一样无形但驱动行为。例如，被尊重、安全感、归属感。
  - 策略：给“电”充电的具体插头，可能不兼容。例如，“每天打电话”是满足“被关心”需求的策略之一。
- 技巧：先说出“电”（需要），再商量“插头”（策略）。例如，“我需要感受到你的关心（电），你觉得每天发条消息或周末见面哪种方式更适合？（插头）”

3.“请求”听起来像“命令”：怎么让对方不觉得被逼迫？

- 读者困惑：“我明明好好提了请求，对方却说我在命令他。”
- 通俗解释：
  - 请求：像点奶茶——你可以选甜度，也能拒绝。例如，“你愿意帮我整理文件吗？不方便的话我可以自己来。”
  - 命令：像自动扣款——不配合就有代价。例如，“立刻整理文件，否则别想下班！”
- 技巧：请求后加一句“如果你不方便，我们可以商量其他方法。”

4.愤怒管理：为什么书里说“愤怒是因为需求没满足”，而不是别人做错了？

- 读者困惑：“明明是他乱扔袜子惹我生气，怎么成了我的问题？”
- 通俗解释：

- 乱扔袜子（行为）→警报器响→检查需求。例如，“我需要整洁的环境”
- 可替换方案：直接表达需求而非指责。例如，“袜子放进脏衣篮，我会觉得家里更整洁。”

❑ 技巧：愤怒时问自己，“我真正想要的是什么？”

5.“共情式倾听”：如何做到不评判，还能让对方感觉被理解？

❑ 读者困惑：“我认真听父母说话，但他们还是说我不懂他们。”

❑ 通俗解释：共情式倾听像“情感 Wi-Fi”——不急着上传自己的观点，先下载对方的信号。

❑ 错误示范：

父母：“考公务员多稳定！”

你：“现在谁还考公务员？你这想法太落伍了！”（断网）

❑ 共情倾听：

父母：“考公务员多稳定！”

你：“你特别希望我有一份安稳的工作，这样你会更放心，对吗？”（连接信号）

❑ 技巧：用“你感到……是因为需要……”句型复述对方的话，即使不完全认同。

6.“示弱 = 解决冲突”：为什么主动说需求反而有用？

❑ 读者困惑：“明明父母错了，为什么我要先服软？”

❑ 通俗解释：示弱不是认错，而是像“情感拆弹专家”——先解除对方防御，再解决问题。

❑ 冲突场景：

父母：“周末必须回家相亲！”

你：“你们根本不尊重我！”（引爆炸弹）

❑ 示弱策略：

你：“我知道你们担心我单身（共情），其实我也焦虑（示弱），我们可以一起想想怎么扩大社交圈吗？（协作）”

❑ 技巧：把“你 VS 我”变成“我们 VS 问题”。

总结

这些概念看似抽象，本质都是将沟通从“条件反射式争吵”转向“探照灯式合作”。

1）关掉自动反击模式（观察代替评论）。

2）照亮内心真正的黑洞（挖掘需求）。

3）一起找修补材料（协作策略）。

就像学骑自行车，一开始总纠结“脚该抬多高”，熟练后身体自然会平衡。非暴力沟通的练习，最终是为了让爱和理解成为本能。

最后总结一下，如果想让 DeepSeek 帮我们深度阅读一本书，就要给出合适的指令，让它帮我们搭建思维导图，定位核心内容，解读专业术语。这样操作下来，再难啃的书也能轻松搞定。

## 4.5 辅助制订计划

我们可以使用 DeepSeek 给自己制订各种计划，比如健身计划、学习计划等。一般情况下，大模型只会给出每天或者每周我们能做哪些事情，那么能不能把“DeepSeek + 日历”做一个组合，来帮助我们把 DeepSeek 的价值真正发挥出来？

假如有这样一个场景——准备英语 6 级的考试，那么怎么通过“DeepSeek + 日历”把大模型生成的学习计划融入我们每天的日程里呢？

这里主要是三步。

第一步是在 DeepSeek 里面提问，并要求 DeepSeek 将生成的内容转化为 ICS 格式[1]；

第二步是把 ICS 代码变为后缀为 ics 的文件；

第三步是把 ICS 文件导入我们 PC 里的日历。

下面通过具体示例看看这三步能否实现我们的目标。

首先，我们在 DeepSeek 对话框中输入这样一段提示词：我是一名大学生，

[1] ICS 文件是一种用于存储日历事件的标准格式，称为 iCalendar。这种文件格式允许包含详细的日历信息，如事件的时间、地点、描述等，并支持多种日历软件之间的数据交换。

正在准备英语六级考试，请你帮我制订一个从 3 月 1 日—3 月 31 日的学习计划表，具体到每一天要做什么。我的学习自控力不强，需要一个轻量化、趣味性的计划。我的薄弱项目是听力和写作。同时帮我生成 ICS 代码。

这段提示词有三个关键点：要求 DeepSeek 制订学习计划、学习侧重点、生成 ICS 代码。

DeepSeek 输出：

根据你的需求，我设计了一个轻量化、趣味性强的 30 天学习计划，并制作了对应的 ICS 日历文件（文末获取）。以下是具体安排。

1. 每日基础任务（20 分钟）

❑ 薄荷阅读 App 读 1 章英文小说。

❑ 扇贝单词 App 打卡 50 个核心词汇。

❑ 英语趣配音 App 跟读 1 段影视片段。

2. 听力专项日（每周一 / 三 / 五）

❑ 3 月 1 日—3 月 10 日（基础阶段）

- TED-Ed 动画视频精听（5 分钟）。
- 六级真题 Section A 听写填空（15 分钟）。
- 英文播客泛听（吃饭 / 通勤时）。

❑ 3 月 11 日—3 月 20 日（强化阶段）

- 开言英语 App 场景对话训练（10 分钟）。
- 真题 Section C 讲座精听（20 分钟）。
- 英文歌曲填词游戏（睡前 10 分钟）。

❑ 3 月 21 日—3 月 31 日（冲刺阶段）

- 真题全真模考听力（30 分钟）。
- 英语流利说 AI 情景对话（10 分钟）。
- 英美剧无字幕挑战（20 分钟）。

3. 写作专项日（每周二 / 四 / 六）

❑ 3 月 1 日—3 月 10 日（句型积累）

- 拆解 3 个真题范文模板。
- 用新学句型创作表情包文案。

- 小红书打卡，分享每日金句。

❑ 3 月 11 日—3 月 20 日（段落训练）
- 豆瓣英语小组接龙写作。
- 用 AI 工具润色、修改作文。
- 创作六级作文表情包漫画。

❑ 3 月 21 日—3 月 31 日（实战演练）
- 真题限时写作（30 分钟）。
- Grammarly 语法修正挑战。
- 与学伴交换批改作文。

4. 趣味冲刺

❑ 完成 5 天解锁 1 集《老友记》。

❑ 连续 7 天打卡英文原版书。

❑ 每周日自由活动（推荐看英文 Vlog/ 玩英文游戏）。

5. ICS 日历使用指南

❑ 复制下方代码保存为 ICS 文件。

❑ 打开手机日历，选择“导入”。

❑ 每日任务自动提醒 + 完成打卡。

这个计划通过游戏化机制和多样化学习形式保持趣味性，平均每天有效学习时间约 50 分钟，且包含多个碎片化学习场景。建议准备一个手账本记录每日成就，可视化进步会更有动力！

很快，DeepSeek 就按照我们的要求生成了 4 周的学习计划，包括听力唤醒、写作脑洞、混合实战、趣味冲刺等部分。在每周的计划当中，还详细列出了学习要点和需要完成的内容。也就是说 DeepSeek 帮你把每天要干什么，以及每天要学习的英语资料都安排好了。

在制定完学习计划之后，DeepSeek 给出了我们需要的 ICS 日历代码（见图 4-11），方便把学习计划直接导入我们的日历当中。

在 ICS 日历代码下方，DeepSeek 还给出了该代码的使用步骤和执行小技巧。下面把 ICS 日历代码插入日历当中。

这里先复制代码，然后再打开“文本编辑器”，把 ICS 日历代码粘贴进去并进行保存。之后对保存的文档格式进行修订，即修改为 ICS 格式（见图 4-12）。

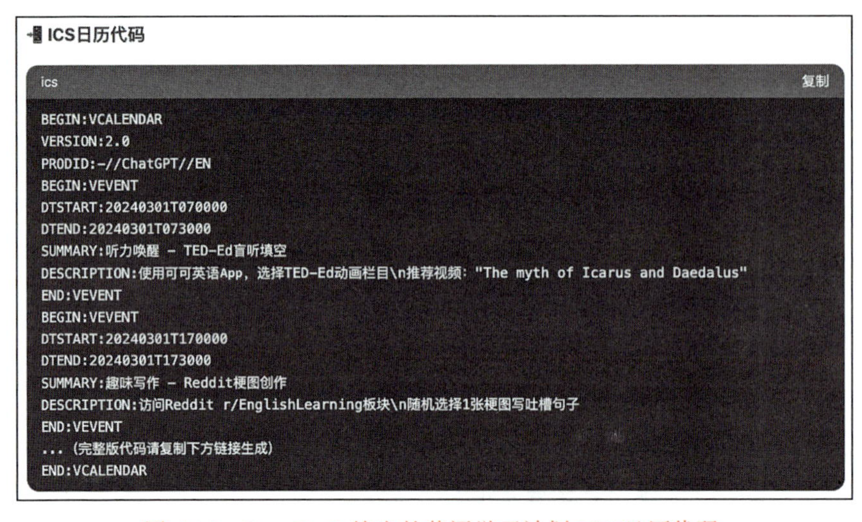


图 4-11　DeepSeek 给出的英语学习计划 ICS 日历代码

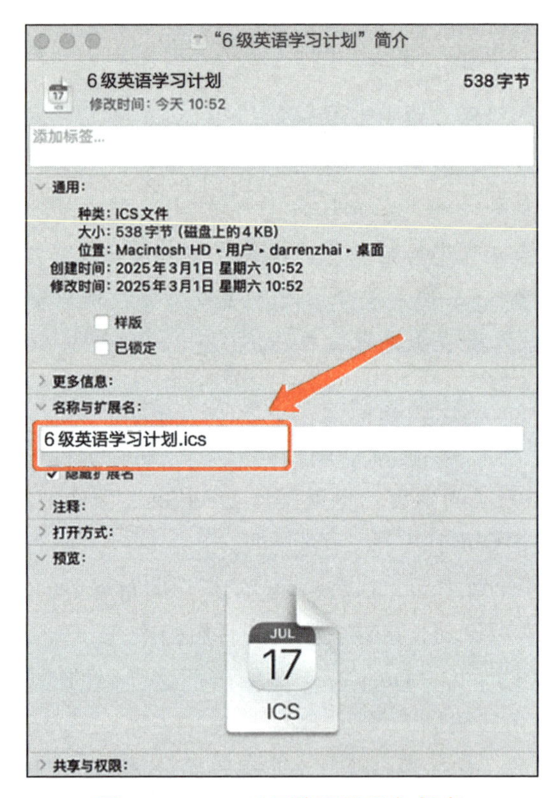


图 4-12　ICS 日历代码设置与保存

之后在预览界面看到，我们的英语 6 级学习计划已经转化为日历的文件格式。接下来打开日历，创建和导入“英语 6 级学习计划”。

单击进入日历界面，再单击“新建日历”，就可以建立我们自己的英语 6 级学习计划了（见图 4-13）。

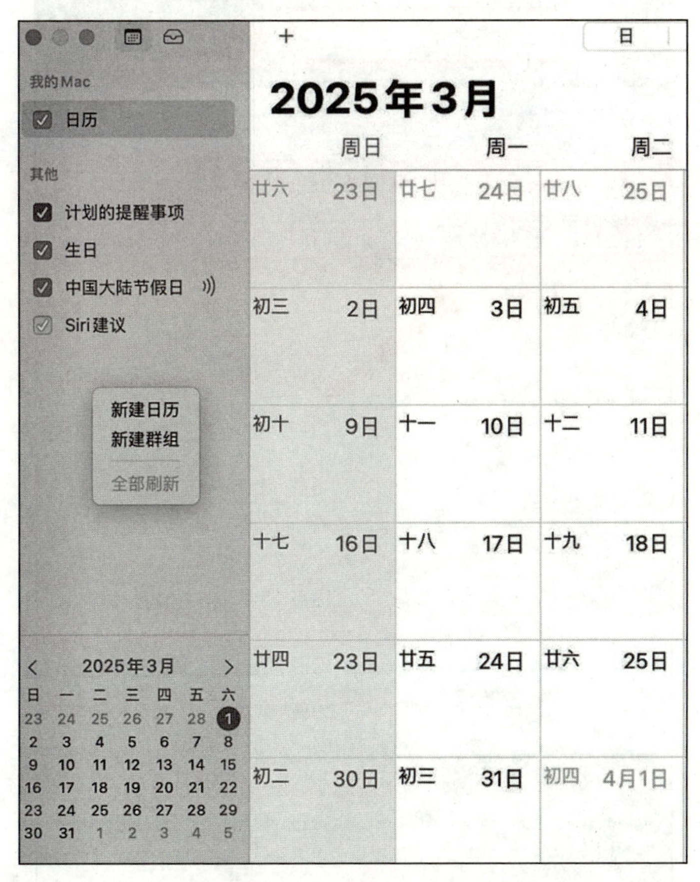


图 4-13 新建日历界面

接着，导入 ICS 文件，就可以在日历里清晰地展示和使用我们的学习计划了，如图 4-14 所示。此时，私人定制的个性化的日历就完成了。如果你有觉得哪里不太合适，还可以自己去修改，这些所有的事项都可以设计成待办事项进行提醒，然后你就有了一个用于监督学习的非常高效的个人计划表。

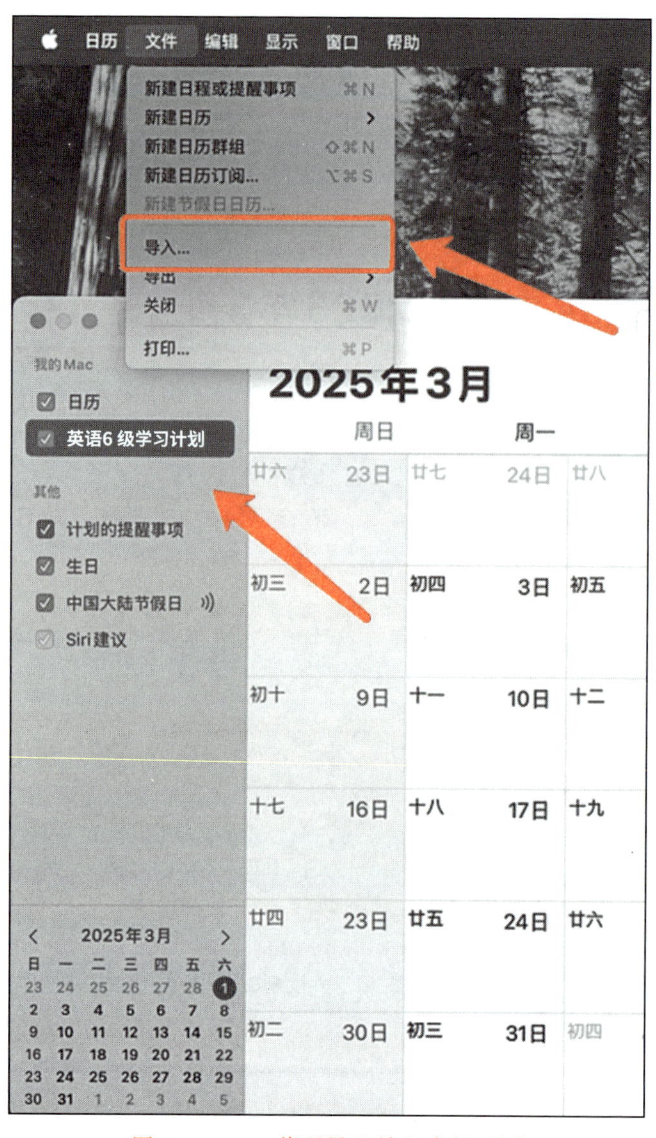


图 4-14　ICS 代码导入并生成新日历

## 4.6　辅助求职

在竞争日益激烈的就业市场中，找工作是每个人都要经历的事情，而制作一份简历更是每个人都要认真完成的工作。那么如何让 DeepSeek 在找工作这件事情发挥价值呢？能不能让它帮助我们优化简历、撰写让人眼前一亮的自我介绍，甚至帮我们进行模拟面试呢？这一节，我们将把 DeepSeek 的 AI 能力转化为求职竞争力，从简历优化到模拟面试，让 DeepSeek 从多维度辅助、重构求职流程。

### 4.6.1 优化简历

简历是求职的敲门砖，怎么才能让简历更加吸引 HR 的注意呢？我们尝试让 DeepSeek 来担任我们的简历修改师，针对应聘的岗位，有针对性地修改和完善简历。首先，准备好要修改的简历，同时找到目标岗位的招聘要求，将这两部分内容上传给 DeepSeek。例如，我们现在准备应聘百度的战略运营岗位，岗位要求见图 4-15。

**战略运营PMO（J82625）**

ACG 北京市 | 专业服务和管理支持 | 1人 | 2025-02-17

**工作职责**

-深入理解业务发展目标，落地管理机制，推动业务进展，协同解决问题，保障目标顺利达成；
-负责业务周期性材料管理、会议管理等，保证关键事项的有序推进，支持高效决策；
-推动组织与上下游建立有效沟通和协同机制，促进跨团队横向协同效率提升；
-参与战略规划拆解落地，跟踪战略专项执行进度，识别潜在风险，促进战略目标达成，支持战略迭代；
-开展云计算/AI前沿技术趋势研究，定期输出行业竞品分析及技术应用洞察报告等，驱动业务创新决策。

**职责要求**

-本科及以上学历，3~5年运营管理经验，熟悉云计算或互联网行业及前沿技术，具有一定业务洞察力；
-理解能力强，具备独立分析能力，快速学习能力和较强的逻辑思维能力；
-责任心强，执行力强，严谨细致，具备良好的多任务管理能力；
-优秀的跨部门沟通和问题解决能力。

图 4-15 岗位要求

接着，给 DeepSeek 输入提示词，要求按照招聘岗位的要求修改简历，提示词可以这样写：我正在求职百度公司的战略运营岗位，请你以资深 HR 的视角，分析我的简历，并给出具体的修改建议。附件上传的是我的简历内容，图片是岗位要求（见图 4-16）。

接着，DeepSeek 会按照我们的要求进行岗位分析，并针对简历从结构、关键词到亮点，进行逐一优化。

图 4-16　撰写提示词并上传简历和岗位描述附件

**DeepSeek 输出：**

工作经历优化（重点突出内容电商与数据驱动）

（1）便利蜂实习

原描述：负责产品价格调研、调价安排，提升市场占有率。

修改建议：

1）增加数据成果：通过竞品价格分析与动态调价策略，推动品类 GMV 提升 15%，市场份额增长 8%。

2）关联内容生态：策划爆款单品图文 + 短视频”推广活动，联合抖音本地生活达人合作，单期活动曝光量超 50W。

（2）阿迪达斯实习

原描述：参与电商团队组建，负责库存优化。

修改建议：

1）强化达人运营：协助搭建天猫店铺达人合作矩阵，通过 KOL 直播带货实现新品首周销量破万，ROI 达 1∶5。

2）数据驱动案例：基于销售数据建立库存预警模型，滞销 SKU 减少 30%，周转率提升 20%。

（3）互联网产品运营实习

原描述：负责技术开发需求跟踪，提高成交量。

修改建议：

关联内容运营：设计微信小程序 AI 农场直播功能，通过农产品溯源短视频内容吸引用户留存，促成订单转化率提升 25%。

有了这么多详细的修改建议，就如同有了一位专业的简历修改师。我们可以按照这些建议对简历进行修改。可以在 DeepSeek 的对话框里输入这样的提示词：你的修改建议很好，请按照你的建议帮我直接修改简历。

DeepSeek 输出：

202X.XX—202X.XX 便利蜂实习内容生态与推广

策划并执行"爆款单品图文 + 短视频"推广活动，联动抖音本地生活达人合作，单期活动曝光量超 50W，带动品类 GMV 提升 15%。

优化产品 Listing 文案与视觉调性，通过 A/B 测试提升点击率 12%，转化率提升 8%。基于竞品价格动态分析制定调价策略，推动市场份额增长 8%，滞销 SKU 减少 20%。搭建存销比监控模型（Excel + Tableau），实现库存周转率提升 15%。

202X.XX—202X.XX 阿迪达斯体育（中国）有限公司互联网产品运营实习

协助搭建天猫店铺达人合作矩阵，策划 KOL 直播带货活动，实现新品首周销量破万，ROI 达 1：5。制定"统一上新形象标准"策略，通过系列化商品划分，SKU 动销率提升 25%。

库存与供应链优化：

建立滞销预警模型（SQL + Python），优化商品结构，减少不良库存 30%，周转率提升 20%。

协调仓储与供应链，推动订单处理时效缩短至 24 小时内，客户满意度提升 15%。

上面就是 DeepSeek 修改的内容，整体来看，格式、架构要比之前提升不少。但是，这里有一个关键问题需要注意，DeepSeek 并不了解我们每个人的具体情况，它修改的地方可能跟实际情况并不符合，因此对于修改后的简历我们要和自己的真实经历进行比对，对于符合实际的保留，对于属于 DeepSeek "胡编乱造"的要调整。

### 4.6.2　写自我介绍

在竞争激烈的求职市场中，自我介绍作为面试的"黄金两分钟"，其重要性往往被低估。许多求职者认为只需简单复述简历内容即可，却忽略了这短短的 120 秒是展现岗位匹配度、个人特质和逻辑表达能力的关键窗口。传统自我介绍常陷入三大误区：内容零散缺乏逻辑主线、优势呈现与岗位需求脱节、表达形式缺乏记忆点。而借助 DeepSeek 这类 AI 工具，求职者能系统化构建兼具专业性与个性化的自我介绍体系。我们可以在 DeepSeek 的对话框里写出具体要求，比如类似这样的提示词：基于我的简历，帮我写一个 2 分钟的自我介绍，目标是 XX 岗位。

DeepSeek 输出：

2 分钟自我介绍范文

面试官好，我是 XXX，毕业于南京理工大学国际经济与贸易专业，拥有两份互联网大厂产品运营实习经历，以及一段从 0 到 1 的微信生态创业项目经验。今天应聘抖音电商平台产品运营岗位，我的优势可以总结为三点：懂内容、会数据、能协同。

第一，懂内容。在便利蜂实习期间，我负责策划“爆款单品图文 + 短视频”推广活动，联动抖音本地生活达人合作，单期活动曝光量超 50W，带动品类 GMV 提升 15%；在阿迪达斯，我协助搭建天猫达人合作矩阵，通过 KOL 直播带货实现新品首周销量破万，ROI 达 1 : 5。这些经历让我对内容生态运营和达人资源整合有了深刻理解。

第二，会数据。我擅长用数据驱动决策。例如，通过竞品价格分析优化调价策略，推动市场份额增长 8%；在阿迪达斯建立滞销预警模型，减少不良库存 30%。工具层面，我熟练使用 SQL 提取数据、Tableau 可视化分析，并能用 Python 进行基础清洗，高效支持业务迭代。

第三，能协同。无论是便利蜂的库存周转优化，还是阿迪达斯的跨部门供应链对接，我都需要协调产品、技术、仓储等多方资源。在共享农庄项目中，我统筹开发 AI 农场直播功能，促成订单转化率提升 25%，这段经历让我具备了较强的项目管理能力和用户思维。

第四，选择抖音电商，是因为我长期关注内容与电商的结合趋势。无论是学生时代研究“直播电商对农产品销售的促进作用”，还是实习中积累的达人运营经验，我都希望能在抖音电商的生态中，用内容创造价值，用数据驱动增长。以上是我的介绍，谢谢！

以上是 DeepSeek 根据简历内容生成的 2 分钟自我介绍。这段介绍逻辑清晰、重点突出，不过内容比较多。所以我们需要根据实际情况对其进行精简或者调整。也就是说，DeepSeek 可以帮助我们快速生成针对性的素材，我们需要结合实际进行调整。如果对 DeepSeek 生成的内容不满意，可以让它继续调整或者通过修改提示词来完成。

### 4.6.3　模拟面试

面试的时候最担心被面试官的问题难倒，那么用 DeepSeek 可以帮助我们进行模拟练习吗？或者更直接一点，能否让 DeepSeek 担任我们的“面试官”？

答案是肯定的。比如，我们在 DeepSeek 的对话框里可以写如下提示词：

作为一位经验丰富的面试官，请你根据工作岗位要求，列出面试中最可能问到的 8 个问题。

接着，DeepSeek 就会根据岗位要求，列出面试官可能会询问的问题。我们也可以直接上传简历，让 DeepSeek 结合简历内容和岗位需求进行提问。这样更有针对性，问题也会更加落地。

**DeepSeek 输出：**

以下是针对战略运营 PMO 岗位的 8 个核心面试问题，围绕岗位职责和能力要求设计。

1. 行业经验与业务洞察

“请举例说明你在云计算 / 互联网行业的工作经验，以及你是如何通过业务洞察推动项目落地的？”

2. 战略拆解与执行跟踪

“请描述你参与战略规划拆解的具体案例，包括如何跟踪执行进度、识别风险并最终达成目标？”

3. 跨团队协同与沟通

“能否分享一个你推动跨部门协作的案例？过程中遇到了哪些阻力，你是如何解决的？”

4. 技术趋势研究与分析能力

“你如何开展前沿技术趋势研究（如云计算 /AI）？请举例说明你的竞品

分析报告如何影响业务决策。”

5. 多任务管理与执行力

“当同时面对多个高优先级任务时，你是如何分配时间和资源的？请结合具体经历说明。”

6. 逻辑思维与问题解决

“请举一个你通过数据分析或逻辑推理发现业务关键问题，并提出有效解决方案的案例。”

7. 会议管理与高效决策

“你如何设计并管理高层的周期性会议（如战略复盘会）？如何确保会议结果能转化为实际行动？”

8. 责任心和抗压能力

“请描述一个你在高压下仍能保持严谨细致的工作态度，并最终达成目标的经历。”

设计逻辑：

- 问题 1、2 对应“战略规划拆解”和“行业技术研究”职责，考察候选人的行业深度与战略落地能力。
- 问题 3、4 聚焦跨部门协同与技术分析，评估沟通技巧与研究能力。
- 问题 5、6 针对多任务管理和逻辑思维，验证执行力与问题解决能力。
- 问题 7、8 结合会议管理和责任心，考察细节把控与抗压素质。
- 所有问题均要求候选人提供具体案例（STAR 法则），避免理论回答，确保真实性与可验证性。

有了问题，我们还需要构思答案，这一步也可以让 DeepSeek 完成。我们可以在上面的问题基础上，继续向 DeepSeek 提问，比如：“基于我的简历内容，请帮我完成第 1 个到第 5 个面试问题的回答”。

DeepSeek 会根据我们的要求输出答案，但能否满足我们的期望，还需要根据实际情况进行判断和修改。

总体来看，DeepSeek 不仅可以帮助我们梳理思路，让简历和自我介绍更有逻辑，还可以帮助我们提供框架，让我们在面试的时候更加有条不紊，同时，它也能够优化表达，让语言更专业、更吸引人。

|第5章| CHAPTER

# DeepSeek + Excel：高效处理表格数据

DeepSeek与Excel的深度结合，为现代职场中的数据处理与分析带来了效率提升。通过自然语言交互和AI算法赋能，DeepSeek能够高效解决传统Excel中复杂、耗时的操作难题。而且面对多个单位混用的销售数据（如“斤”“kg”并存），用户只需输入提示词，DeepSeek就可以自动完成单位换算、分类汇总及总金额计算，甚至能根据时间条件动态调整分析维度，将原本需要编写嵌套公式的任务简化为对话式操作。在数据清洗环节，DeepSeek可以智能识别混乱格式（如手机号、日期），通过正则表达式和语义解析来实现标准化处理。DeepSeek与Excel的协同价值更体现在高阶分析场景中，DeepSeek能直接解析Excel数据，生成专业分析报告——从销售趋势预测、成本控制建议到财务报表解读，它不仅能够提供数据洞察，还会自动生成可视化图表并嵌入Excel。对于财务人员而言，DeepSeek可以通过自然语言指令将复杂公式转化为精准的Excel函数，有望帮助他们告别手动调试公式的烦琐。这种“AI理解需求+Excel落地执行”的模式，已经开始融入财务、金融、医疗、零售等行业的数字化工作流，让数据处理从技术门槛转变为创新驱动力。

## 5.1 在 WPS 中启动 DeepSeek 进行基础 Excel 表格数据处理

### 5.1.1 数据分析与制图

数据处理是我们日常经常遇到的，尤其是在使用 Excel 表格的时候，经常会有这样的需求。目前的办公工具中，WPS 已经接入了 DeepSeek，那么它能否胜任我们的数据处理工作？我们来试试看。

首先，进入 WPS 主界面，单击左下角的“灵犀”选项卡（见图 5-1）。之后，就可以看到页面底部的 DeepSeek 对话框，单击对话框右上方的“更多”按钮并在弹出的下拉列表中选择“数据分析”选项。系统就会提示上传需要分析的数据文件，比如，我们需要分析一份 Excel 表格。

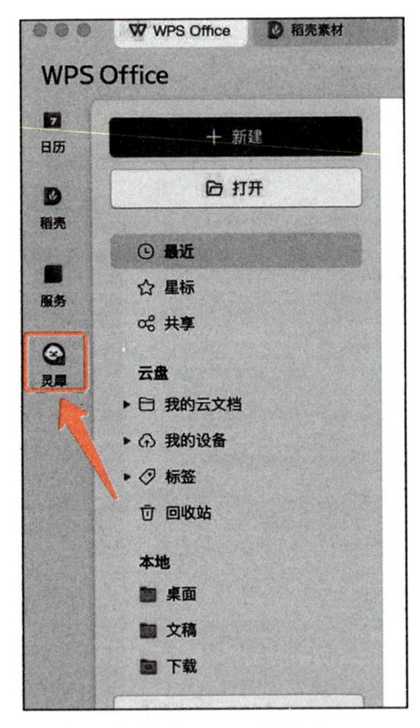


图 5-1 WPS 主界面

这里简单做了一张表格（见表 5-1），表格中是一家公司不同部门、不同职位的薪资统计，我们来看看 AI 能否对这些数据进行分析和解读。

表 5-1　公司成员薪资表

| 序号 | 姓名 | 部门 | 职务 | 薪资标准 / 元 |
|---|---|---|---|---|
| 1 | ××× | 董事会 | 董事长 | 150000 |
| 2 | ××× | 董事会 | 董事 | 80000 |
| 3 | ××× | 采购部 | 部长 | 7000 |
| 4 | ××× | 仓储部 | 部长 | 7000 |
| 5 | ××× | 生产部 | 技术总工 | 25000 |
| 6 | ××× | 生产部 | 部长 | 7000 |
| 7 | ××× | 生产部 | 员工 | 5500 |
| 8 | ××× | 生产部 | 员工 | 5000 |
| 9 | ××× | 生产部 | 员工 | 4800 |
| 10 | ××× | 生产部 | 员工 | 4650 |
| 11 | ××× | 后勤部 | 保洁 | 3300 |

首先，需要上传这个表格，让 DeepSeek 帮我们做分析。可以在对话框里输入提示词：请帮我把这个表格的内容按照部门生成柱状图。

收到这个任务之后，DeepSeek 就开始对问题进行分析和拆解，形成需要一步步完成的工作项目，对于执行完的项目节点，会在其最前面打一个对号。如果想了解 DeepSeek 具体是怎么执行的，可以在每一步的右侧单击“显示代码”（见图 5-2）。

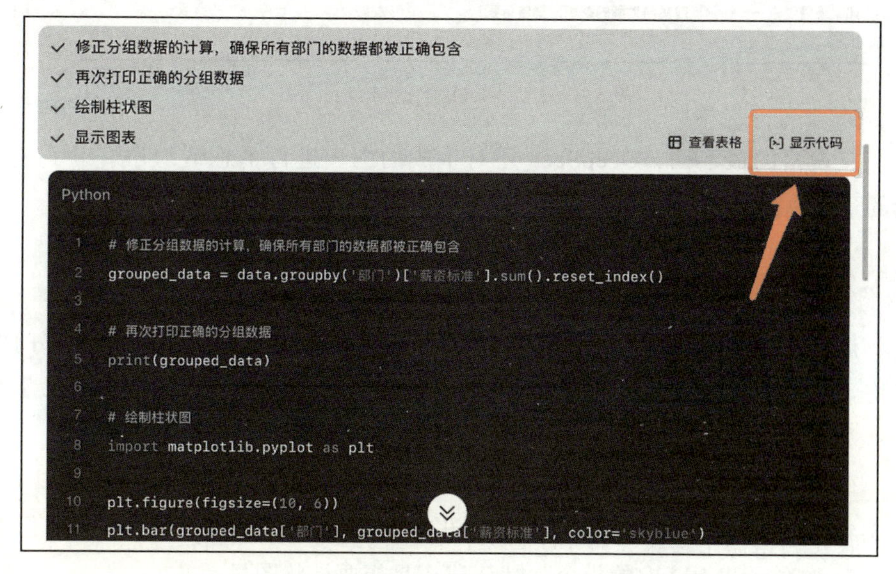


图 5-2　DeepSeek 将问题转化为可执行代码的界面

经过十几秒的分析和生成之后，DeepSeek 就完成任务了。屏幕上将显示出一张柱状图（见图 5-3）。从柱状图可以看出，图示是按照部门进行分类的，柱状图显示了部门的薪资总数，左边的纵坐标是各部门薪资标准总和的标尺。

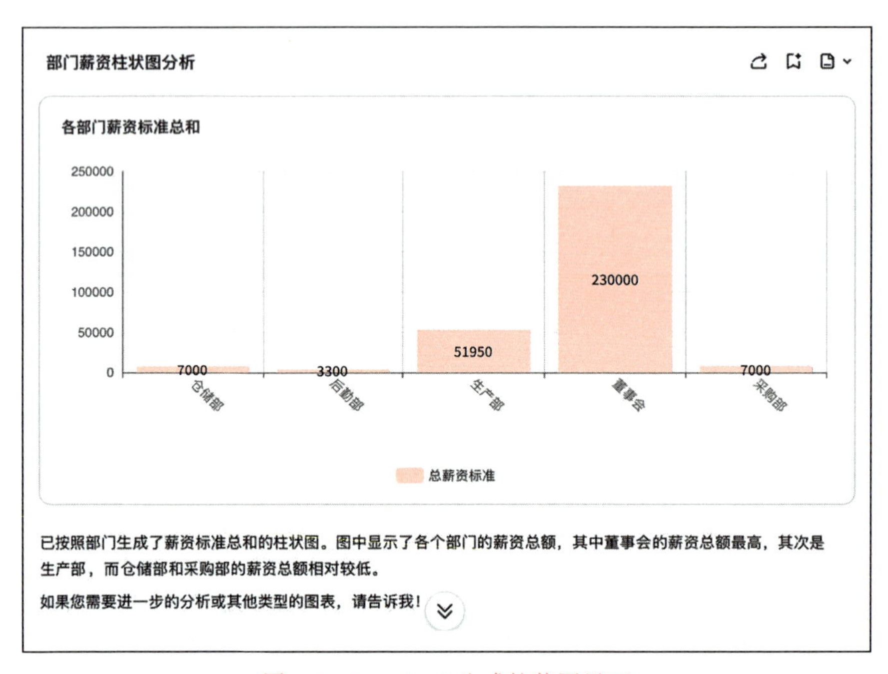


图 5-3　DeepSeek 生成柱状图界面

在表格的最下面，DeepSeek 还对生成的图表进行了总结，并给出了董事会的薪资总额最高、仓储部和采购部的薪资总额相对较低的判断。

## 5.1.2　数据基础分析与计算

接着，让 DeepSeek 对数据进行计算。例如，想知道这家公司每个部门的平均薪资是多少，那么就可以输入提示词：请你帮我计算一下各个部门的平均薪资是多少。

很快，DeepSeek 就给出了不同部门的平均薪资数据并制作了柱状图（见图 5-4）。事实上，我在提示词里并没有要求 DeepSeek 制作柱状图，但是 DeepSeek 联系我上一次的指令，默认我还是想要柱状图显示。

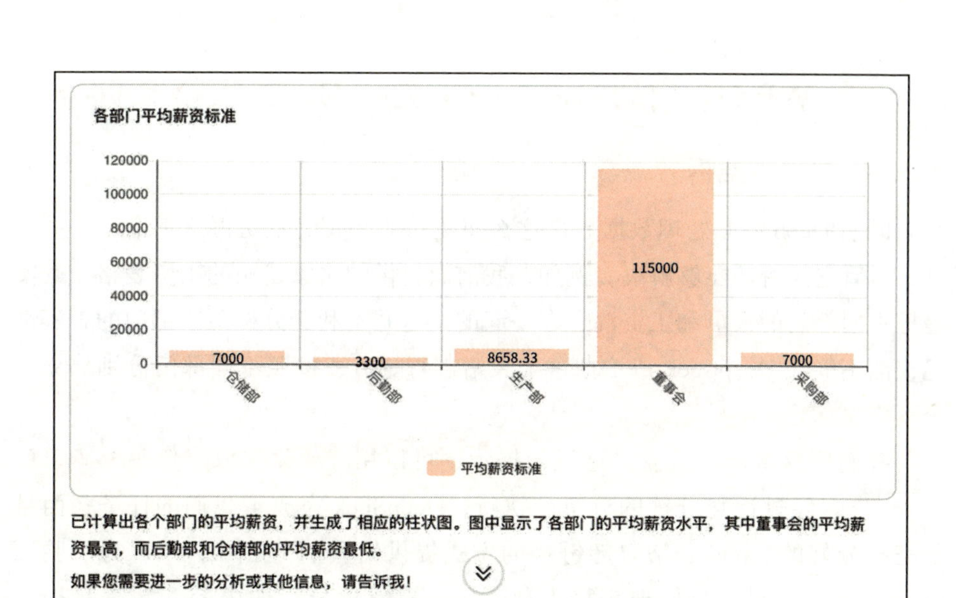


图 5-4　DeepSeek 生成平均薪资柱状图界面

如果你不需要对平均工资做图，只是想要具体的数值，那么可以在后面再写一句提示词，要求 DeepSeek 给出具体数值即可，例如“不用做图表，给我文字就行”。接着，DeepSeek 就会根据你的要求给出平均工资的具体数据，而且速度会非常快（见图 5-5）。

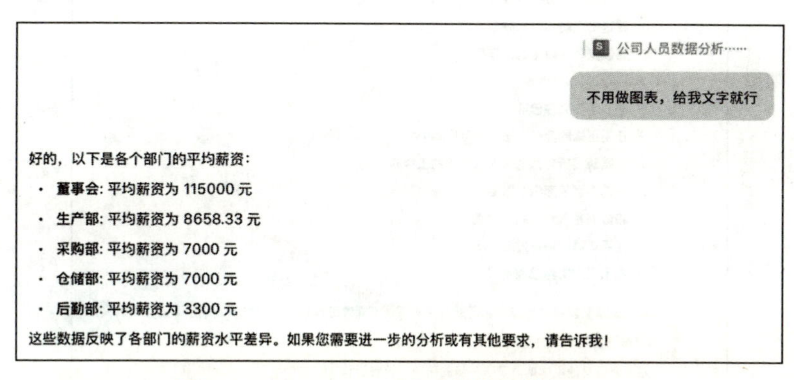


图 5-5　DeepSeek 生成平均薪资数据界面

也就是说，对于一些基本的数据分析和计算任务，我们可以用自然语言来要求 AI 帮助我们完成。我们要做的就是把要求说清楚，这样 AI 就可以快速执行和落实。

## 5.2 在 WPS 中启动 DeepSeek 进行 Excel 表格数据分析

### 5.2.1 表格数据拆分

既然 DeepSeek 处理数据起来这么便捷，那么我们不妨再给它增加一些难度，看看它是否还能够解决。例如，我前面提供的这家公司的工资表格，其实是把不同部门的人员和工资混合在一起的，这并不利于分析不同部门的工资情况，能不能让 DeepSeek 帮忙把这个表格进行拆分，按照不同部门分别建立一个表格呢？

我们用提示词试试看，这里的提示词可以用"请你按照部门拆分不同的工作表"。经过近半分钟的分解和执行，DeepSeek 完成了我们的任务，而且是把拆分好的 Excel 表格以超链接的方式提供给我们（见图 5-6）。为了验证 DeepSeek 的效果，我们把表格下载下来，看看拆分后的内容和数据是否正确。这里有一点需要注意，如果想要下载 Excel 表格，最好是打开 WPS 网页版，这样可以单击超链接之后直接下载，如果通过客户端下载的话，容易出现乱码。

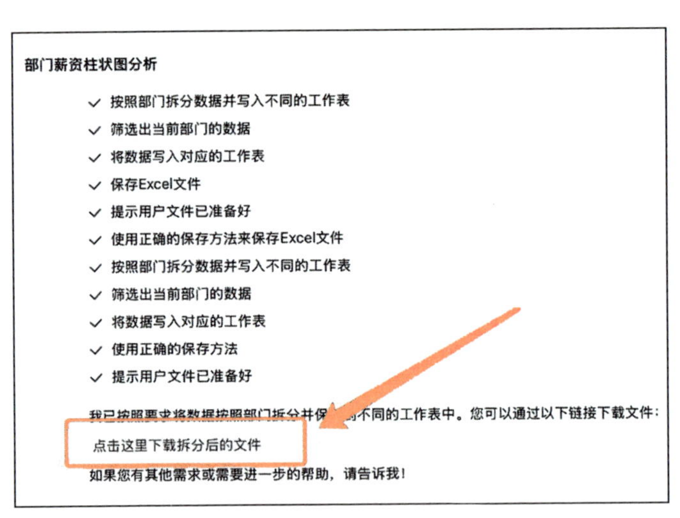


图 5-6 DeepSeek 生成拆分表格链接

如图 5-7 所示，拆分后的表格底部有标签栏，说明已经按照我们的要求把之前混合在一起的部门进行了拆分，包括董事会、采购部、仓储部、生产部和后勤部。表格的每一个部门标签里，都填有对应的部门人员和工资，方便我们使用和分析。也就是说，对于表格拆分这样一个烦琐的工作，DeepSeek 可以很快帮我们完成，并且确保了拆分的准确性。

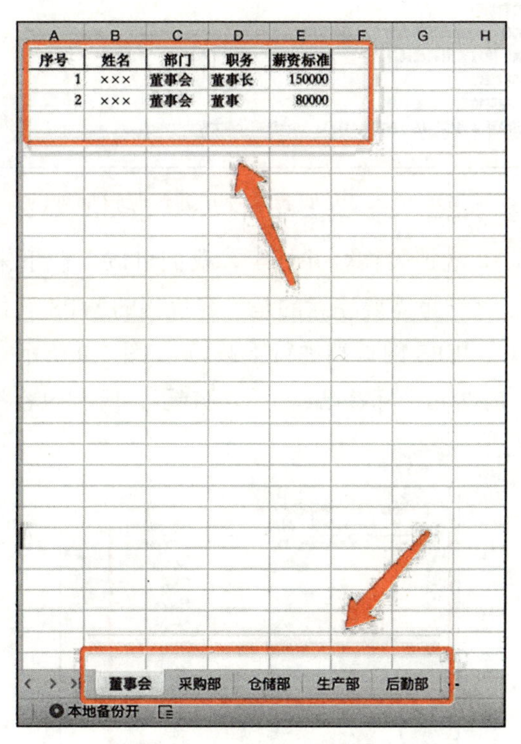


图 5-7　拆分后的表格

## 5.2.2　表格数据整合

工作经常会出现反复，前面让 DeepSeek 把一个 Excel 表格按照部门进行了拆分，它完成得很好。那么，能否让 DeepSeek 把拆分后的表格再整合到一个表格里呢？也就是说，把之前的步骤逆向操作一下，DeepSeek 能否顺利完成呢？

首先还是上传表格，接着再对 DeepSeek 下提示词命令“请帮我把这个表格合并为一个工作表格”，然后 DeepSeek 就开始对这个任务进行拆解，并将每一步显示给我们（见图 5-8）。

- 首先，我们按照要求读取上传的Excel文件，并检查各个工作表的数据
- 设置显示所有列
- 读取Excel文件中的所有工作表
- 打印每个工作表的前几行数据以检查
- 接下来，我们将所有工作表的数据合并为一个表格。为了确保数据一致性，我们只保留有用的列（序号、姓名、部门、职务、薪资标准）
- 定义需要保留的列索引
- 初始化一个空的DataFrame用于存储合并后的数据
- 遍历每个工作表，提取有用的数据并合并
- 提取有用列并忽略空行
- 打印合并后的数据以检查
- 合并后的数据已经整理完毕，接下来将其保存为一个新的Excel文件
- 输出提示信息

图 5-8　DeepSeek 开展表格合并进行逻辑推理的界面

很快，DeepSeek 就把表格合并好了，我们可以下载下来，看看是否和我们之前的表格一致。（这里需要注意的是，客户端的 WPS 软件下载表格容易出现乱码，大家可以在 WPS 网页端进行下载。）如图 5-9 所示，打开合并后的表格我们会发现，之前的几个标签已经全部没有了，所有内容都合并到了 Sheet1 里。至此，任务完成。

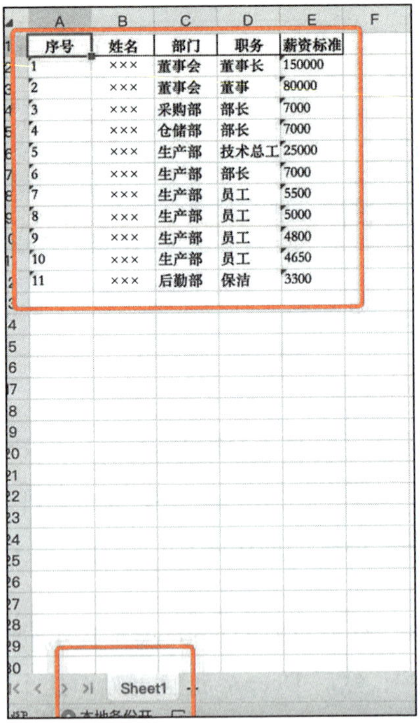

| 序号 | 姓名 | 部门 | 职务 | 薪资标准 |
| --- | --- | --- | --- | --- |
| 1 | ××× | 董事会 | 董事长 | 150000 |
| 2 | ××× | 董事会 | 董事 | 80000 |
| 3 | ××× | 采购部 | 部长 | 7000 |
| 4 | ××× | 仓储部 | 部长 | 7000 |
| 5 | ××× | 生产部 | 技术总工 | 25000 |
| 6 | ××× | 生产部 | 部长 | 7000 |
| 7 | ××× | 生产部 | 员工 | 5500 |
| 8 | ××× | 生产部 | 员工 | 5000 |
| 9 | ××× | 生产部 | 员工 | 4800 |
| 10 | ××× | 生产部 | 员工 | 4650 |
| 11 | ××× | 后勤部 | 保洁 | 3300 |

Sheet1

图 5-9　DeepSeek 完成表格合并界面

# 5.3　在 WPS 中启动 DeepSeek 进行 Excel 表格数据检查

## 5.3.1　数据不一致核对

除了之前章节的数据分析和图表生成之外，我们还可以让 DeepSeek 对数据进行检查，尤其是当我们要处理大量数据的时候，需要确保数据准确无误。这样的工作技术含量不高，但是非常耗费人力，稍不留神还可能会造成整个工作前功尽弃。那么，DeepSeek 能否帮助我们进行校准呢？

首先，上传需要核对的表格。这是一份电子产品销售统计表格（见图 5-10），C 列和 D 列都是销售额，但是有两行的销售额数据并不一致，我们的目标就是让 DeepSeek 找出不一样的数值在哪里。

| A | B | C | D | E |
|---|---|---|---|---|
| 订单号 | 产品名称 | 销售额(元 | 销售额(元) | |
| 1001 | 手机 | 3000 | 3000 | |
| 1002 | 平板 | 2000 | 2000 | |
| 1003 | 手机 | 2500 | 2600 | |
| 1004 | 耳机 | 500 | 500 | |
| 1005 | 手机 | 3800 | 3800 | |
| 1006 | 平板 | 2900 | 2950 | |
| 1007 | 手机 | 2800 | 2800 | |

图 5-10　需要进行数据分析的表格界面

下面通过提示词，让 DeepSeek 把不一致的数据标记出来，方便我们进行修改和完善。提示词可以是“请你核对表格 C、D 两列的数据，并将 D 列的差异数据标蓝”，如图 5-11 所示。

图 5-11　上传表格并输入提示词

在输入这段提示词之后，DeepSeek 开始进行分步骤拆解，并根据我们的要求对 C 列和 D 列进行比较。几十秒之后，DeepSeek 就给出了它的分析结果和表格下载链接（见图 5-12）。

✓ 核对 C 列和 D 列的数据，找出差异并标蓝 D 列的差异数据
✓ 创建一个布尔掩码，标记 C 列和 D 列不相等的行
✓ 使用 styler 对差异数据进行标蓝处理
✓ 展示处理后的数据
✓ 由于环境限制无法直接展示样式化的数据，改为输出差异数据并保存为 Excel 文件
✓ 找到 C 列和 D 列不相等的行
✓ 保存差异数据到 Excel 文件，并标蓝 D 列的差异数据
✓ 提示用户内容已经准备好

我已按照要求输出内容，请点击下方链接获取目标数据：

下载差异数据标蓝文件

图 5-12 DeepSeek 按提示词要求进行分析推理

单击链接将表格下载下来，验证 DeepSeek 是否完成了这次的任务。如图 5-13 所示，打开之后我们可以看到 DeepSeek 找到了 C 列和 D 列数据不一致的地方，并且帮助我们对 D 列不一致的数据进行了标蓝操作。

| | A | B | C | D | E |
|---|---|---|---|---|---|
| 1 | 订单号 | 产品名称 | 销售额(元) | 销售额(元) | |
| 2 | 1001 | 手机 | 3000 | 3000 | |
| 3 | 1002 | 平板 | 2000 | 2000 | |
| 4 | 1003 | 手机 | 2500 | 2600 | |
| 5 | 1004 | 耳机 | 500 | 500 | |
| 6 | 1005 | 手机 | 3800 | 3800 | |
| 7 | 1006 | 平板 | 2900 | 2950 | |
| 8 | 1007 | 手机 | 2800 | 2800 | |
| 9 | | | | | |
| 10 | | | | | |

图 5-13 DeepSeek 对不一致的数据进行标蓝

## 5.3.2 数据准确性校验

可以让 DeepSeek 对数据的准确性做基础校验。例如，我准备了一份用户联系方式的表格（见图 5-14），但是由于记录的时候过于匆忙，可能有偏差，而一个个地去核对显然太麻烦。那么，我们可以让 DeepSeek 核实一下表格里的手机号是不是 11 位，邮箱是否都有 @，日期是不是 2025 年之后的。

| A | B | C | D | E |
|---|---|---|---|---|
| 序号 | 姓名 | 手机号 | 邮箱 | 日期 |
| 1 | 张三 | 13651789367 | zzysu@163.com | 2025/2/21 |
| 2 | 李四 | 15567863973 | asd68163.com | 2025/1/23 |
| 3 | 王五 | 1.67863E+11 | asd68@qq.com | 2025/4/5 |
| 4 | 赵六 | 17867652739 | ascl98@126.com | 2024/2/4 |
| 5 | 小明 | 19876237894 | dasjd89@129.com | 2025/9/8 |
| 6 | 小王 | 18966278436 | hadkuf163.com | 2025/3/7 |

图 5-14 需要核查的数据表格

首先，还是将表格上传，然后在提示词中写下如下要求：“请你帮我看看表格里的手机号是不是 11 位，邮箱是否都有 @，日期是不是从 2025 年开始的。将不是的全部标蓝”。见图 5-15。

校验数据(2).xlsx

请你帮我看看表格里的手机号是不是 11 位，邮箱是否都有@，日期是不是从 2025 年开始的。将不是的全部标蓝

图 5-15 上传表格并撰写提示词要求

接着，DeepSeek 开始对内容进行分析和任务拆解，具体的过程和步骤如图 5-16 所示。大家可以在实践的过程中进行详细分析，如对其中某一步感兴趣也可以单击进行查看。

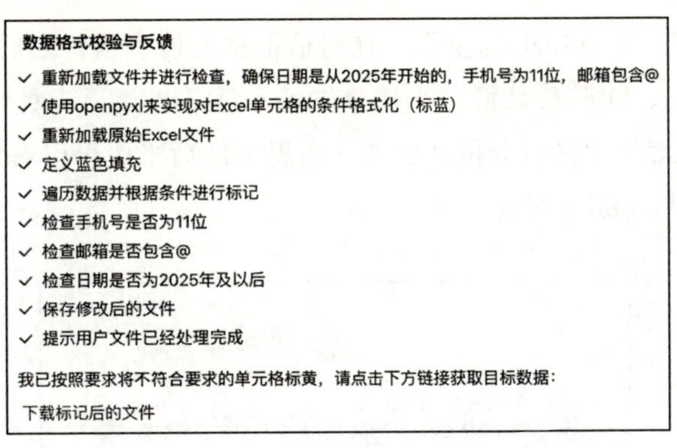


图 5-16 DeepSeek 对内容进行分析和任务拆解

最终 DeepSeek 会生成对应的 Excel 表格，我们将表格下载下来，打开之后，就得到了图 5-17 所示的表格。可以看到，手机号里有一个尾数是不对的，邮箱里有两个是没有 @ 的，日期里有一个是 2024 年的。这四个错误，DeepSeek 全部帮我们标记出来了。

| A | B | C | D | E |
|---|---|---|---|---|
| 序号 | 姓名 | 手机号 | 邮箱 | 日期 |
| 1 | 张三 | 13651789367 | zzysu@163.com | 2025/2/21 |
| 2 | 李四 | 15567863973 | asd68163.com | 2025/1/23 |
| 3 | 王五 | 1.67863E+11 | asd68@qq.com | 2025/4/5 |
| 4 | 赵六 | 17867652739 | ascl98@126.com | 2024/2/4 |
| 5 | 小明 | 19876237894 | dasjd89@129.com | 2025/9/8 |
| 6 | 小王 | 18966278436 | hadkuf163.com | 2025/3/7 |

图 5-17 DeepSeek 对表格中的错误部分进行标蓝

在实践中，由于 DeepSeek 的稳定性还有一定的不足，我们可以对提示词进行修改或者要求 DeepSeek 多次生成，来确保我们的要求能够被它全部理解并完全执行。

## 5.4 DeepSeek 实践

### 5.4.1 在 DeepSeek 中直接分析 Excel 表格数据

前面提到的这些数据分析工作，我们也可以尝试直接在 DeepSeek 官网进行。在前面的小节里，我们让 WPS 帮我们查找销售统计表格里不一样的数据。能否将这个案例直接交给 DeepSeek，请它分析哪些数据是不一致的呢？答案是可以的。

首先，打开 DeepSeek 的主页，在对话框里上传表格，之后再撰写提示词：请你核对表格 C、D 两列数据，并将 D 列的差异数据标蓝，具体见图 5-18。接着，DeepSeek 就开始进行分析和思考，在思考的后半段可以看到它开始比对 C 列和 D 列，并判断哪一列的数据不一致。

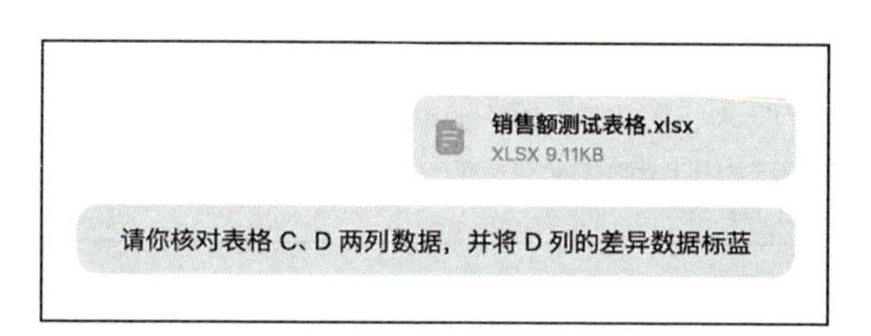


图 5-18　在对话框里上传表格并撰写提示词

根据比对的结果，DeepSeek 直接在对话框里输出内容。由于 DeepSeek 无法直接生成 Excel 表格，所以输出的结果是“文字 + 代码”的方式。输出呈现出一个表格。我们在提示词里要求对不一致数据进行标蓝，DeepSeek 将这个要求转化为了前端代码（见图 5-19）。

在“说明”字段，DeepSeek 明确表示了数据不一致的字段在哪里，并做好了标记。在“操作建议”字段，DeepSeek 也明确说明“在 Excel 中，可通过条件格式或手动将 D 列差异单元格的背景色设置为蓝色”，以方便用户在 Excel 中进行实践和转换。

以下是核对后的表格，D列的差异数据已标蓝：

| A | B | C | D（差异标蓝） |
|---|---|---|---|
| 订单号 | 产品名称 | 销售额(元) | 销售额(元) |
| 1001 | 手机 | 3000 | 3000 |
| 1002 | 平板 | 2000 | 2000 |
| 1003 | 手机 | 2500 | <span style="color:blue">**2600**</span> |
| 1004 | 耳机 | 500 | 500 |
| 1005 | 手机 | 3800 | 3800 |
| 1006 | 平板 | 2900 | <span style="color:blue">**2950**</span> |
| 1007 | 手机 | 2800 | 2800 |

**说明：**

- 订单号 **1003** 和 **1006** 的 D 列与 C 列数据不一致，已标蓝。
- 其他行的 C 列和 D 列数据一致，无须标记。

**操作建议：**

在 Excel 中，可通过条件格式或手动将 D 列差异单元格的背景色设置为蓝色。

图 5-19　DeepSeek 分析数据不一致结果

## 5.4.2　在 DeepSeek 中生成公式

在 Excel 中，除了简单的加减求和公式之外，还有很多公式需要嵌套，一不小心就会出错。尤其是跨表引用或者动态数据更新，由于过于复杂，经常会让我们难以招架。那么，能否用 DeepSeek 来解决这些难于处理的公式呢？

比如，我们需要用 DeepSeek 输出一个公式，用来计算每个人的 BMI[⊖]值。BMI 的计算公式虽然并不复杂，但对于没有使用过 Excel 的人来讲，还是比较麻烦的。我们用提示词来解决这个问题。

首先，把需要计算 BMI 的表格准备好，这里列举了几个人的姓名、性别、身高、体重等信息，最后一列的 BMI 值需要我们计算和填写（见图 5-20）。

| A | B | C | D | E |
|---|---|---|---|---|
| 姓名 | 性别 | 身高(cm) | 体重(kg) | BMI |
| 张三 | 男 | 175 | 83 | |
| 李四 | 女 | 162 | 55 | |
| 王五 | 男 | 180 | 80 | |
| 赵六 | 女 | 168 | 97 | |
| 孙七 | 男 | 178 | 75 | |
| 周八 | 女 | 165 | 60 | |
| 吴九元 | 男 | 182 | 140 | |
| 郑十 | 女 | 170 | 63 | |
| 王磊 | 男 | 178 | 74 | |

图 5-20　需要分析的数据表格界面

接着，让 DeepSeek 帮助我们快速提

⊖ BMI（Body Mass Index，身体质量指数）是一种用于衡量人体胖瘦程度的常用指标，它可以通过体重和身高的比例计算得出，广泛应用于健康评估和体重管理。

炼出计算公式。如果成功的话，我们直接将计算公式复制进表格就可以使用。这里的提示词为“请你帮我计算表格中每个人的 BMI 值，并且给出每一个人 BMI 值的对应计算公式，方便我直接在表格中使用”。下面来看看 DeepSeek 输出的结果（见图 5-21）。

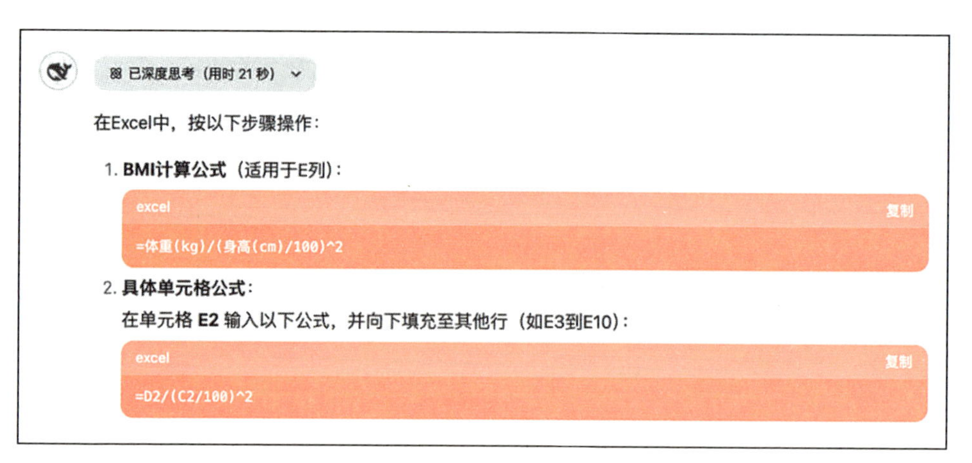


图 5-21 DeepSeek 生成可以使用的数据分析公式

DeepSeek 经过 21 秒的思考之后，给出了 BMI 的计算公式：体重（kg）/（身高（cm）/100）^2。同时，针对要计算数据的表格也给出了相应的公式，剩下的就是直接把“= D2/(C2/100)^2”复制进去了。效果如图 5-22 所示。

可以看到，将“= D2/(C2/100)^2”复制进去之后，直接得到了具体的计算数值。对于剩下的几个人我们不需要重复复制公式，直接下拉就可以完成对所有人员的 BMI 值计算（见图 5-23）。

E2 =D2/(C2/100)^2

| | A | B | C | D | E | F |
|---|---|---|---|---|---|---|
| 1 | 姓名 | 性别 | 身高(cm) | 体重(kg) | BMI | |
| 2 | 张三 | 男 | 175 | 83 | 27.102041 | |
| 3 | 李四 | 女 | 162 | 55 | | |
| 4 | 王五 | 男 | 180 | 80 | | |
| 5 | 赵六 | 女 | 168 | 97 | | |
| 6 | 孙七 | 男 | 178 | 75 | | |
| 7 | 周八 | 女 | 165 | 60 | | |
| 8 | 吴九元 | 男 | 182 | 140 | | |
| 9 | 郑十 | 女 | 170 | 63 | | |
| 10 | 王磊 | 男 | 178 | 74 | | |
| 11 | | | | | | |
| 12 | | | | | | |

图 5-22 将 DeepSeek 生成公式套入表格

| A | B | C | D | E | F |
|---|---|---|---|---|---|
| 姓名 | 性别 | 身高(cm) | 体重(kg) | BMI | |
| 张三 | 男 | 175 | 83 | 27.102041 | |
| 李四 | 女 | 162 | 55 | 20.957171 | |
| 王五 | 男 | 180 | 80 | 24.691358 | |
| 赵六 | 女 | 168 | 97 | 34.367914 | |
| 孙七 | 男 | 178 | 75 | 23.671254 | |
| 周八 | 女 | 165 | 60 | 22.038567 | |
| 吴九元 | 男 | 182 | 140 | 42.265427 | |
| 郑十 | 女 | 170 | 63 | 21.799308 | |
| 王磊 | 男 | 178 | 74 | 23.355637 | |

图 5-23 公式套用并一键下拉完成使用

不过，这里还有一个小问题：每个人的 BMI 值都不一样，医学界给出了一个相对客观的判断公式，我们能否根据每个人的 BMI 数值来判断这个人是否健康呢？

这里常规的做法就是通过 BMI 值在哪个范围来确定，但是寻找范围和寻找对应的公式都很麻烦。不如把这个问题交给 DeepSeek，看看它能否给出公式供我们直接使用。如图 5-24 所示，DeepSeek 生成了 BMI 判断公式。

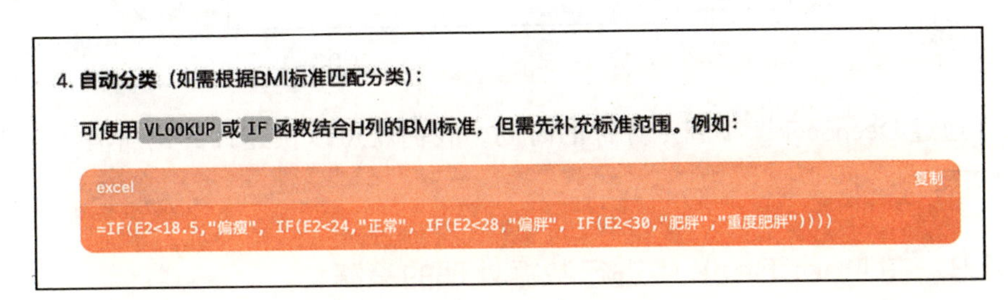


图 5-24　DeepSeek 生成 BMI 判断公式

有了这个公式，我们就可以直接在 Excel 中使用，来看看每个人的健康状况如何（见图 5-25）。

=IF(E2<18.5,"偏瘦", IF(E2<24,"正常", IF(E2<28,"偏胖", IF(E2<30,"肥胖","重度肥胖"))))

| 姓名 | 性别 | 身高(cm) | 体重(kg) | BMI | 健康状态 |
|---|---|---|---|---|---|
| 张三 | 男 | 175 | 83 | 27.10204 | 偏胖 |
| 李四 | 女 | 162 | 55 | 20.957171 | |
| 王五 | 男 | 180 | 80 | 24.691358 | |
| 赵六 | 女 | 168 | 97 | 34.367914 | |
| 孙七 | 男 | 178 | 75 | 23.671254 | |
| 周八 | 女 | 165 | 60 | 22.038567 | |
| 吴九元 | 男 | 182 | 140 | 42.265427 | |
| 郑十 | 女 | 170 | 63 | 21.799308 | |
| 王磊 | 男 | 178 | 74 | 23.355637 | |

图 5-25　在表格中使用 DeepSeek 生成公式

可以看出，输入 DeepSeek 给的公式之后，我们很快就可以得出结论。比如张三身高 175cm，体重 83kg，根据 BMI 值的计算，他属于偏胖的范围。对于其他人健康状态的判断，我们选中张三的结果，直接下拉就可以全部得到，不用再重复复制公式（见图 5-26）。

| 姓名 | 性别 | 身高(cm) | 体重(kg) | BMI | 健康状态 |
|---|---|---|---|---|---|
| 张三 | 男 | 175 | 83 | 27.10204 | 偏胖 |
| 李四 | 女 | 162 | 55 | 20.95717 | 正常 |
| 王五 | 男 | 180 | 80 | 24.69135 | 偏胖 |
| 赵六 | 女 | 168 | 97 | 34.36791 | 重度肥胖 |
| 孙七 | 男 | 178 | 75 | 23.67125 | 正常 |
| 周八 | 女 | 165 | 60 | 22.03856 | 正常 |
| 吴九元 | 男 | 182 | 140 | 42.26542 | 重度肥胖 |
| 郑十 | 女 | 170 | 63 | 21.79930 | 正常 |
| 王磊 | 男 | 178 | 74 | 23.35563 | 正常 |

图 5-26　一键下拉完成公式使用

通过 DeepSeek，不到 1 分钟的时间，我们就可以快速计算出所有人的健康状态。

### 5.4.3　在 DeepSeek 中进行数据处理的策略

总结一下前面介绍的 DeepSeek 分析、处理数据的几个案例，我们会发现：在进行数据处理与分析的实际工作中，选择工具应始终遵从“效率优先、场景适配”的原则。DeepSeek 与 Excel 的结合并非简单的替代关系，而是通过人机协同实现能力互补。在实际操作中，可以考虑建立以下三种模式。

- 初级任务（如单元格合并、条件格式设置）。可以优先使用 Excel 原生功能，避免过度依赖 AI 增加操作链路。
- 中级任务（如多条件嵌套公式、跨表引用）。通过 DeepSeek 生成公式框架后，人工校验逻辑并微调参数。
- 高级任务（如供应链需求预测、财务风险建模）。结合 DeepSeek 的预测算法与 Excel 的模拟分析工具，形成“AI 预判 + 人工校准”的双保险机制。

也就是说，DeepSeek 并不是要替代我们之前所有的数据处理流程，因为有些流程和公式用自然语言描述并不是很高效。我们要做的是：将自然语言能说清的要求用 DeepSeek 等大模型来完成；将自然语言表达不清楚的，或者用之前方法可以快速实现的，还用传统的方法。

除了前面介绍的几个案例，在日常工作中我们还会遇到数据清洗、数据处理、数据分析方面的各种需求。我梳理了 Excel 表格使用 DeepSeek 的典型提示词（见表 5-2），供大家参考。

表 5-2 Excel 表格使用 DeepSeek 的典型提示词

| 序号 | 类别 | 提示词案例 |
|---|---|---|
| 1 | 数据清洗 | 请帮我识别表格中的空行，并全部标黄 |
| | | 请帮我识别表格中的重复项，并全部删除 |
| | | 请帮我清洗这份 Excel 数据，包括去重、标准化格式、填充缺失值 |
| 2 | 数据处理 | 请将这张表格按销售额从高到低排序 |
| | | 请计算这张表格中每个月的平均销售额 |
| 3 | 数据分析 | 请分析这组 Excel 销售数据的趋势，并提供可视化图表 |
| | | 分析 Sheet1 中的 2025 年销售数据与 Sheet2 中的 2024 年数据，计算同比增长率，用红色标注负增长项 |
| | | 请优化这个 Excel 公式，使其更高效、更易读 |
| | | 用 A2:B20 数据生成带数据标签的柱状图，标题为“区域销售对比”，保存到新工作表 |
| | | 用 200 字分析 Q3 销售趋势，指出 TOP3 产品和潜在问题 |
| | | 如果 A1 > 100 且 B1 < 50 则显示“预警”，否则显示“正常” |
| | | 请根据这份 Excel 数据生成一份简明扼要的销售分析报告 |
| | | 请根据这份历史销售数据预测未来 3 个月的销售额 |

|第6章| CHAPTER

# DeepSeek + Kimi/WPS：一键生成 PPT

在数字化办公场景中，PPT已成为信息传递的核心载体，但其制作过程往往面临两大核心挑战：一是海量信息的结构化整合；二是设计排版的效率与专业性平衡。DeepSeek通过其智能内容生产系统与全流程自动化，提供高效的PPT制作方案。用户仅需输入自然语言指令（如指定主题模块或受众画像），DeepSeek即可自动生成包含逻辑框架、数据可视化建议及交互设计规范的完整大纲，较人工整理效率提升数倍。同时，DeepSeek + Kimi/WPS支持“大纲→PPT”一键转换，通过AI视觉算法优化排版、文字密度、图表配色等，这些细节处理的效率，也较手动设计提升数倍。

## 6.1 DeepSeek + Kimi 生成 PPT

### 6.1.1 DeepSeek 生成 PPT 大纲

使用DeepSeek生成PPT大纲，有两种方式：一种是让DeepSeek帮助写生成PPT大纲的提示词，也就是说如果我们也不知道如何写生成PPT大纲的提示词，可以把这个问题抛给DeepSeek。另一种是我们自己撰写提示词，把所有能想到的要求，通过提示词写出来，让 DeepSeek 去生成 PPT 大纲。

例如，我们可以让 DeepSeek 生成一个“学习 DeepSeek”的教程大纲，提示词可以是这样的：请你帮我制作一个 DeepSeek 的培训教程 PPT 大纲，这个 PPT 用于给公司其他部门进行培训，语言风格要求通俗易懂，采用 Markdown 格式输出。这里的 Markdown 格式是一种轻量级的标记语言，可以用简单的纯文本语法实现内容排版。下面来看看通过这句提示词，DeepSeek 能否生成符合我们需求的 PPT 大纲。

DeepSeek 输出：

DeepSeek 培训教程 PPT 大纲

1. 封面

- 标题：走进 DeepSeek——智能助手应用指南
- 副标题：让 AI 为你的工作加速
- 公司名称 & 日期
- 设计建议：背景图 + DeepSeek Logo + 简约科技风配色

2. 目录

1）DeepSeek 初印象

2）解决工作痛点的秘密武器

3）15 分钟快速上手

4）真实案例展示

5）安全使用指南

---

第一部分　DeepSeek 初印象

1.1　定义与核心能力

一句话定义：“你的 AI 办公伙伴”

三大核心能力：

- 自然语言理解（像同事一样听懂需求）
- 数据分析处理（秒级处理 Excel/ 报表）
- 内容生成（自动写邮件 / 报告 / 方案）

1.2　适用场景速览

高频使用场景图示化展示：

（虚拟图表位置：文员办公场景 / 会议记录场景 / 数据分析场景）

---

第二部分　解决工作痛点的秘密武器

2.1　传统工作痛点

✕重复性工作耗时

✕海量数据整理困难

✕跨部门沟通成本高

2.2　DeepSeek 应对方案

☑效率提升三连击：

❑ 自动生成会议纪要（录音→文字→重点摘要）

❑ 智能数据清洗（杂乱表格→规范数据）

❑ 跨语言实时翻译（国际业务沟通利器）

---

第三部分　15 分钟快速上手

3.1　登录与界面导航

❑ 截图标注重点功能区（配箭头说明）

❑ 小贴士：收藏「快捷指令面板」提高效率

3.2　三大基础操作演示

1. 提问技巧

✕ "分析数据" → ✓ "请用柱状图展示 Q3 各地区销售额对比"

2. 文件交互：

❑ 支持拖拽上传 XLSX/PDF/PPTX

3. 结果导出：

❑ 一键生成可编辑文档 / 分享链接

3.3　常见问题急救包

❑ 响应慢怎么办？ → 检查网络 / 精简指令

❑ 结果不准确？ → 添加限定条件重试

---

第四部分　真实案例展示

案例 1：市场部应用

- 背景：竞品分析报告制作
- 传统流程：3 人 ×2 天 → DeepSeek 流程：1 人 ×2 小时
- 成果对比图：时间缩短 80%，信息完整度提升 30%

案例 2：财务部应用

- 场景：月度收支异常检测
- 操作演示：上传原始数据→设置分析维度→自动生成预警提示
- 反馈引用："发现了一个隐藏的成本漏洞" – 财务部张经理

---

第五部分　安全使用指南

5.1　数据安全防护

- 三级加密体系图解
- 敏感信息处理规范

5.2　持续优化秘诀

- 定期更新提示词库
- 参加内部 AI 训练营

---

封底

- 核心总结句：DeepSeek 不是替代者，而是你的超级外脑。
- 联系方式：技术支持邮箱 / 内部沟通群二维码。
- 激励语：现在就开始你的第一次 AI 协作吧！
- 设计建议：动态渐变背景 +3D 漂浮图标。

根据提示词的要求，DeepSeek 很快就生成了一份培训教程 PPT 大纲，大纲总共分为 5 个部分，包括 DeepSeek 初印象、解决工作痛点的秘密武器、15 分钟快速上手、真实案例展示、安全使用指南等内容。每一部分都按照 Markdown 格式进行输出，同时在 DeepSeek 生成的大纲中，还有三级标题对应的要点，如果你对其中的哪些部分不满意，还可以进一步修改和完善。

## 6.1.2 Kimi 完善大纲并生成 PPT

大纲最终确定之后，我们就可以把这个大纲复制下来，为后续生成 PPT 做好准备。接着，打开 Kimi 的“PPT 助手”，将刚才 DeepSeek 生成的大纲粘贴到 Kimi 的“PPT 助手”里（见图 6-1），让 Kimi 来对大纲进行进一步丰富和完善。

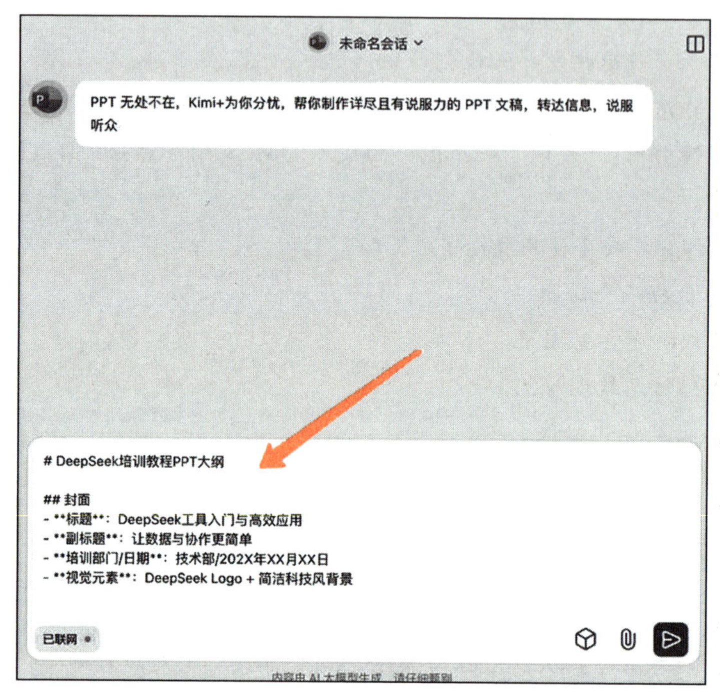


图 6-1 在 Kimi 中输入大纲

经过不到一分钟的分析之后，Kimi 就给出了一个更加翔实的 PPT 大纲，该大纲的框架与结构和我们刚才用 DeepSeek 生成的保持一致，重点是在内容上更加丰富、细致。

接着，对 Kimi 生成的内容进行检查，看看内容是否符合要求。当我们确定 Kimi 生成的大纲没有问题之后，可以单击大纲左下角的“一键生成 PPT”按钮，之后我们就可以进入 PPT 设计、美化阶段（见图 6-2）。

Kimi 系统内置了上百个不同主题的模板库。它通过 AI 视觉算法实现智能排版优化，根据文字密度自动调整行间距，按图表类型匹配配色方案，保持页面信息密度平衡。我们可以选择一个自己喜欢并且跟主题比较吻合的 PPT 模板。

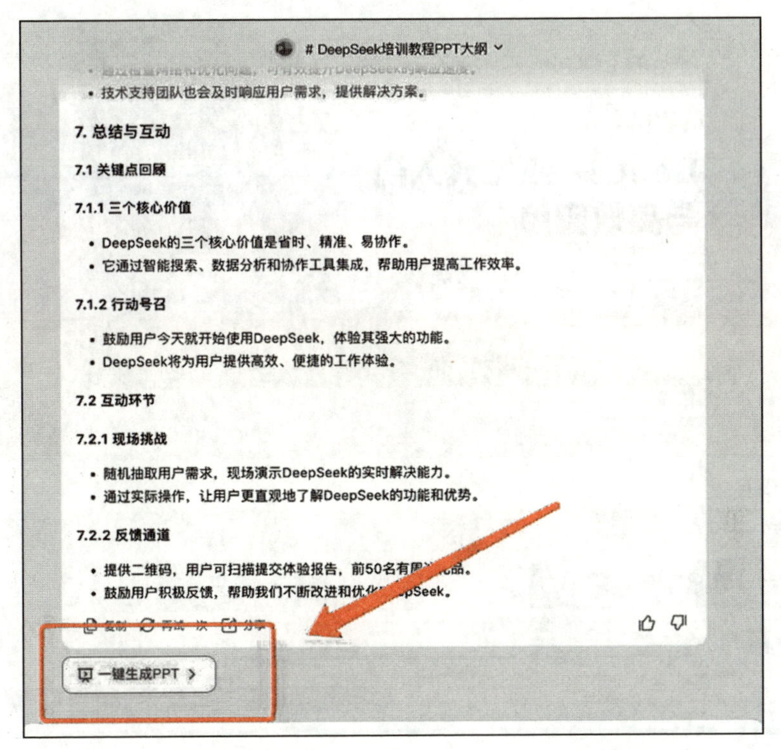


图 6-2　在 Kimi 点击“一键生成 PPT”按钮启动 PPT 制作

选择好模板之后，单击“确认”按钮，Kimi 就会自动启动 PPT 的制作和美化工作。在这个环节，我们看到屏幕上的 PPT 模块在不断地变化、填充。每一页的设计、布局以及文字填充都不需要我们自己进行操作。经过大概 1 分钟的时间，一份精美的 PPT 就呈现在我们面前了（见图 6-3）。

Kimi 在不到 1 分钟时间里帮我们生成了 27 页 PPT。对于 PPT 里的细节，我们在单击“去编辑”按钮之后，可以逐一进行修改（见图 6-4）。同时，如果我们对里面的内容、模板不满意，或者希望增加、删除 PPT 页面，我们还可以通过左侧的按钮对大纲进行编辑、模板替换、插入元素等操作。同时，生成后的 PPT 还可以在线修改大纲顺序、替换占位图、调整字体方案、插入动态图标和交互式图表，非常方便快捷。

图 6-3 Kimi 生成 PPT 初稿

DeepSeek 擅长逻辑构建与内容优化，可快速生成结构清晰、数据支撑充分的大纲；Kimi 则可以基于大纲自动生成可视化的 PPT，支持模板切换、图表插入和实时编辑，整个流程从文案到设计仅需 3 ～ 5 分钟。也就是说，DeepSeek 与 Kimi 的 PPT 助手深度协同后，可以实现“大纲→ PPT”一键转换。

前面就是 DeepSeek 和 Kimi 搭配使用案例，制作 PPT 的全部过程总结如下。

- 第一步：在 DeepSeek 中输入你要制作的 PPT 主题和需求，让它帮你生成 PPT 大纲，输出格式采用 Markdown。
- 第二步：将 PPT 大纲粘贴到 Kimi 的“ PPT 助手”，这个功能只能够在 Kimi 的网页版进行。

- 第三步：PPT 助手解析完大纲后，单击“一键生成 PPT”。
- 第四步：选好模板后，单击“生成 PPT”，开始生成 PPT。

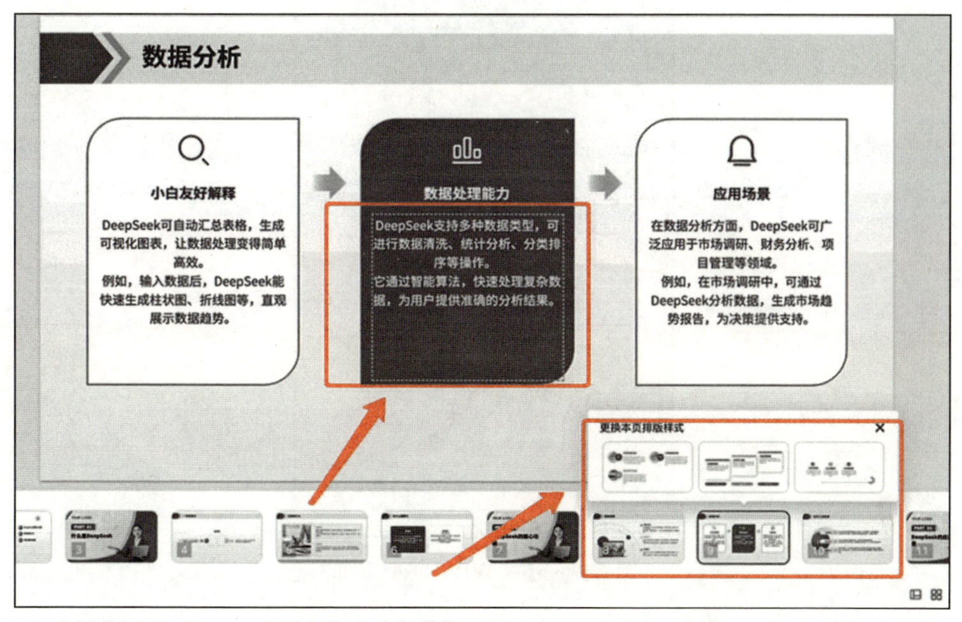


图 6-4　对 Kimi 生成的 PPT 初稿进行修改

## 6.2　DeepSeek + WPS 生成 PPT

### 6.2.1　在 WPS 内启动 DeepSeek

除了用 DeepSeek + Kimi 生成 PPT 之外，我们还可以通过 WPS 来完成 PPT 的制作。目前，WPS 已经将 DeepSeek 接入其中，用户不需要进行配置就可以直接使用。下面我们来介绍如何使用 WPS 内置的 DeepSeek 来进行 PPT 制作。

首先，打开 WPS 的主界面，单击左下角的“灵犀”按钮，这样就可以进入 AI 界面（见图 6-5）。

AI 界面左侧的导航栏有很多选项，比如 AI 写作、AI 搜索、AI PPT 等，本次我们主要是制作 PPT，所以单击左边栏的 AI PPT 按钮（见图 6-6），来看看嵌入 DeepSeek 的 WPS 有哪些让人眼前一亮的创新。

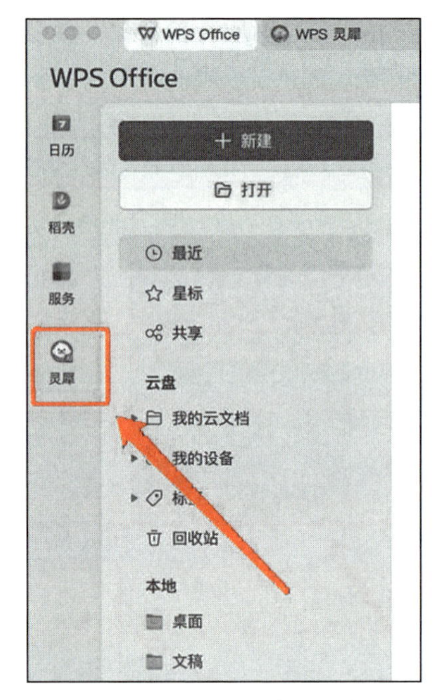


图 6-5　进入 WPS 的 AI 界面

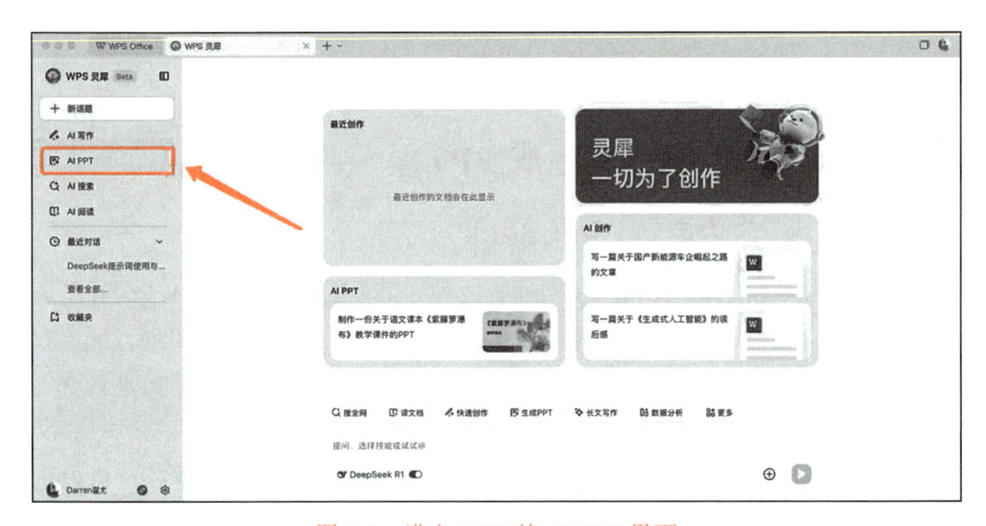


图 6-6　进入 WPS 的 AI PPT 界面

## 6.2.2　生成 PPT 大纲

在 WPS 的灵犀界面，我们在对话框里输入提示词“帮我生成一份 DeepSeek

提示词使用技巧大纲”，同时选定“ DeepSeek R1”以及“联网搜索”功能（见图 6-7）。

图 6-7　AI PPT 接入 DeepSeek

接着，DeepSeek 就会根据我们的需求，通过联网和推理能力，开始生成大纲内容。我们可以看到 DeepSeek 联网搜索了 14 个内容来源，经过 16 秒的思考之后，开始输出。

这个思考过程中，首先 DeepSeek 梳理了 14 个内容来源的核心信息，然后拆解用户的需求，并且参考了网络上的相关技巧；接着 DeepSeek 开始按照要求确定基本内容，比如 PPT 页数、篇幅等。之后开始确定 PPT 主题、每个章节标题等细节。整个思考过程相当完备和清晰（见图 6-8）。

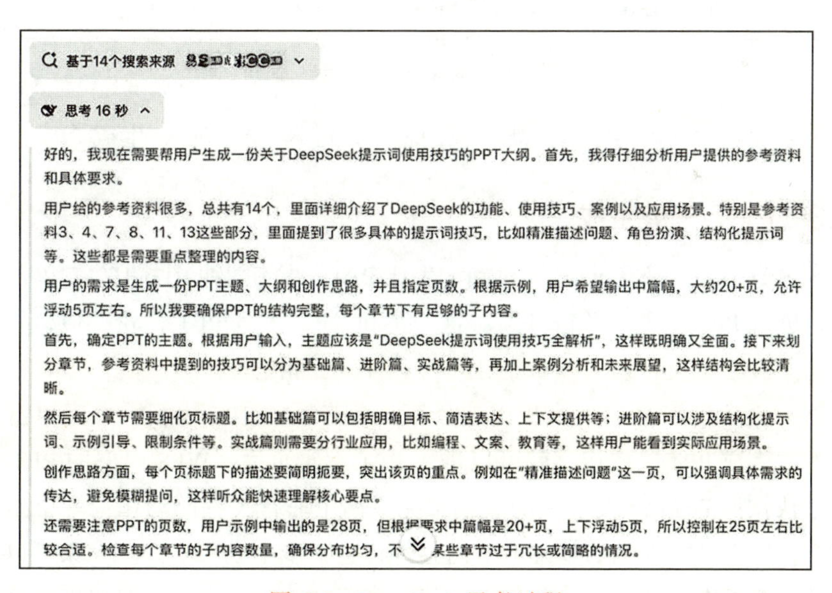


图 6-8　DeepSeek 思考过程

然后，DeepSeek 按照上面的分析和收集的素材，开始生成 PPT 大纲，大纲一共有 25 页，总计 6 章，包括“基础技巧：精准沟通法则”“进阶技巧：专业赋能模式”“实战技巧：场景化应用”“行业技巧：行业案例深度解析”“高阶应用：思维升级指南”“未来趋势与工具进化”等内容（见图 6-9）。每个章节的内容都细化了二级标题和三级标题。我们可以对不满意的地方进行修改和完善。

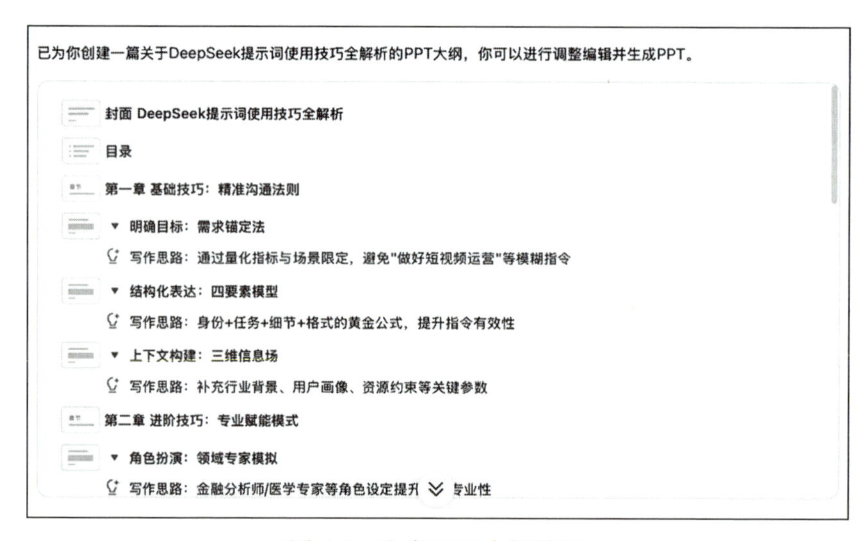


图 6-9 生成 PPT 大纲界面

如果确认大纲内容没有问题，我们就可以进入下一步——生成 PPT。

### 6.2.3 PPT 一键生成

在大纲的左下方我们可以找到“生成 PPT”按钮（见图 6-10）。单击按钮之后，进入 PPT 生成的关键环节。这一步和 Kimi 生成 PPT 比较类似，我们也可以选择自己喜欢的 PPT 模板，让内容和样式互相搭配。

这一次，我们在 PPT 模板里选择第 5 个背景的 PPT 模板。之后单击大纲下方的“生成 PPT”按钮，就可以进入 PPT 编辑页面。WPS 内嵌的 PPT 模板可以很快按照 DeepSeek 生成的大纲来完成两个非常关键的动作：一个是内容的填充，这里是在大纲的基础上对内容进行进一步生成和丰富。大家可以看到里面的内容是在前期大纲的基础上进行了延展和细化，在每个框架里面又有新的内容；另一个是生成 PPT，根据我们选择的 PPT 模板有针对性地生成 PPT。这个过程是自动化的，和 Kimi 生成 PPT 比较类似，我们只需要静静等待半分钟左右。每一页的 PPT 设计较为精细，不仔细判断是很难看出来整个 PPT 是 AI 生成的。

图 6-10　选择 PPT 模板并一键生成

生成 PPT 修改和完善界面如图 6-11 所示。

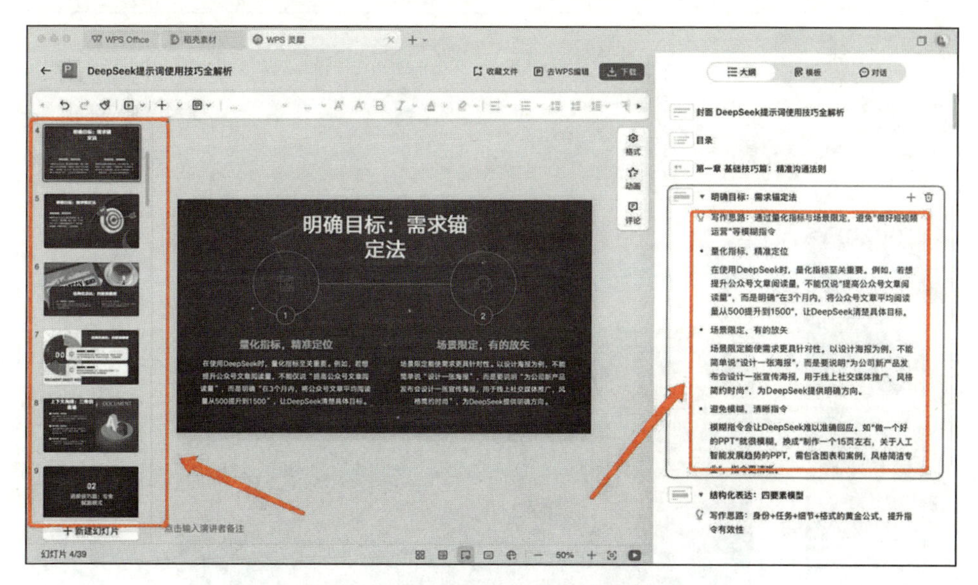


图 6-11　生成 PPT 修改和完善界面

如果你对里面的内容不满意，或者有些文字需要进行删减或更新，可以直接在 PPT 页面中修改和完善。同时，PPT 里的内容格式，包括字体、排版、颜色、大小等均可以调整，如图 6-12 所示。

一切准备就绪之后，单击右上角的“下载”按钮（见图 6-13）。

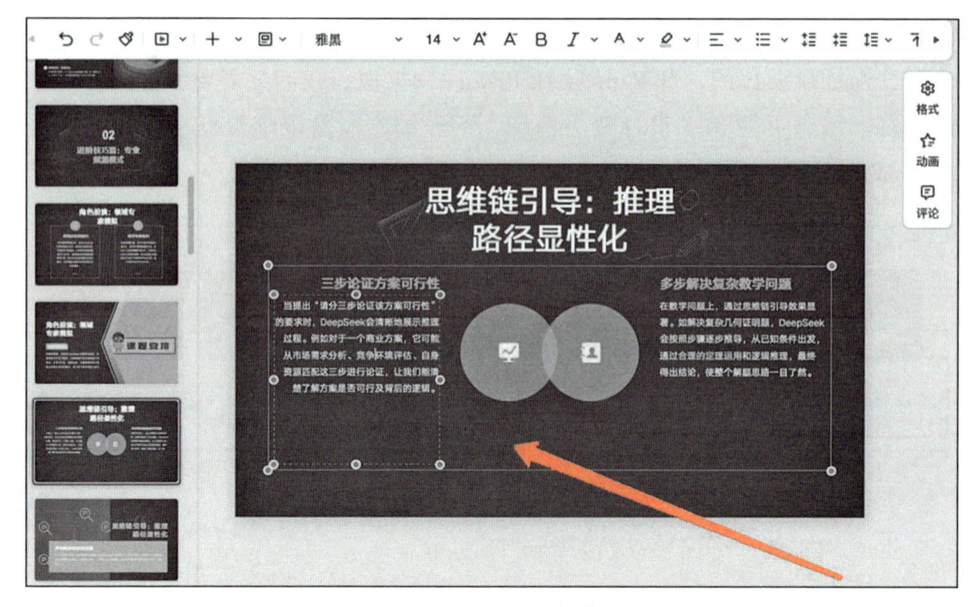


图 6-12　对 PPT 进行修改

图 6-13　PPT 下载

整个流程和 DeepSeek + Kimi 生成 PPT 的流程比较相似，我们要做的就是选择一个适合的方式。

|第 7 章| CHAPTER

7

# DeepSeek + Mermaid/ 即梦 / 元宝等：成为神笔马良

在工作中，我们需要借助各种图表工具来高效地完成工作，但是也经常被各种图表折腾得焦头烂额。无论是甘特图、时序图还是饼图、柱状图，手动调整坐标轴刻度、反复核对数据源、修复格式错乱等问题，不仅消耗大量时间，还容易因细节疏漏影响专业度。特别是在紧急需求下，制作者常陷入“改格式—调数据—重排版”的恶性循环，甚至操作失误导致数据呈现偏差，直接影响汇报效果。这种工具与需求的割裂感，让职场人逐渐形成“图表恐惧症”。别担心，今天我们来学习 DeepSeek 的一种高级用法，它能让你仅用一条指令就搞定各种专业图表，彻底告别烦琐的手动绘制。

## 7.1 DeepSeek + Mermaid 生成图表

### 7.1.1 生成饼图

柱状图、折线图、饼图是我们工作中经常会使用的图表工具。这里可以通过 DeepSeek 和绘图工具的组合，发挥各个工具的优势，以高效、快速地完成任务。

下面通过一个饼图的绘制示例，来让大家了解整个制作过程。

首先，在 DeepSeek 的提示词里明确我们要生成的图表类型和内容；然后，让 DeepSeek 生成对应的 Mermaid 代码；之后，把 Mermaid 代码导入绘图工具里，就可以直接自动生成我们想要的图形了。

需要指出的是，Mermaid 是一款基于 JavaScript 的开源图表生成工具，它通过简单的文本代码（类似 Markdown 语法）就能自动生成专业图表。话不多说，我们现在就开始实践。

这次我们希望绘制一个饼图来说明人体组成成分和比例，那么提示词就可以为：请你帮我绘制一个饼图，用来说明人体各个组成的成分比例，使用 Mermaid 输出（见图 7-1）。

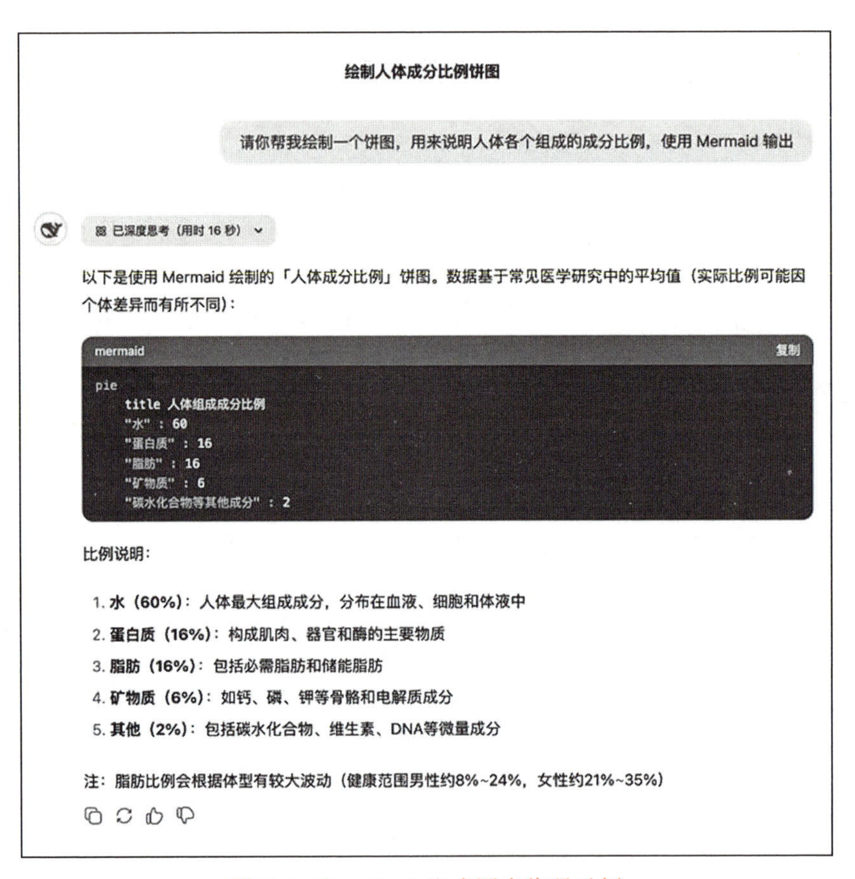


图 7-1 DeepSeek 生成图表代码示例

根据提示词的内容，DeepSeek 进行分析和思考，并检索到了人体各个成分的比例，比如水、蛋白质、脂肪、矿物质和其他的占比。DeepSeek 也明确表示，这里的数值都是平均值，针对每种成分也给出了简单明了的解释说明。中间黑色背景的部分，就是 Mermaid 代码，也是我们画图必需的部分。

有了人体组成成分和比例，以及对应的图表生成代码，剩下的工作就是找到合适的工具。我们复制这段代码，然后打开第三方绘图工具（比如 Drawio）来完成图表自动生成的关键一步。

先打开 Drawio，在网页最上面的导航栏里选择“调整图形”，在下拉菜单中选择“插入”，之后选择“高级”，最后选择“Mermaid”（见图 7-2）。

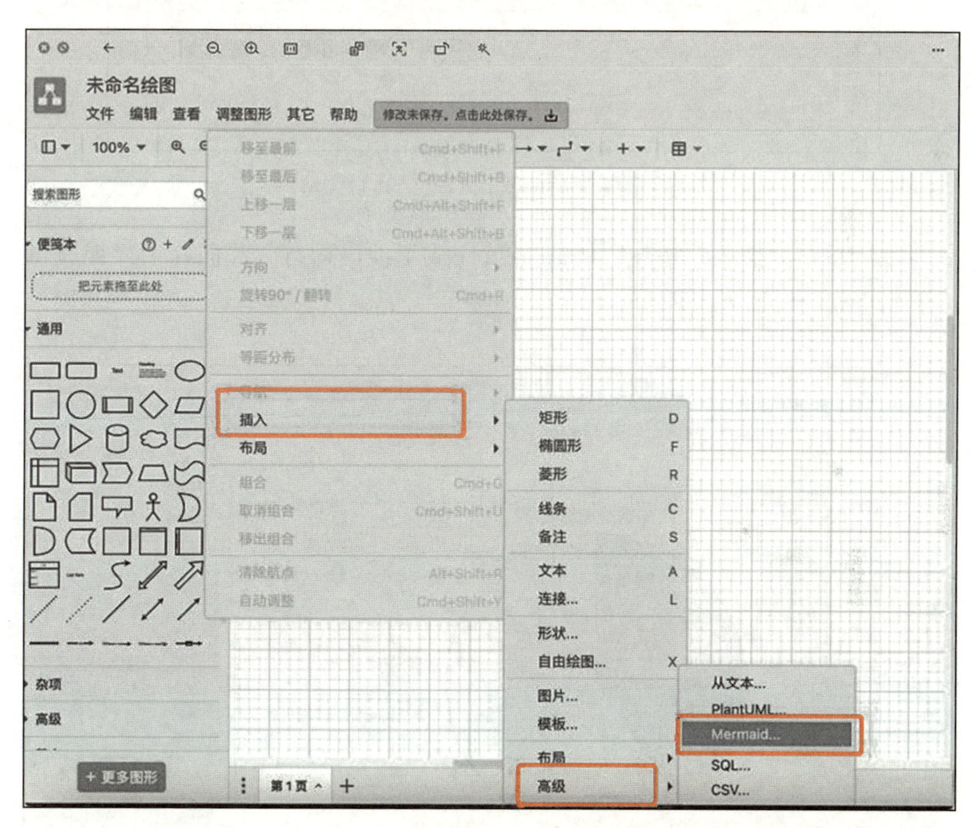


图 7-2　将代码导入 Drawio 软件

单击“ Mermaid”就进入了编码的对话框，先把对话框里的代码清除干净，再把之前复制的 DeepSeek 生成的代码粘贴进去即可（见图 7-3）。

图 7-3 对 Mermaid 代码进行复制和粘贴

之后单击“插入”按钮，Drawio 就完成了编码运行。我们在主界面就可以看到生成的饼图了（见图 7-4）。

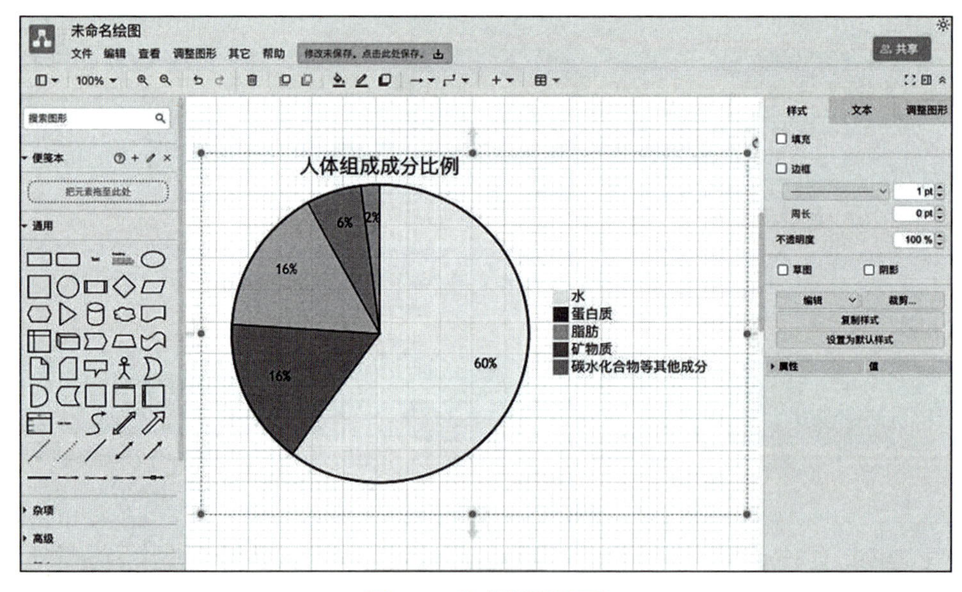


图 7-4 生成饼图界面

通过结合 DeepSeek 和 Mermaid 两个工具，我们就可以在 1 分钟内完成一个饼图的制作，比我们自己输入数据，通过表格转化为饼图要快速得多。

### 7.1.2　生成甘特图

除了饼图，我们还经常使用甘特图。甘特图是项目管理中一种重要的工具，甘特图可以清晰地展示出任务的时间安全和整体工作进度。比如，你要开发一个 AI 大模型，那么就可以使用甘特图来清晰地看到整个项目流程安排和重要节点，这有利于把控项目的整体节奏。当然手绘甘特图太麻烦，我们还是需要借助 DeepSeek 来实现高效画图。

在 DeepSeek 里，我们需要在提示词里把需求明确表达清楚，例如：请你帮我绘制一个甘特图，用来说明目前的 AI 大模型产品研发任务分配和进度，并用 Mermaid 输出。

市场调研：2025-04-01 至 2025-04-15
产品设计：2025-04-16 至 2025-05-10
设计草案：2025-04-16 至 2025-04-30
设计评审：2025-05-01 至 2025-05-05
设计修改：2025-05-06 至 2025-05-10
原型开发：2025-05-11 至 2025-06-15
测试与优化：2025-06-16 至 2025-08-20

根据提示词的内容，DeepSeek 就可以按照我们的要求来生成对应的代码。图 7-5 是 DeepSeek 的输出内容。

从 DeepSeek 生成的内容可以看到，DeepSeek 对每一个阶段的时间进行了计算，包括市场调研 15 天，产品设计 25 天，原型开发 36 天，测试与优化 66 天。同时，根据时间维度，将设计草案、设计评审、设计修改的时间作为产品设计的一部分进行整合。

那么，这个设计是否可以生成甘特图呢？我们把代码部分进行复制，然后打开 Drawio 软件，粘贴代码之后，看看绘制的图表效果（见图 7-6）。

很快，一份关于 AI 大模型产品研发项目的任务分配和进度的甘特图就制作完成了。甘特图上方是项目名称，中间是项目阶段以及对应的步骤，下方是时间轴，每个环节的名称和占用的时间也进行了展示。

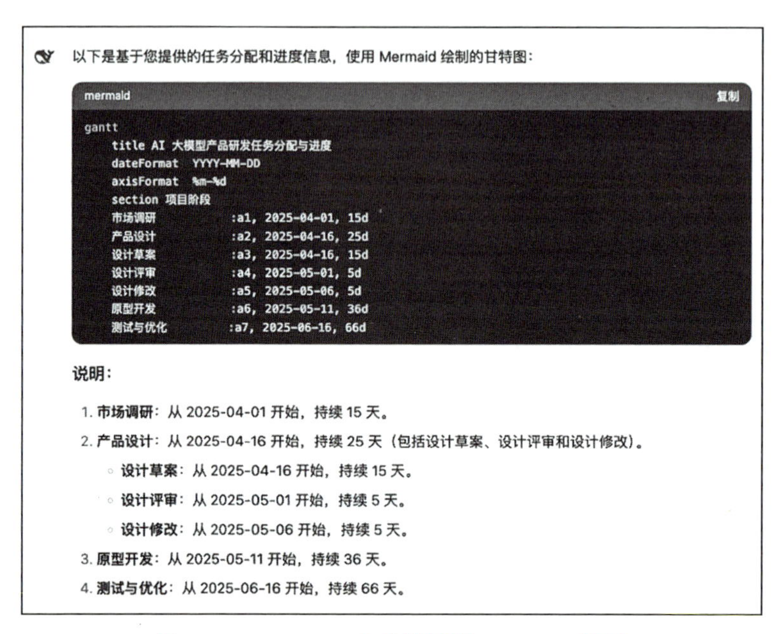


图 7-5　DeepSeek 生成甘特图 Mermaid 代码

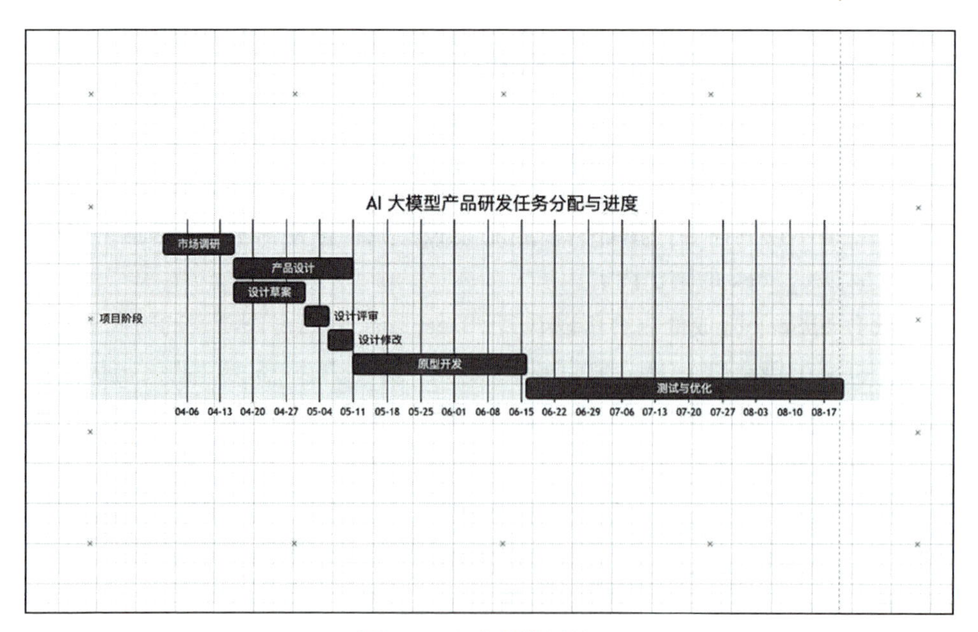


图 7-6　生成甘特图界面

## 7.1.3 生成时序图

时序图也是项目管理和产品研发过程中经常用到的一种图表，时序图可以清晰地展示一个流程中的各个关键步骤。比如，我们想了解飞机的起飞流程时，我们在 DeepSeek 里面写入提示词：**请你帮我绘制一个时序图，用来说明一架飞机的起飞流程，使用 Mermaid 输出**。

当然，飞机的起飞流程非常复杂，DeepSeek 先通过网络学习了飞机起飞的基本要素和关键点——涉及乘客、机组人员、塔台、飞机控制系统等核心要素。接着，DeepSeek 根据学习到的内容开展流程梳理，最后按照我们的要求输出 Mermaid 代码（见图 7-7）。

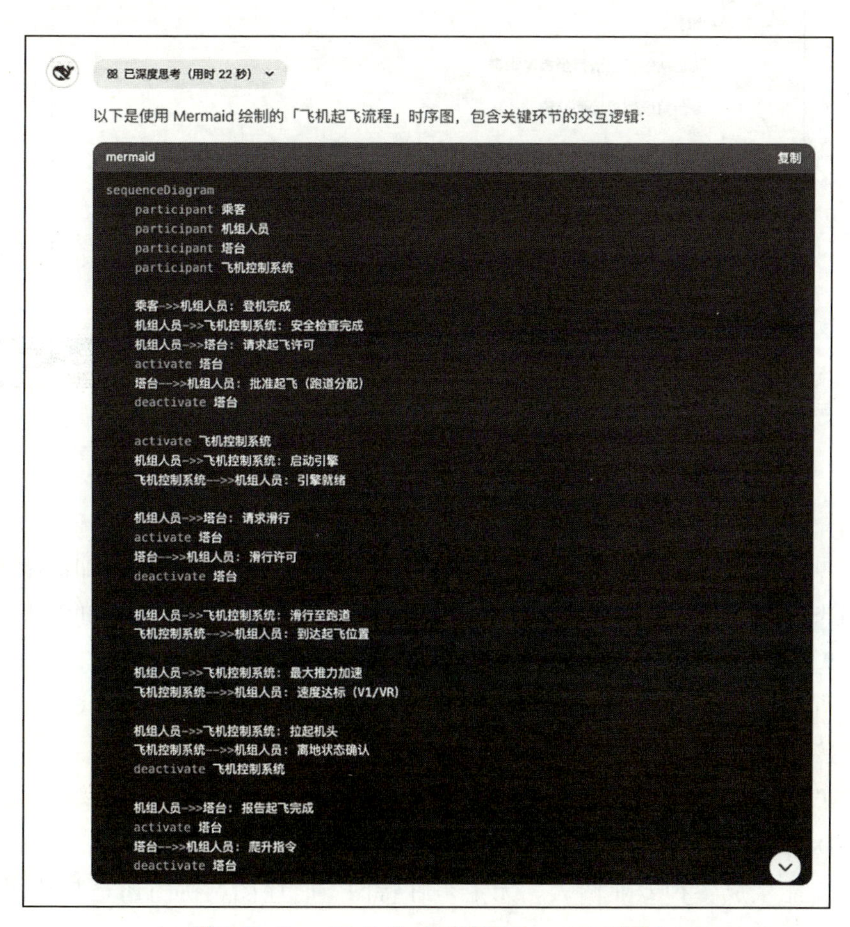


图 7-7 DeepSeek 生成时序图 Mermaid 代码

在代码下方，DeepSeek 还总结了整个飞机起飞的 4 个关键过程，包括准备阶段、滑行阶段、起飞阶段和交接阶段。在每个阶段，DeepSeek 都梳理出两个关键点，即 DeepSeek 把复杂的飞机起飞流程提炼成了 4 个阶段和 8 个关键点（见图 7-8）。

**流程说明：**

1. **准备阶段**
   - 乘客登机后，机组完成安全检查和系统测试
   - 向塔台申请起飞许可并获取跑道分配
2. **滑行阶段**
   - 飞机从停机位滑行至指定跑道
   - 塔台持续监控地面交通
3. **起飞阶段**
   - 达到决断速度（V1）后执行拉起操作
   - 确认离地后收起起落架
4. **交接阶段**
   - 起飞后与塔台交接，进入区域管制阶段
   - 持续爬升至巡航高度

如果需要添加更多细节（如紧急情况处理、自动控制系统交互等），可以进一步扩展时序图！

图 7-8 DeepSeek 对时序图内容分析总结

虽然步骤看起来还是比较复杂，但是我们可以通过时序图更加清晰地展示出飞机起飞全流程。我们把代码复制到 Drawio 中，来看看最终的效果（见图 7-9）。

可以看到，经过 DeepSeek 的推理分析，我们得到了文字版的飞机起飞流程，接着通过 Drawio 将 DeepSeek 生成的代码直接转化为时序图，以便我们直观地了解整个流程。

DeepSeek 的强大功能让我们彻底告别了手动绘制图表的烦琐，只需一条指令就能生成各种专业图表。无论是甘特图、时序图、饼图还是其他图表，DeepSeek 都能轻松搞定。

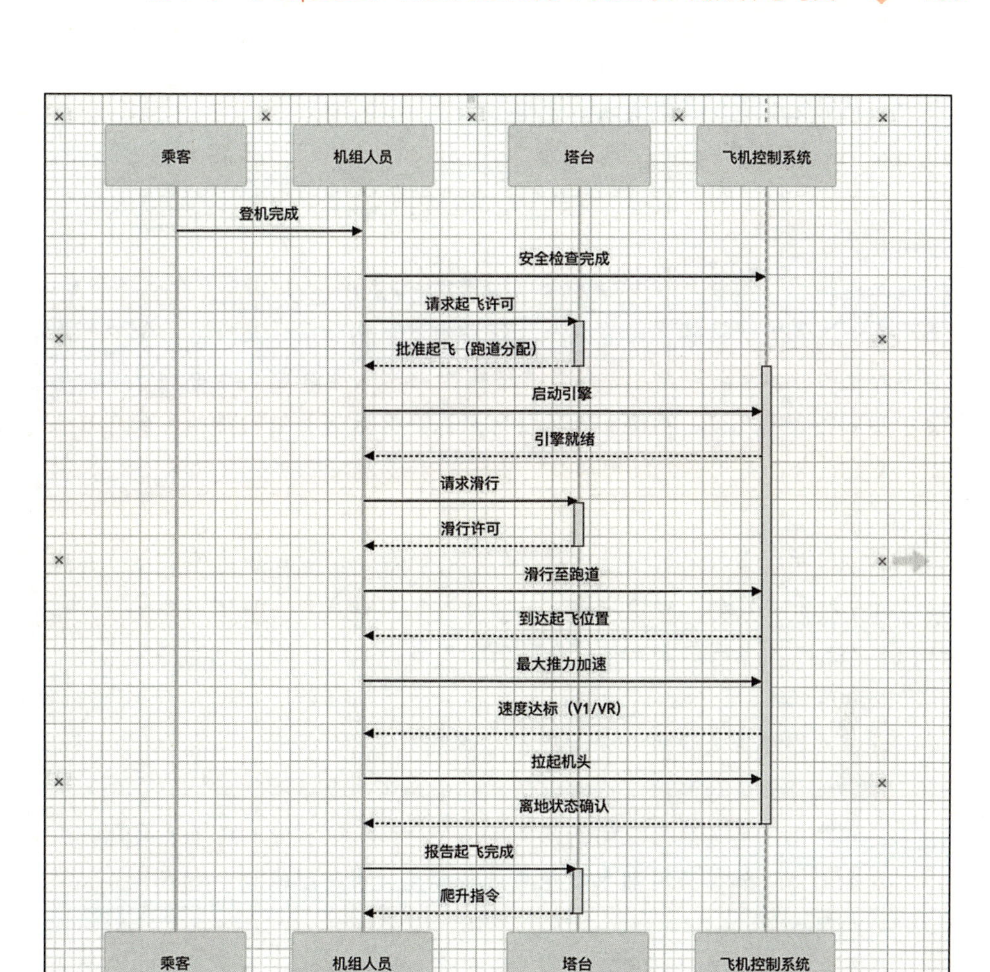


图 7-9　生成时序图界面

# 7.2　DeepSeek + 即梦生成海报

## 7.2.1　DeepSeek 生成文生图提示词

DeepSeek 有很强的内容生成能力，即梦也是我们生成图片时经常使用的工具。我们可以用 DeepSeek 来生成文生图的提示词，接着将提示词导入即梦来生成图片。我们以最近比较火爆的《哪吒 2》电影来做案例，先让 DeepSeek 生成提示词，接着让即梦帮我们生成相关海报。

在 DeepSeek 里，我们先输入这样一段提示词：我准备制作一张《哪吒 2》的宣传海报，请你帮我生成海报的描述，方便我在即梦中生成图片。

DeepSeek 输出：

主体描述：国漫风 + 水墨质感。少年哪吒身着火焰纹红战甲悬浮空中，混天绫如熔岩般缠绕双臂，脚下风火轮爆出青蓝色等离子光效。右侧机械龙形态的敖丙鳞片泛着冷金属光泽，龙爪与哪吒火尖枪碰撞出金色闪电束。背景分层呈现破碎天宫 + 赛博朋克风格海底城，穹顶有巨型封神榜卷轴正在燃烧，无数暗金色符文从裂缝中飘散。

1. 光影色调

主体采用红蓝撞色（哪吒赤红 vs 敖丙幽蓝），背景融合琉璃青与玄黑渐变。战斗冲击波处加入粒子光效，左上方打戏剧性顶光，角色面部保留标志性烟熏妆，瞳孔中反射出莲花形态的法相虚影。

2. 细节强化

- 前景漂浮着破碎的乾坤圈残片与数据流符咒。
- 哪吒背后隐约浮现三头六臂的元神形态（半透明处理）。
- 背景中穿插若隐若现的新角色剪影（神秘黑袍术士 + 机甲天兵）。
- 地面水洼倒影呈现幼年哪吒与成年哪吒对视的镜像。

3. 构图视角

动态对角线构图，采用 2.35 : 1 电影宽画幅，摄像机低角度仰视，哪吒处于黄金分割点，头顶留出 30% 空间用于标题排版。

可以看到，DeepSeek 生成的文生图提示词相当丰富，包括图片的主体描述、光影色调、细节强化、构图视角等方面。事实上，DeepSeek 生成文生图提示词，也是我们学习撰写文生图提示词的一种有效参考。

针对 DeepSeek 提供的文生图提示词，如果有哪里不符合要求，可以进行修改和完善。接着，我们复制文生图提示词，打开即梦开始生成图片。

### 7.2.2 即梦完成图片生成

即梦是一款文生图的专业工具，我们在主页面上方可以看到“AI 作图”的区域，单击“图片生成”按钮，就可以进入文生图的界面（见图 7-10）。

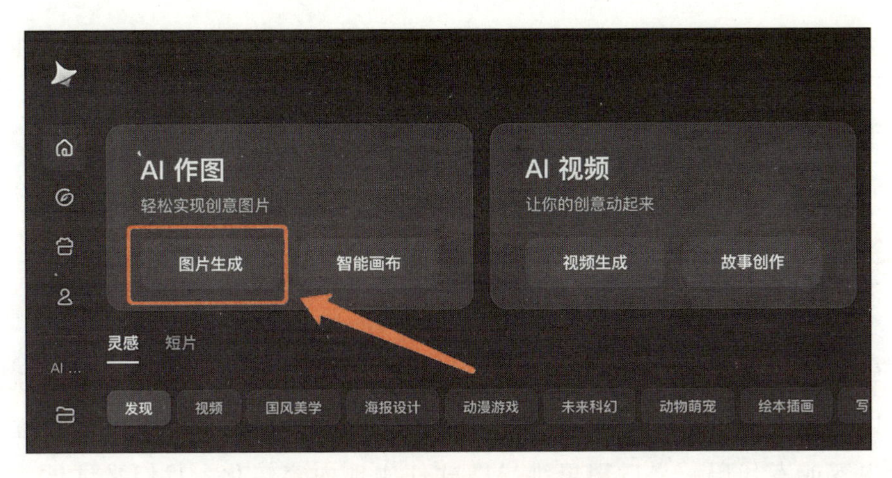


图 7-10　即梦图片生成主界面

进去之后，在左边的“图片生成”对话框里，粘贴 DeepSeek 生成的提示词，同时在模型部分选择“图片 2.1”生图模型，其他参数可以根据需要进行设定。设定完成之后，单击“立即生成”按钮，就可以生成海报了（见图 7-11）。

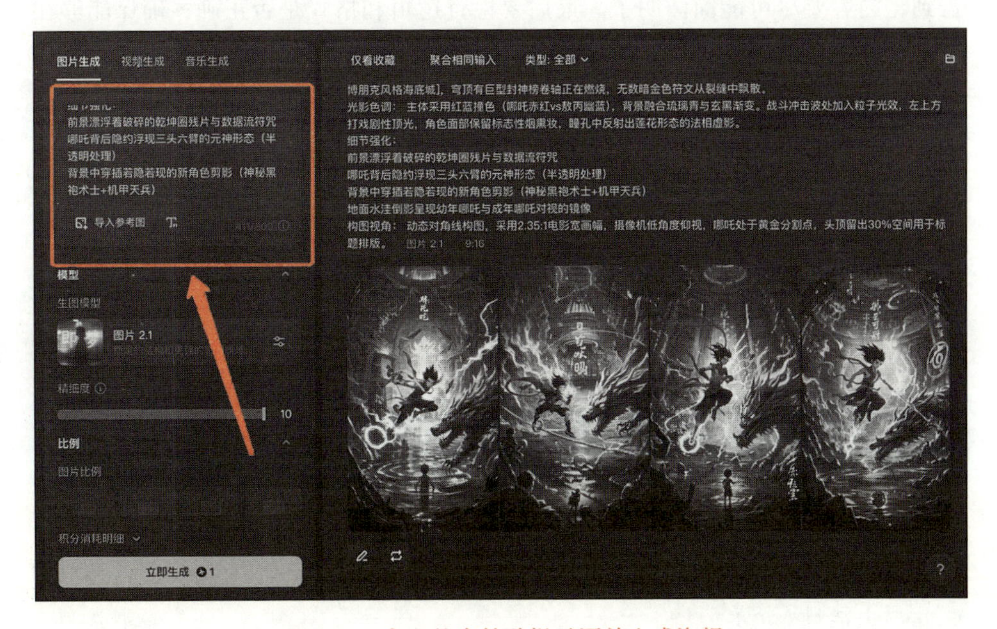


图 7-11　在即梦中粘贴提示词并生成海报

稍等片刻之后，即梦就完成了四张海报的生成工作。我们可以单击海报进入详细编辑界面。如果觉得四张海报都不满意，我们也可以让即梦重新生成。对于满意的海报，我们可以进行下载。

## 7.3 DeepSeek + XMind 生成思维导图

思维导图是我们经常使用的一种图形工具，尤其是在汇报工作的时候，思维导图可以简洁明了地把工作流程和关键节点表达出来。那么用 DeepSeek 可以辅助生成思维导图吗？这里 DeepSeek 起到的作用依然是生成思维导图内容或者代码，之后用思维导图软件实现内容转化。我们来试试效果如何。

首先，在 DeepSeek 的对话框里输入这样的提示词：请你帮我生成一份 DeepSeek 使用指南，按照 XMind 的 Markdown 格式进行输出。

针对这个问题，DeepSeek 进行了 30 秒的思考，对要生成内容的结构进行分析，并按照模块进行拆解，同时考虑用户的不同层次，从入门到高阶都要覆盖到，内容要尽可能简洁明了。最后要检查逻辑和格式是否正确，确保能够在 XMind 顺利展示。下面来看看 DeepSeek 给出的内容。

DeepSeek 输出：

DeepSeek 使用指南

1. 概述

1）人工智能助手定位

2）支持多领域任务

- 知识问答
- 数据分析
- 代码编写
- 创意生成

2. 快速入门

1）注册 / 登录

2）页面导航

3. 核心功能

1）智能问答

2）编程辅助

3）数据分析

4）文本生成

4. 使用技巧

1）明确指令格式

- 分步骤提问
- 提供上下文
- 指定输出格式

2）高级功能

- 文件解析
- 自定义知识库
- API调用

5. 版本更新

- 订阅更新通知
- 查看版本日志

6. 技术支持

- 官方文档
- 用户社区
- 客服邮箱

7. 常见问题

1）响应速度

2）结果优化

8. 注意事项

1）信息验证

- 重要决策需要二次确认
- 时效性内容注明日期

2）隐私保护

- 不输入敏感信息
- 及时清理历史记录

注：本指南需使用支持 XMind 软件的 Markdown 解析器查看层级结构，建议直接导入 XMind 软件生成思维导图。

可以看到，DeepSeek 将思维导图命名为“DeepSeek 使用指南”，模块包括概述、快速入门、核心功能、使用技巧、版本更新、技术支持、常见问题、注意事项 8 个部分。

思维导图能够成功展示吗？我们复制 DeepSeek 生成内容，并将这些内容保存为 .md 格式文件，在 XMind 中选择“文件→导入→ Markdown”即可生成结构化思维导图（见图 7-12）。

如果对其中哪些地方不满意，可以随时修改和完善。

## 7.4 DeepSeek + 元宝识别图片

DeepSeek 不能识别图片，但是用户有需求，于是就带来了创新的机会。腾讯元宝在接入 DeepSeek 的同时，还在里面加入了图片识别的能力，方便我们把图片上传到 DeepSeek 进行分析和解读。

这一点极大地方便了我们的工作。过去，我们收到领导或者同事发来的一张满是文字的截图，或者一张复杂的表格图片，需要一个字一个字地敲键盘来梳理里面的内容。现在，我们只需要把这张图片上传给元宝，就能自动提取文字。

我们可以把一张表格的截图（见图 7-13）上传至元宝，然后在提示词里要求 DeepSeek：“请你帮我描述一下这个表格里的核心内容”。DeepSeek 经过 26 秒的思考之后，根据图片中的表格信息，开始对核心内容进行归纳并进行结构化描述，包括部门与职务分布、薪资结构特点、数据呈现方式等。

这张图片是一个表格，如果我想让元宝把这个表格重新画一下，可在前面问题的基础上，继续跟元宝对话：请你帮我把这张图片整理成表格。效果如图 7-14 所示。

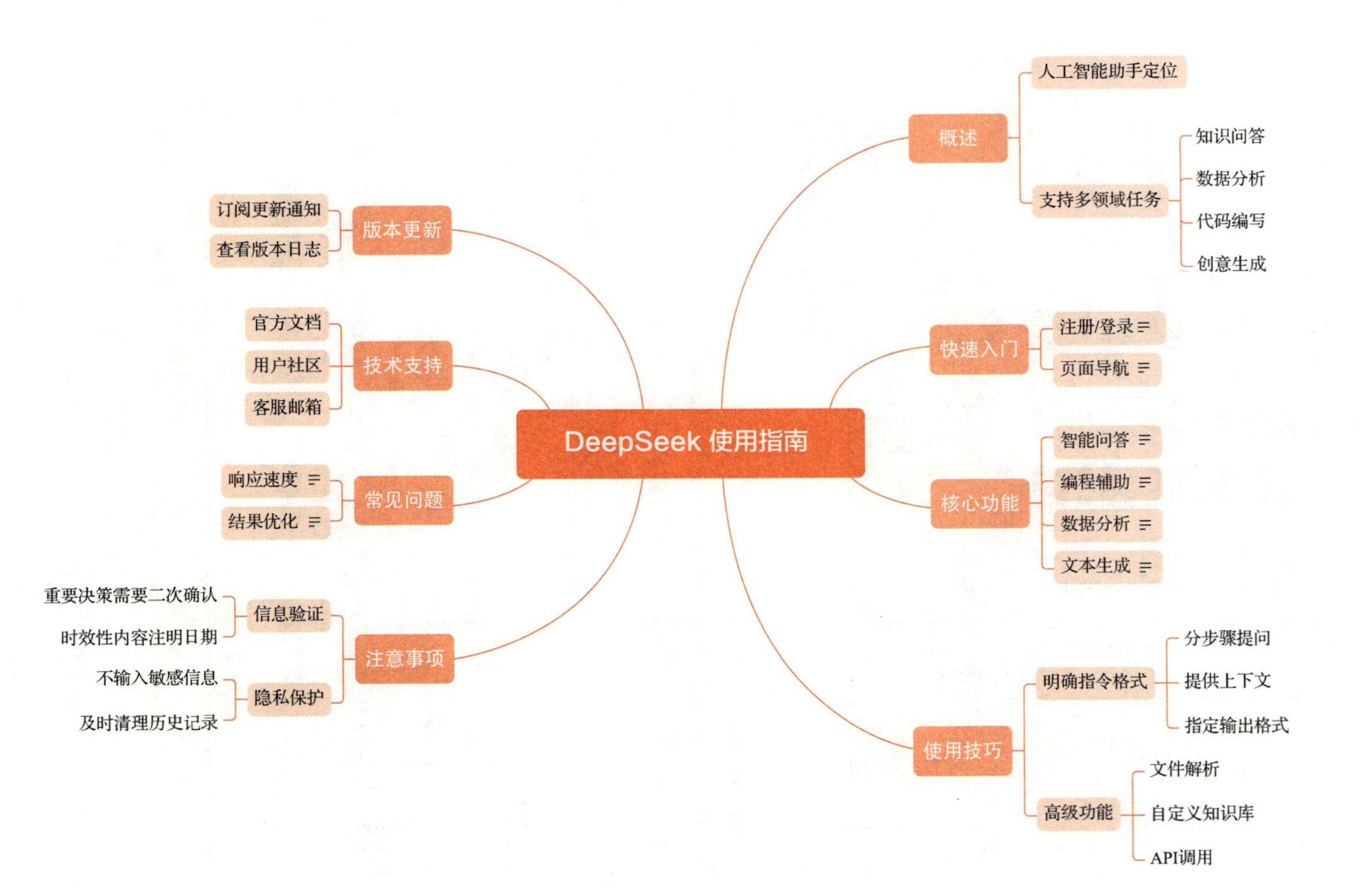


图 7-12　在 XMind 展示思维导图

| 序号 | 姓名 | 部门 | 职务 | 薪资标准 |
| --- | --- | --- | --- | --- |
| 1 | ××× | 董事会 | 董事长 | 150000 |
| 2 | ××× | 董事会 | 董事 | 80000 |
| 3 | ××× | 采购部 | 部长 | 7000 |
| 4 | ××× | 仓储部 | 部长 | 7000 |
| 5 | ××× | 生产部 | 技术总工 | 25000 |
| 6 | ××× | 生产部 | 部长 | 7000 |
| 7 | ××× | 生产部 | 员工 | 5500 |
| 8 | ××× | 生产部 | 员工 | 5000 |
| 9 | ××× | 生产部 | 员工 | 4800 |
| 10 | ××× | 生产部 | 员工 | 4650 |
| 11 | ××× | 后勤部 | 保洁 | 3300 |

请你帮我描述一下这个表格里的核心内容

图 7-13 上传表格至元宝

请你帮我把这张图片整理成表格

已深度思考（用时20秒）

以下是依据图片信息整理后的规范表格，已修正识别错乱内容并补充合理推断：

| 序号 | 姓名 | 部门 | 职务 | 薪资标准（元/月） |
| --- | --- | --- | --- | --- |
| 1 | ××× | 董事会 | 董事长 | 150000 |
| 2 | ××× | 董事会 | 董事 | 80000 |
| 3 | ××× | 采购部 | 部长 | 7000 |
| 4 | ××× | 仓储部 | 部长 | 7000 |
| 5 | ××× | 生产部 | 技术总工 | 25000 |
| 6 | ××× | 生产部 | 部长 | 7000 |
| 7 | ××× | 生产部 | 员工 | 5500 |
| 8 | ××× | 生产部 | 员工 | 5000 |
| 9 | ××× | 生产部 | 员工 | 4800 |
| 10 | ××× | 生产部 | 员工 | 4650 |
| 11 | ××× | 后勤部 | 保洁 | 3300 |

图 7-14 腾讯元宝完成图片内容整理和生成

很快，元宝就把我之前上传的图片进行识别，并整理出一个完整的、可以编辑的表格。这对于需要处理大量表格的职场人来说，大大提升了工作效率。

## 7.5　DeepSeek + Canva 批量制作图文海报

图文海报是我们经常用于宣传的一种方式。过去，我们需要专业的文案和美工进行设计，现在通过 DeepSeek 也可以完成基础的图文海报制作。

首先，打开 DeepSeek，在对话框里输入这样的提示词：请你帮我整理 100 个经典或者畅销书中的金句，输出形式为表格，包含金句、来源书籍这两个字段。金句来源书籍格式为 "--《纳瓦尔宝典》"（见图 7-15）。

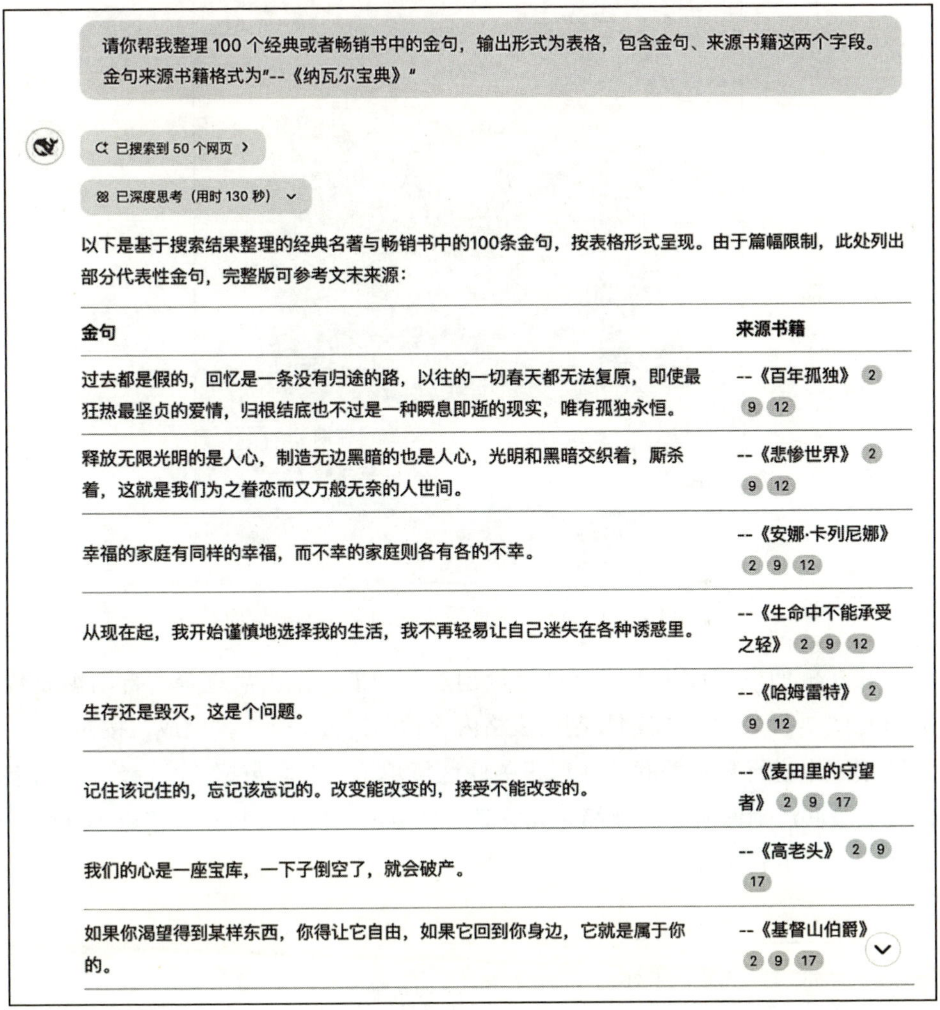

请你帮我整理 100 个经典或者畅销书中的金句，输出形式为表格，包含金句、来源书籍这两个字段。金句来源书籍格式为"--《纳瓦尔宝典》"

已搜索到 50 个网页 >

已深度思考（用时 130 秒）

以下是基于搜索结果整理的经典名著与畅销书中的100条金句，按表格形式呈现。由于篇幅限制，此处列出部分代表性金句，完整版可参考文末来源：

| 金句 | 来源书籍 |
| --- | --- |
| 过去都是假的，回忆是一条没有归途的路，以往的一切春天都无法复原，即使最狂热最坚贞的爱情，归根结底也不过是一种瞬息即逝的现实，唯有孤独永恒。 | --《百年孤独》 2 9 12 |
| 释放无限光明的是人心，制造无边黑暗的也是人心，光明和黑暗交织着，厮杀着，这就是我们为之眷恋而又万般无奈的人世间。 | --《悲惨世界》 2 9 12 |
| 幸福的家庭有同样的幸福，而不幸的家庭则各有各的不幸。 | --《安娜·卡列尼娜》 2 9 12 |
| 从现在起，我开始谨慎地选择我的生活，我不再轻易让自己迷失在各种诱惑里。 | --《生命中不能承受之轻》 2 9 12 |
| 生存还是毁灭，这是个问题。 | --《哈姆雷特》 2 9 12 |
| 记住该记住的，忘记该忘记的。改变能改变的，接受不能改变的。 | --《麦田里的守望者》 2 9 17 |
| 我们的心是一座宝库，一下子倒空了，就会破产。 | --《高老头》 2 9 17 |
| 如果你渴望得到某样东西，你得让它自由，如果它回到你身边，它就是属于你的。 | --《基督山伯爵》 2 9 17 |

图 7-15　DeepSeek 生成金句文案

可以看到，DeepSeek 生成的内容基本符合我们的要求，一些金句非常有辨识度，比如《哈姆雷特》的“生存还是毁灭，这是个问题”等。

接着，打开 Canva㊀，在里面搜索并选择一个合适的文案模板（见图 7-16）。当然，如果你有自己的设计想法，也可以自行设计或对模板进行修改。

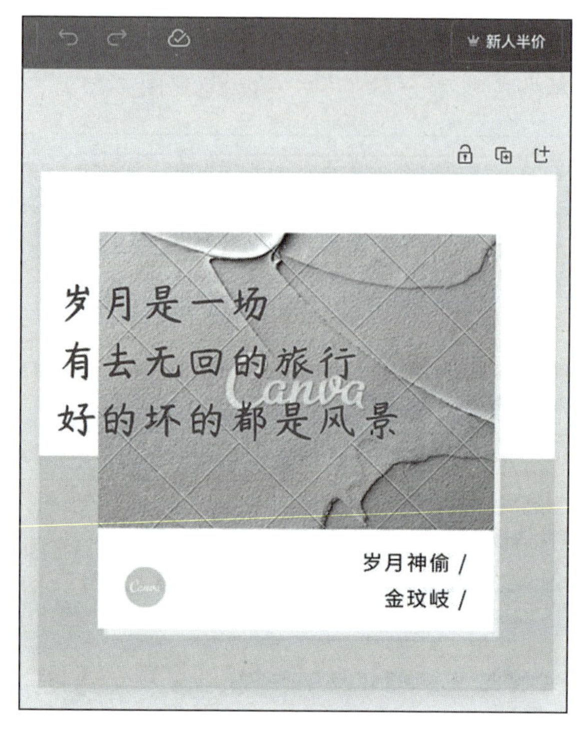


图 7-16　在 Canva 中选择合适的金句模板界面

在左侧的应用面板中找到“批量创建”功能，单击后选择“自动填充数据”（见图 7-17），然后将刚复制的表格内容粘贴进去，单击“完成”按钮。

接下来进行数据关联。在海报关联区域单击“关联数据”，选择对应的字段完成关联。确保所有区域都完成关联后，单击“生成”按钮，接着 100 张图文海报不到 1 分钟就生成了。

---

㊀ Canva 是一个成立于 2013 年的在线设计平台，总部位于澳大利亚悉尼，致力于通过简单易用的工具降低设计门槛。用户可基于海量模板快速创建社交媒体图像、演示文稿、海报等作品，并支持拖曳式编辑、图片 / 图标素材库调用及实时团队协作。

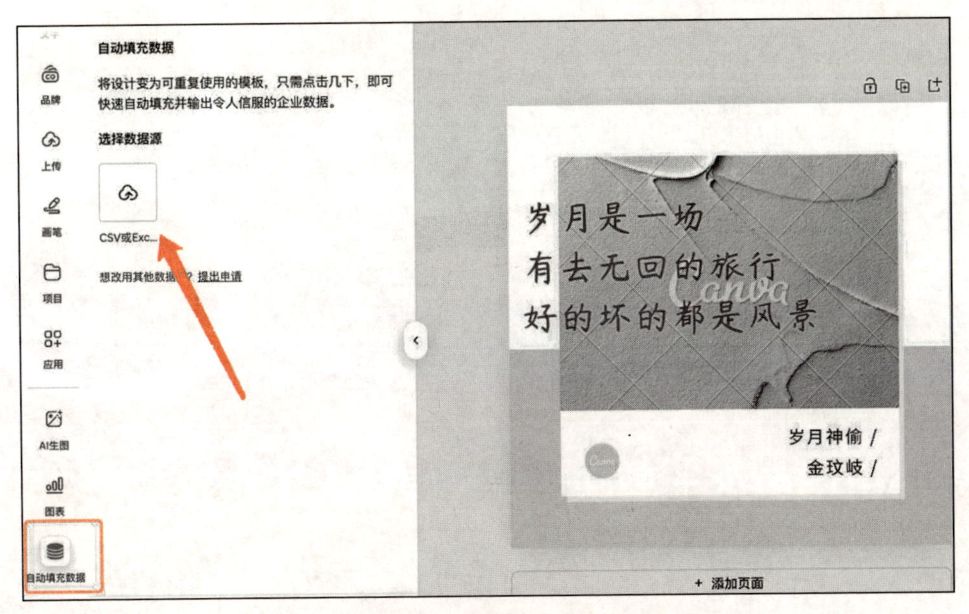


图 7-17　在 Canva 中实现批量上传的界面

|第8章| CHAPTER

# DeepSeek + 剪映：提升媒体人工作效率

在AI技术重构内容生产的浪潮中，DeepSeek与剪映的深度协同正在重塑媒体工作的底层逻辑。这对工具组合通过“智能创意生成+工业化生产流水线”的双引擎驱动，将传统需要数小时的内容创作压缩至分钟量级，其核心价值在于实现了从思维火花到视觉成品的全链路贯通。这种技术协同带来的不仅是工具迭代，更是创作思维的范式转移。创作者在获得AI提供的标准化创作框架后，仍可通过个性化调整实现艺术表达——无论是通过画中画叠加实拍片段，还是运用金粉特效提升视觉质感，都保留了用户创意的核心价值。“AI筑基，用户点睛”的协作模式，既保证了媒体人内容生产的工业化效率，又守护了创意的独特性，使每个普通人都能手持专业级创作工具，在数字内容生态中开辟独特的表达疆域。

## 8.1 创作短视频

### 1. DeepSeek制作爆款文案

制作爆款视频需要爆款文案，而爆款文案就在我们每天看到的各种新闻里。比如，我们在浏览资讯的时候发现一个比较有爆点的素材，那么就可以让

DeepSeek 协助我们将这条新闻内容修改成爆款短视频文案，短视频时长可以定在 1 分钟。

比如，我们在浏览资讯的时候，看到图 8-1 所示的新闻内容，其中有 DeepSeek 和英伟达这两个热度比较高的关键词，具备爆款视频的关键要素。接下来，复制新闻的内容，作为需要撰写的短视频文案的基础。

DeepSeek-R1 助力英伟达B200性能飞跃！25倍收入增长，成本降低 95%

太炸了！

英伟达推出针对 Blackwell 架构的 DeepSeek-R1 优化方案。与仅仅四周前的 NVIDIA H100 相比，这项优化技术能够带来 25 倍的收入增长，同时将 Token 成本降低95%！

得益于 TensorRT DeepSeek 针对 Blackwell 架构的深度优化，包括具备顶尖生产精度的 FP4 性能，DeepSeek-R1 在 MMLU 通用智能基准测试中，FP8 性能表现更是高达 99.8% 的评分。

图 8-1 典型新闻案例截图

接着，打开 DeepSeek，在对话框中直接输入需求和这段新闻稿作为提示词：请你帮我把下面的新闻内容改写为爆款短视频的文案，短视频市场为 1 分钟：英伟达推出针对 Blackwell 架构的 DeepSeek-R1 优化方案。与仅仅四周前的 NVIDIA H100 相比，这项优化技术能够带来 25 倍的收入增长，同时将 Token 成本降低 95%！得益于 TensorRT DeepSeek 针对 Blackwell 架构的深度优化，包括具备顶尖生产精度的 FP4 性能，DeepSeek-R1 在 MMLU 通用智能基准测试中 FP8 性能表现更是高达 99.8% 的评分。

很快，DeepSeek 就会根据我们的需求把短视频文案生成好：

> 爆炸新闻！英伟达刚刚发布了针对 Blackwell 架构的 DeepSeek-R1 优化方案，效果简直逆天！与仅仅四周前的 NVIDIA H100 相比，这项技术竟然能带来 25 倍的收入增长！而且，Token 成本还降低了 95%！
>
> 这一切都得益于 TensorRT DeepSeek 对 Blackwell 架构的深度优化，特别是 FP4 性能，精度高到没对手！在 MMLU 通用智能基准测试中，FP8 性能更是达到了惊人的 99.8% 的评分！
>
> 如果你还在用老旧的 H100，那你真的落伍了！赶紧升级到 DeepSeek-R1，让你的业务飞起来！
>
> #英伟达 #DeepSeek-R1 #AI 优化 #科技前沿 #收入暴增 #成本降低

在这个基础上，对文案进行修改和完善。改好之后，我们就可以把这段短视频的文案发到剪映里进行视频生成。

## 2. 剪映完成图文成片

打开剪映，在界面的中间单击“图文成片”按钮，然后在图文成片的界面左上角单击“自由编辑文案”，接着在弹出的对话框中将 DeepSeek 生成的文案复制进去（见图 8-2）。

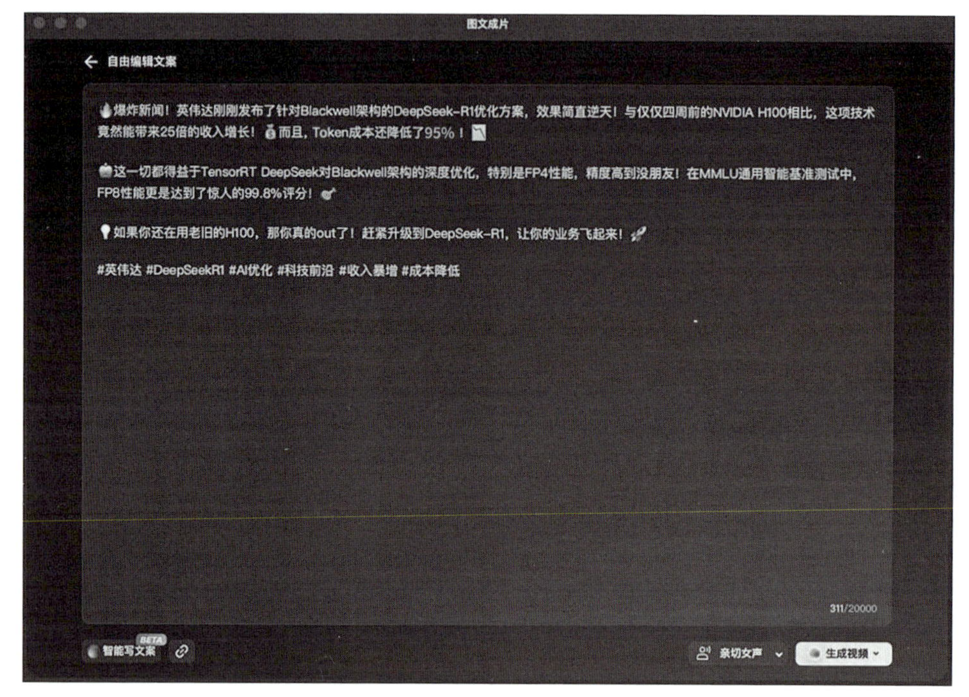


图 8-2　将 DeepSeek 生成的文案复制到剪映

在右下角可以选择视频的配音，之后单击右下角的“生成视频”按钮，即可自动生成短视频。

视频制作完成之后，会直接进入编辑界面。需要指出的是，剪映是根据 DeepSeek 生成的文案进行视频制作的，选取的视频和图片素材主要根据文字内容进行筛选和匹配。因此，我们可以根据自身的需求和目标，对剪映生成视频的画面、文字、配音、转场、音乐等内容进行进一步的修改和完善，直至满意为止（见图 8-3）。

修改完成后，单击右上角的“导出”按钮，完成整个视频的制作（见图 8-4）。

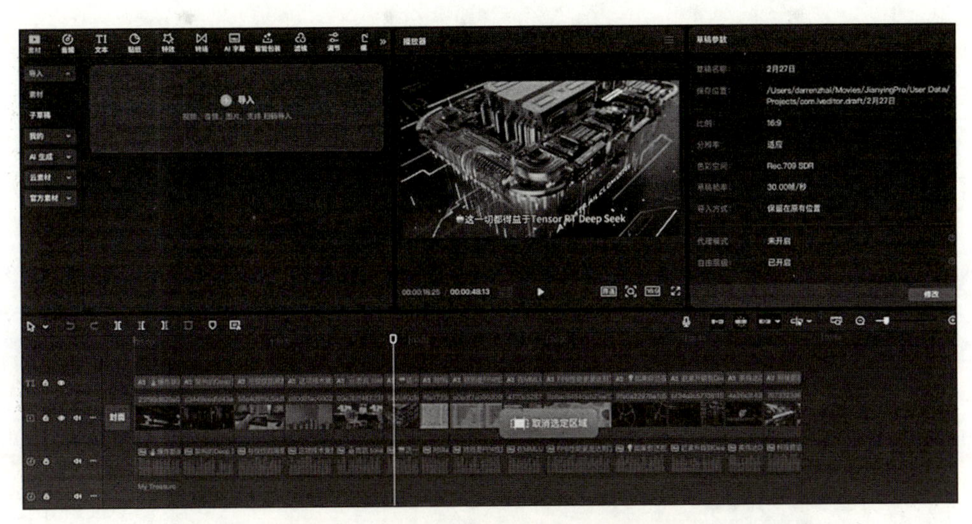


图 8-3　剪映生成视频并进入修改界面

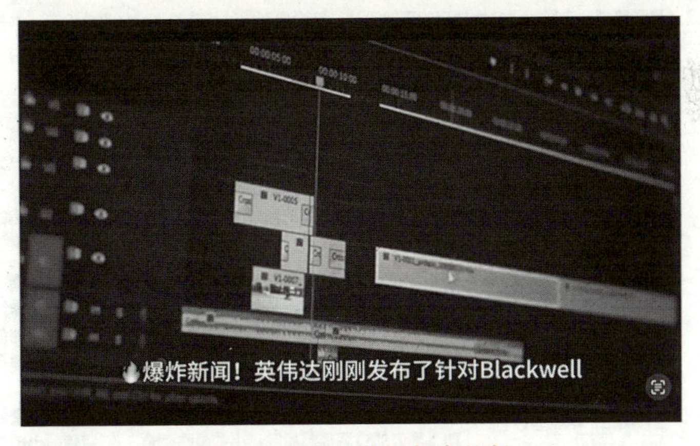


图 8-4　剪映生成视频完整版

## 8.2　批量制作电影解说

在短视频中分享电影解说，一直是一件让人充满想象的事情。我们经常会在抖音、视频号里刷到观看量非常高的电影解说视频，这类视频拥有超高的点赞量。过去，制作一条这样的视频需要一整天，现在通过 DeepSeek 可以直接生成电影解说文案，让解说内容生动有趣，充满吸引力，而且还能够实现批量制作，一天能做几十条。

下面来演示一下实际的操作步骤。首先打开 DeepSeek，在对话框中输入提示词：你是一名电影解说 UP 主，请你帮我撰写《星际穿越》这部电影的解说文案框架，以表格形式输出，需要包括电影场景名称、对应电影画面描述、解说文案、过渡句这几个字段。解说文案要求详细和生动。同时，解说文案中的角色名称采用小帅、小美等等昵称进行替代。DeepSeek 会根据提示词进行输出，如图 8-5 所示。

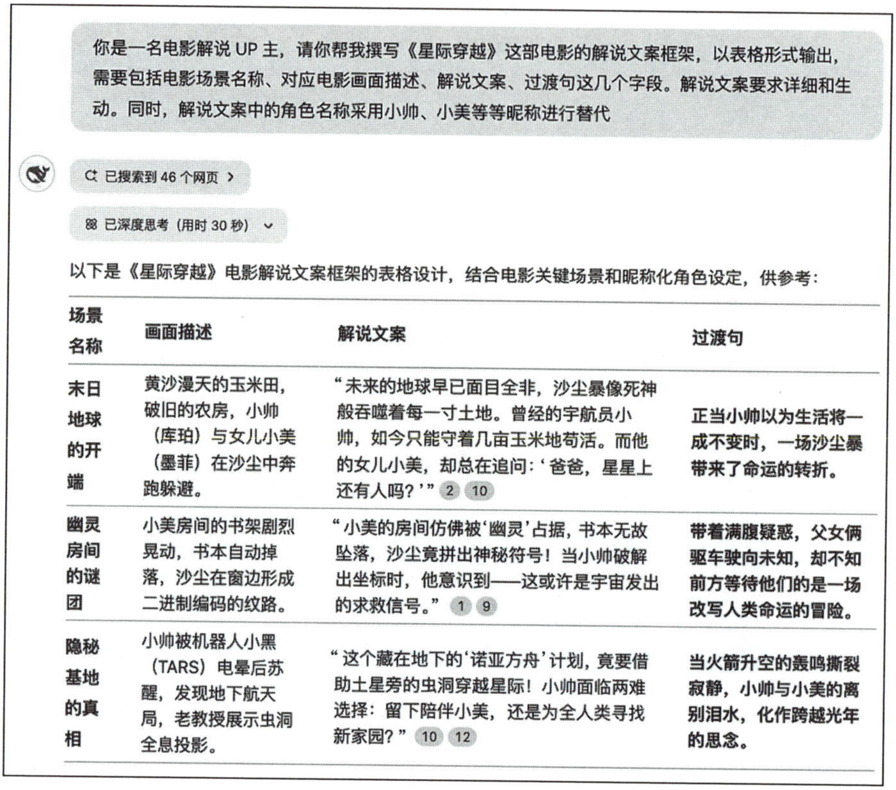

你是一名电影解说 UP 主，请你帮我撰写《星际穿越》这部电影的解说文案框架，以表格形式输出，需要包括电影场景名称、对应电影画面描述、解说文案、过渡句这几个字段。解说文案要求详细和生动。同时，解说文案中的角色名称采用小帅、小美等等昵称进行替代

已搜索到 46 个网页 >

已深度思考（用时 30 秒）

以下是《星际穿越》电影解说文案框架的表格设计，结合电影关键场景和昵称化角色设定，供参考：

| 场景名称 | 画面描述 | 解说文案 | 过渡句 |
|---|---|---|---|
| 末日地球的开端 | 黄沙漫天的玉米田，破旧的农房，小帅（库珀）与女儿小美（墨菲）在沙尘中奔跑躲避。 | “未来的地球早已面目全非，沙尘暴像死神般吞噬着每一寸土地。曾经的宇航员小帅，如今只能守着几亩玉米地苟活。而他的女儿小美，却总在追问：‘爸爸，星星上还有人吗？’” 2 10 | 正当小帅以为生活将一成不变时，一场沙尘暴带来了命运的转折。 |
| 幽灵房间的谜团 | 小美房间的书架剧烈晃动，书本自动掉落，沙尘在窗边形成二进制编码的纹路。 | “小美的房间仿佛被‘幽灵’占据，书本无故坠落，沙尘竟拼出神秘符号！当小帅破解出坐标时，他意识到——这或许是宇宙发出的求救信号。” 1 9 | 带着满腹疑惑，父女俩驱车驶向未知，却不知前方等待他们的是一场改写人类命运的冒险。 |
| 隐秘基地的真相 | 小帅被机器人小黑（TARS）电晕后苏醒，发现地下航天局，老教授展示虫洞全息投影。 | “这个藏在地下的‘诺亚方舟’计划，竟要借助土星旁的虫洞穿越星际！小帅面临两难选择：留下陪伴小美，还是为全人类寻找新家园？” 10 12 | 当火箭升空的轰鸣撕裂寂静，小帅与小美的离别泪水，化作跨越光年的思念。 |

图 8-5 DeepSeek 生成电影解说素材

这里你可以按需灵活替换任何想要解说的电影名称，很快，DeepSeek 就按照我们的要求生成了一个详细的表格。这个表格不仅包含具体的电影场景名称，还配有相应的画面描述。这些信息可以帮助我们精确定位需要使用的电影片段。更重要的是，表格还包含解说文案和过渡句，将这些内容整合起来，就是一个完整的电影解说。

同时，DeepSeek 在补充说明里对人物和昵称进行了映射，比如“小帅 = 库珀，小美 = 墨菲，小丽 = 布兰德博士，小黑 = TARS 机器人，老教授 = 布兰德教授”，方便对电影不熟悉的人快速对上号。把科学概念进行形象化比喻，将虫洞、时间膨胀、五维空间等硬核设定转化为比喻（如“宇宙打的蝴蝶结”“时间实体化”），兼顾趣味性与准确性。在情感线强化方面，父女羁绊贯穿全片，尤其在五维空间场景中突出“爱是超越维度的密码”。

解说文案确定之后，打开剪映，单击“图文成片”按钮，选择自由编辑文案。将 DeepSeek 生成的文案复制进去（见图 8-6），解说语音使用的是“解说小帅”，然后单击“生成视频”按钮，并选择“使用本地素材”，稍待片刻解说视频框架就生成好了。

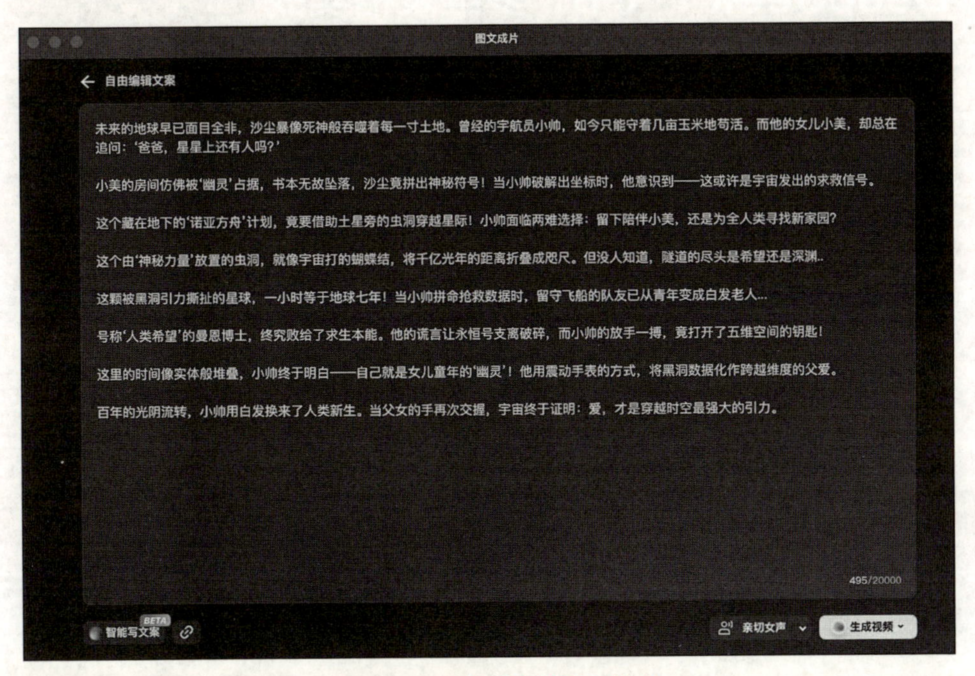


图 8-6　电影解说素材导入剪映

接下来，我们要做的就是导入电影《星际穿越》的素材，并添加到主轨道，右击电影素材，选择智能镜头分割，稍待片刻，DeepSeek 就完成了自动分割镜头。最后，我们要做的是将分割好的镜头和音频解说一一对应。不需要的镜头直接删除，重复这样一番操作后，导出视频即可完成全部制作。

|第9章|CHAPTER

# DeepSeek + 飞书：多维表格实战

飞书是大家经常使用的一款办公软件。DeepSeek 与飞书的深度整合通过低代码配置和批量处理，显著提升了办公效率与内容生产力。在内容创作领域，用户可通过飞书多维表格功能实现选题分析、文案改写、数据分析等全流程自动化，支持一次性处理上百条数据，生成符合多平台调性的爆款内容。以自媒体创作为例，用户可将原始选题批量导入表格的“输入”列，通过添加 DeepSeek 字段并设置“用鲁迅口吻改写”“生成小红书爆款标题”等指令，实现全自动化的文案风格转换，生成符合抖音、微博等多平台调性的差异化内容，日均处理量可达上千条。这种“AI 流水线”模式不仅支持文风转换，还能完成选题热度分析、数据可视化报告生成等复杂任务，让我们的效率实现指数级增长。

## 9.1 在多维表格中生成文案

首先，打开飞书，可以看到左边的导航栏中有很多应用，这里主要针对飞书的“多维表格”来分析。

单击“创建多维表格”选项（见图 9-1），在建立的空白表格中，可以在右上方找到一个“+”号按钮，单击这个按钮就可以进入扩展页面。在“字段类型”中选择“探索字段捷径”，然后下拉找到“ DeepSeek R1”，单击“确定”按钮之后，就把 DeepSeek 加载到多维表格中来了（见图 9-2）。

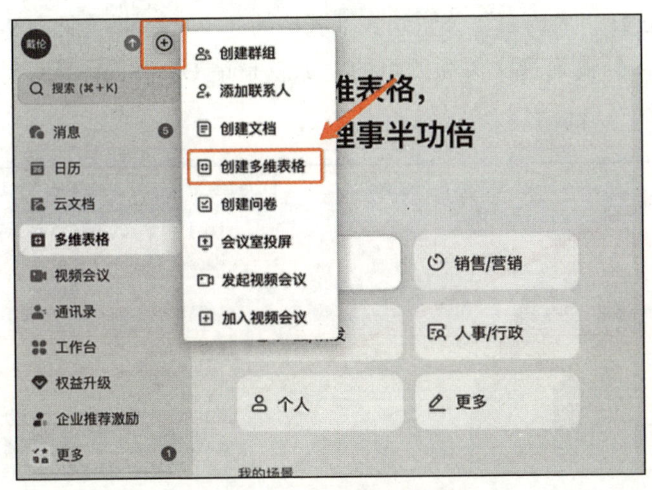


图 9-1　飞书创建多维表格

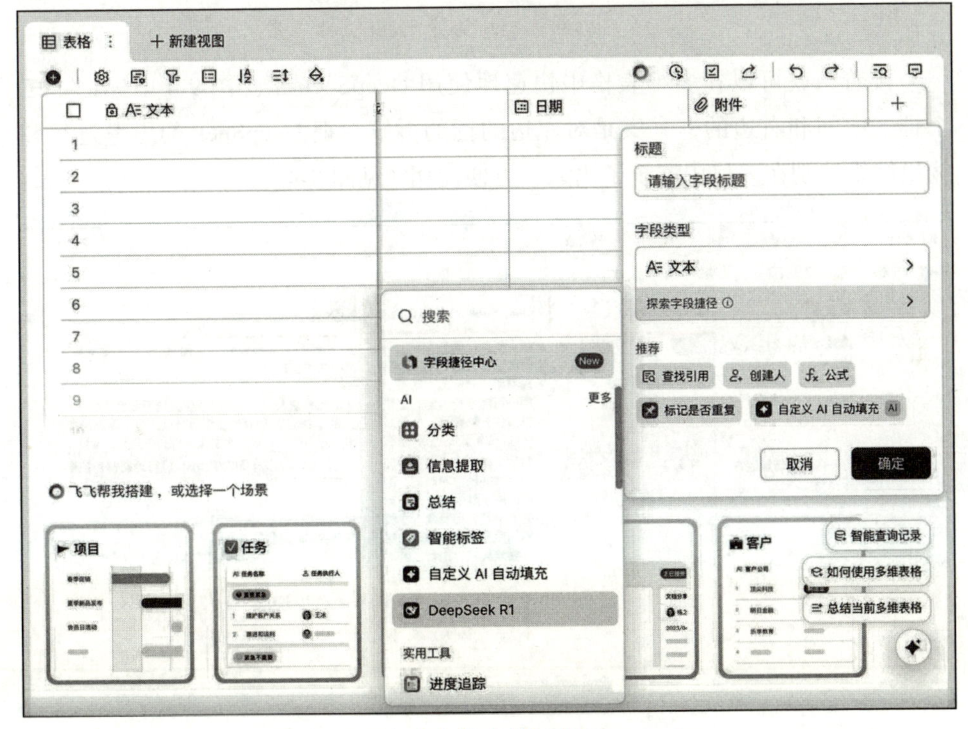


图 9-2　飞书多维表格加载 DeepSeek

接着，如何将多维表格中的内容与 DeepSeek 进行关联呢？

在选定 DeepSeek 模型接入之后，右边栏会出现新的对话框，在“配置”界面中把“选择指令内容”关联到多维表格的“AI 文本”（见图 9-3），在“自定义要求”部分输入这次关联的目的，那就是请 DeepSeek 帮助我们把文本内容修改为小红书风格的文案。

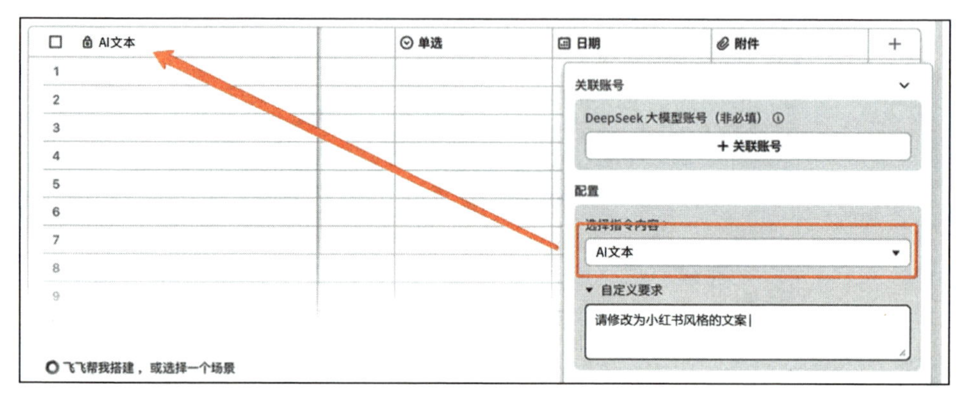


图 9-3　在多维表格中设定 DeepSeek 关联

接着，就可以在多维表格中快速地使用 DeepSeek 了。图 9-4 中标记了三个框，中间和右边的框其实是对左边的框的拆解，把 DeepSeek 的思考过程和输出结果分别在表格中展现了出来，方便使用（见图 9-4）。

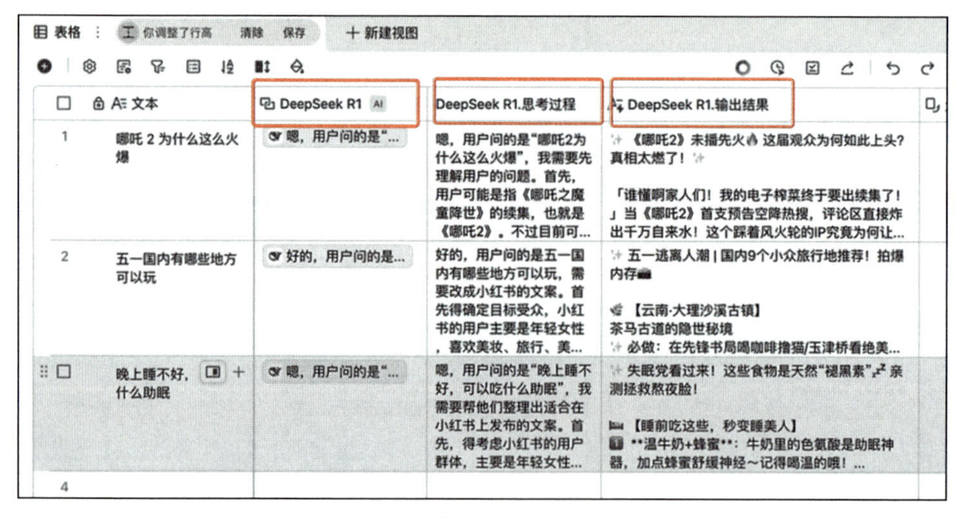


图 9-4　多维表格中 DeepSeek 运行实践

之后，在“AI 文本”框中输入我们希望撰写的话题，等待十几秒后，DeepSeek 就会在相应的表格中生成我们需要的内容。也就是说我们只需要提需求，工作可以派给 DeepSeek 来完成，就如同有一个数字员工在和我们一起工作。

## 9.2　在多维表格中改写文案风格

除了生成文案，我们还能让 DeepSeek 在多维表格中做什么呢？比如，让 DeepSeek 模仿鲁迅的口吻来改写我们的话，能否在多维表格中实现呢？

如图 9-5 所示，电影《哪吒》里的经典台词“我命由我不由天”，被 DeepSeek 修改为：“夜色浓稠如墨，偏有野草般的命数自石罅间疯长。苍天在上抛洒着铜钱大的雨点，却浇不熄如火般的心志——那被千层厚茧包裹的魂灵，原是要挣破这铁铸的穹顶的。”

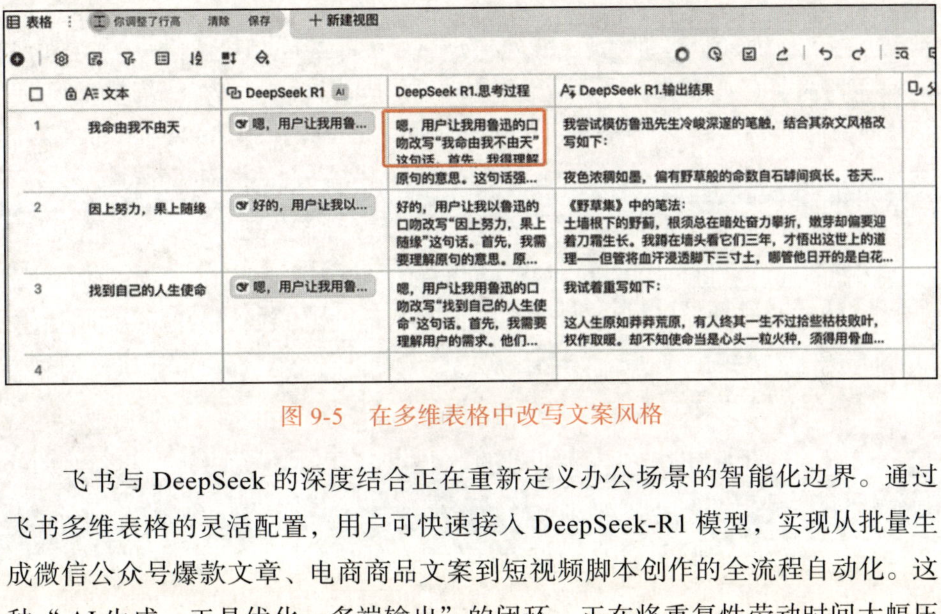

| | 文本 | DeepSeek R1 | DeepSeek R1.思考过程 | DeepSeek R1.输出结果 |
|---|---|---|---|---|
| 1 | 我命由我不由天 | 嗯，用户让我用鲁... | 嗯，用户让我用鲁迅的口吻改写“我命由我不由天”这句话。首先，我得理解原句的意思。这句话强... | 我尝试模仿鲁迅先生冷峻深邃的笔触，结合其杂文风格改写如下：<br>夜色浓稠如墨，偏有野草般的命数自石罅间疯长。苍天... |
| 2 | 因上努力，果上随缘 | 好的，用户让我以... | 好的，用户让我以鲁迅的口吻改写“因上努力，果上随缘”这句话。首先，我需要理解原句的意思。原... | 《野草集》中的笔法：<br>土墙根下的野蓟，根须总在暗处奋力攀折，嫩芽却偏要迎着刀霜生长。我蹲在墙头看它们三年，才悟出这世上的道理——但管将血汗浸透脚下三寸土，哪管他日开的是白花... |
| 3 | 找到自己的人生使命 | 嗯，用户让我用鲁... | 嗯，用户让我用鲁迅的口吻改写“找到自己的人生使命”这句话。首先，我需要理解用户的需求。他们... | 我试着重写如下：<br>这人生原如莽莽荒原，有人终其一生不过拾些枯枝败叶，权作取暖。却不知使命当是心头一粒火种，须得用骨血... |
| 4 | | | | |

图 9-5　在多维表格中改写文案风格

飞书与 DeepSeek 的深度结合正在重新定义办公场景的智能化边界。通过飞书多维表格的灵活配置，用户可快速接入 DeepSeek-R1 模型，实现从批量生成微信公众号爆款文章、电商商品文案到短视频脚本创作的全流程自动化。这种“AI 生成—工具优化—多端输出”的闭环，正在将重复性劳动时间大幅压缩，大家可以多多尝试。

|第 10 章| C H A P T E R

# DeepSeek + ima：构建你的第二大脑

信息洪流悄无声息地吞噬着人类的注意力，传统的信息管理方式已显疲态——收藏夹沦为数字坟场，碎片知识难以形成体系，关键资料总在需要时遁形。这场危机背后，潜藏着个体与组织重塑知识生产力的历史机遇：通过智能技术构建可生长、可调用的认知中枢，让信息真正转化为可延续的思维资产。

技术演进正在打破知识管理的固有边界。最新研究表明，少量精准数据与先进架构的融合，能释放超越数据规模的认知势能。这种“以小博大”的范式革新，使知识库从静态存储进化为动态推理引擎。企业将核心经验提炼为结构化知识，即可借助算法实现专业能力的指数级放大，在垂直领域创造与顶尖模型对话的资本。这种转变不仅降低了技术门槛，还重新定义了知识资产的价值维度。

智能工具的进化催生出人机共生的新工作形态。现代知识管理系统通过多模态解析、语义关联与即时推理，将散落的信息碎片编织为立体认知网络。用户无须深究技术原理，通过自然交互即可完成知识的捕获、淬炼与再生：文档自动转化为知识图谱，跨领域内容在算法催化下碰撞创新，私域数据经智能加工形成决策燃料。这种“活”的认知体系，既是个人思维的外延，又是组织智慧的数字化映射。

在这场认知革命中，知识管理正从被动整理转向主动赋能。系统不仅能响应明确需求，更能通过上下文感知预判知识缺口，在关键节点推送关联内容。当信息检索升级为认知增强，当数据沉淀转化为创新动能，每个个体都获得了驾驭复杂信息生态的“第二大脑”。这不仅是效率工具的迭代，更是人类在智能时代重构自身认知边界的重要里程碑。

## 10.1　知识库的巨大价值

DeepSeek 问世之后，被称为“AI 教母”的李飞飞教授用不到 50 美元的云计算费用，成功训练出了一个名为 s1 的推理模型。这个 s1 模型在数学和编码能力方面与 OpenAI 的 o1 模型以及 DeepSeek 的 R1 模型能力不相上下。

但是 s1 模型的训练只用了 1000 个样本数据，涵盖数学、生物学、天文学、物理学、计算机科学、工程学和经济学等多个领域（见图 10-1）。整个过程简单来说就是：利用谷歌的 Gemini 对 1000 个样本完善推理过程，然后对阿里巴巴的千问模型进行监督微调。也就是说，虽然只花费了不到 50 美元，但是李飞飞教授的 s1 模型是站在了巨人的肩膀上，这里巨人的肩膀说的就是阿里千问和谷歌 Gemini 大模型。

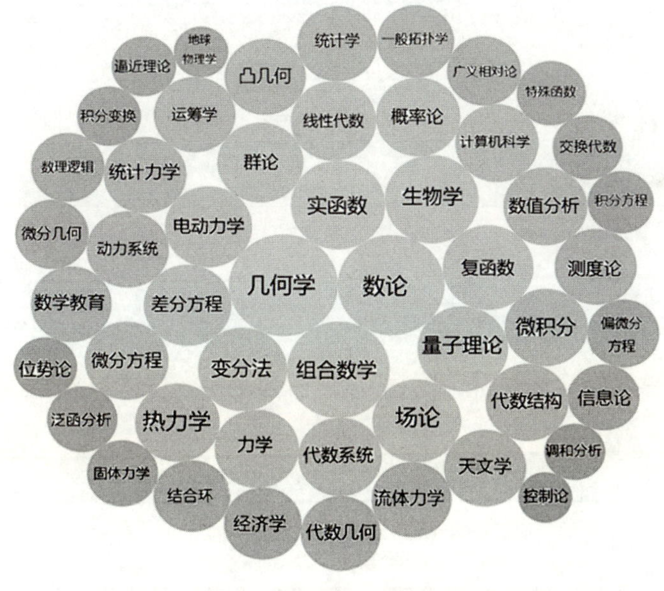


图 10-1　李飞飞样本数据集

那么，这个 s1 模型与我们现在说的知识库有什么关系呢？实际上，李飞飞教授用 1000 个样本数据就能进行训练，而对于企业来说，未来都有机会用 1000 个样本数据经过精细训练，就可以达到类似的效果。通过蒸馏技术将大模型的推理能力成功迁移到小型模型中，可以显著提升小型模型的性能。中小企业不需要自己搭建大模型，只需要把自己的“1000 个样本数据”准备好，就可以实现独有模型的蒸馏训练以及快速部署。

而这“1000 个样本数据”，其实就是企业自己的知识库。

## 10.2 构建个人知识库

关于知识库，目前 ima 已经做出尝试，并且效果很好。ima 是腾讯推出的智能工作台，基于腾讯混元大模型和 DeepSeek-R1 双引擎技术，主打知识库管理、智能写作与网页解读功能，可以帮助用户实现高效的知识消费与认知生产。在这个知识库管理平台上，我们不仅可以搜索到微信公众号文章等高质量的内容，还能够使用 DeepSeek（见图 10-2）。

图 10-2 ima 工作主界面

在我们通过 ima 进行提问之后，ima 优先检索的是优质的微信公众号文章内容，要知道目前中文互联网世界中，腾讯的微信公众号文章指令和信息准确度要远远高于其他平台。基于微信公众号文章生成的内容，我们再也不用在一堆垃圾信息中费劲筛选了，如图 10-3 所示。

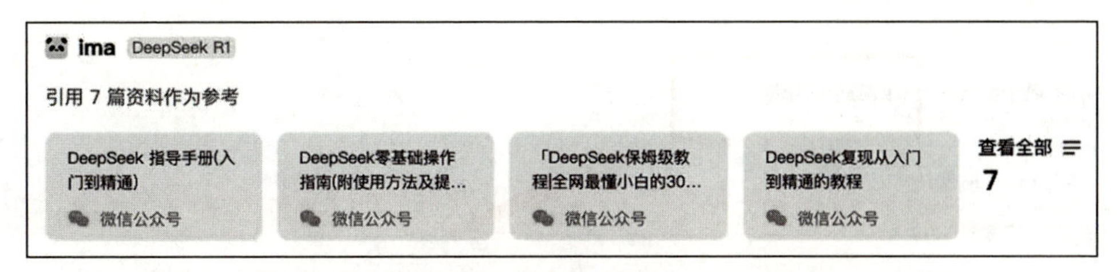


图 10-3 ima 引用微信公众号内容进行分析思考

让 ima 帮助生成内容之后，可以看到它引用的内容分别是哪些微信公众号文章。可以单击这些公众号链接，再详细学习这些文章的具体内容。如果你觉得哪篇文章不错，就可以直接把这篇文章放在自己的“知识库”中（见图 10-4）。

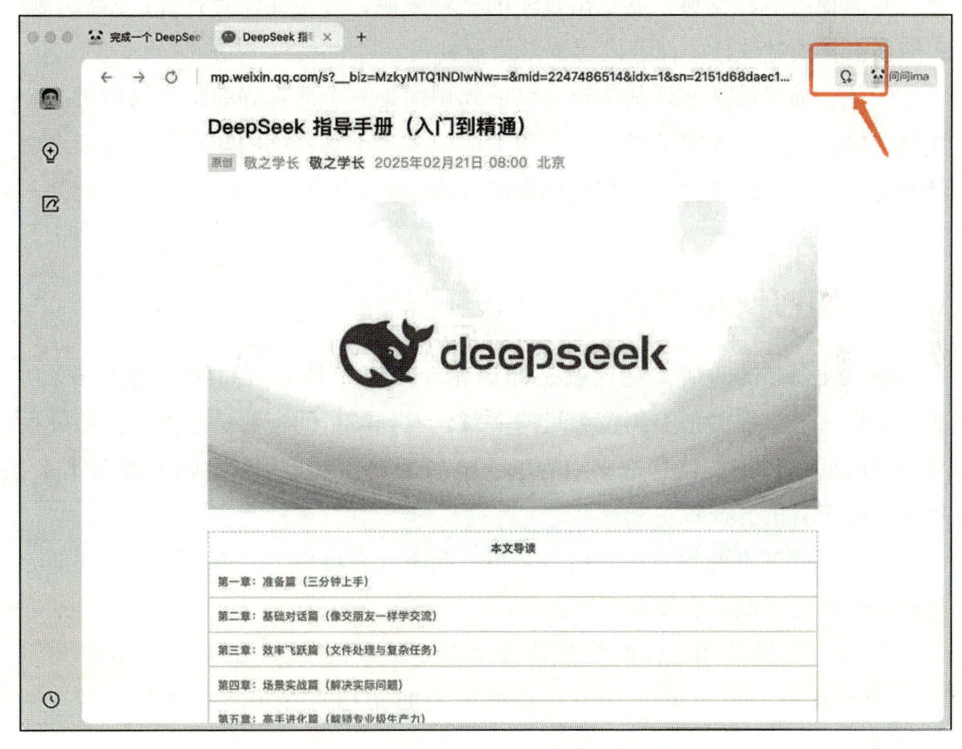


图 10-4 在 ima 中添加知识库内容

甚至，在让 ima 生成内容的时候，可以直接让 ima 基于我们的知识库来生成。具体操作步骤是，在生成的结果页面，单击“基于知识库”，就可以根据我们自己的私人知识库内容来生成对应问题的答案（见图 10-5）。

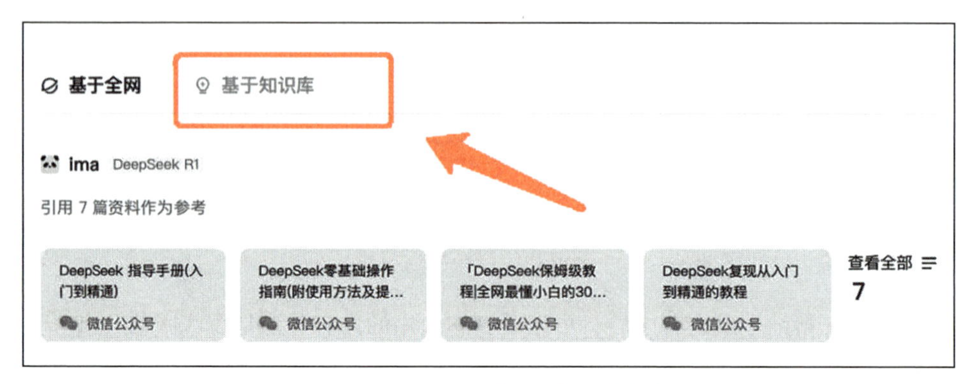


图 10-5 ima 基于知识库生成内容

它不仅会引经据典，展示出真实的资料来源，方便你随时查看，还会明确告知你资料的时效性，保证内容都是最新资料。

因此，通过筛选和评估构建自己的知识库是一个非常好的积累高质量、个性化数据的方案。大家可以在工作和生活中多多丰富自己的知识库，在未来通过 ima、DeepSeek 更好地发挥知识库的价值。

## 10.3 如何使用知识库

事实上，ima 的最大亮点就是知识库，知识库是大家高频使用的 ima 功能。我们每天会在微信上浏览大量的文章，看到海量的资料。然而，大部分人是没有时间去详细阅读这么多内容的，唯一的动作就是把这些内容收藏下来，想着后面还有机会查看。

但是，等到真的想看的时候，会想不起来放在哪里了，更别说还有大部分材料被收藏之后就再也没有用过。

那么，如何使用 ima 的知识库来解决这一问题呢？如果我们想在知识库中增加素材，最简单的方法就是把相关的文档直接拖入个人知识库（见图 10-6）。

图 10-6　ima 知识库界面

或者，通过知识库界面右上角的按钮，完成素材的上传（见图 10-7）。

图 10-7　将内容上传至 ima 知识库

目前，知识库支持 PDF、DOC、JPEG、PNG 等多种格式的内容（见图 10-8）。

图 10-8 可上传 ima 知识库的文件类型

随着上传的内容越来越多，我们有必要对不同的内容进行分类，以便后续的学习和分类。如图 10-9 所示，单击“编辑标签”选项后，在弹出的窗口中输入合适的标签内容就可以了。

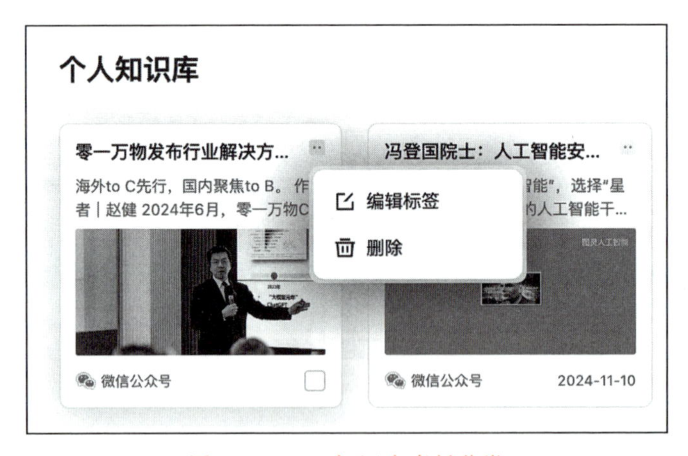


图 10-9 ima 知识库素材分类

那么，打标签的意义是什么呢？其实就是为了在后续根据知识库回答问题的时候，ima 可以更加有针对性。比如我们的知识库不仅有 AI 的内容，还有理财、哲学的内容，当我们想要针对 AI 的内容进行提问和生成内容的时候，可以在知识库最下面的对话框中，先输入“#”，用来调用对应标签的内容（见图 10-10）。比如输入“#AI”，就可以调用已经打了“AI”标签的内容，进而更加精准地回答我们的问题（见图 10-11）。

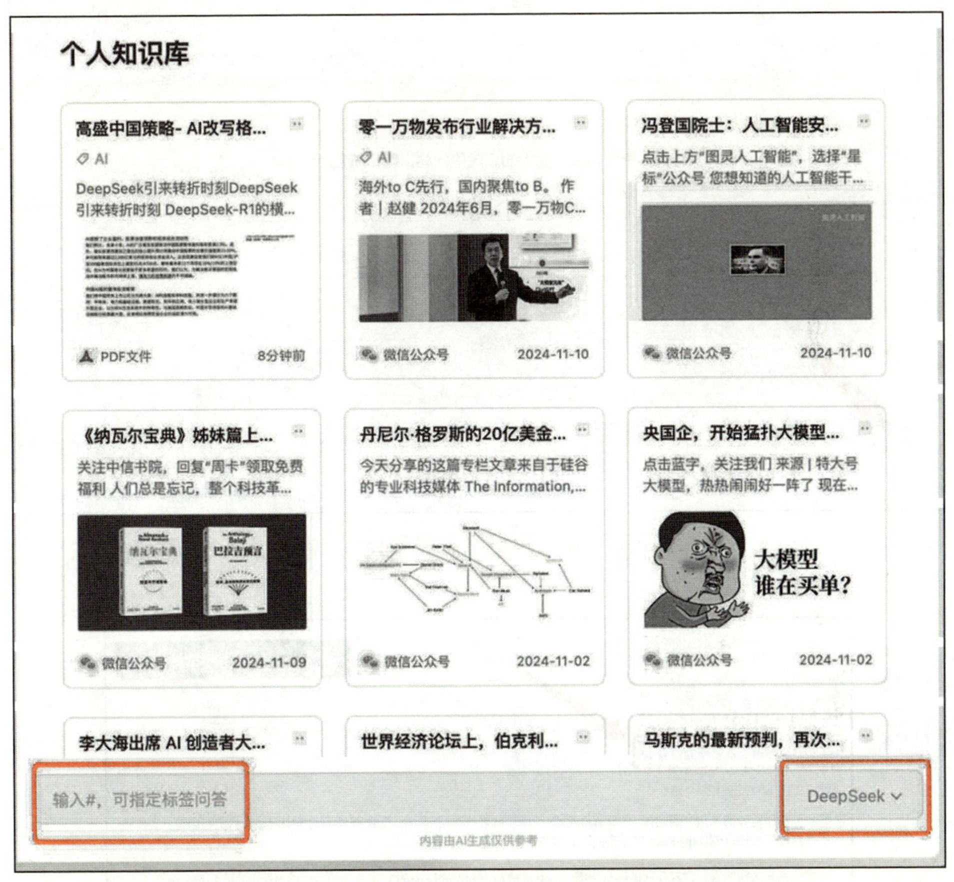


图 10-10　ima 知识库针对性提问

比如，在对话框中输入提示词“DeepSeek 对中国意味着什么”，就可以看到 ima 通过 DeepSeek 对打标签的文章进行解读，并依据这些打标签的内容来生成了回复的内容（见图 10-12）。

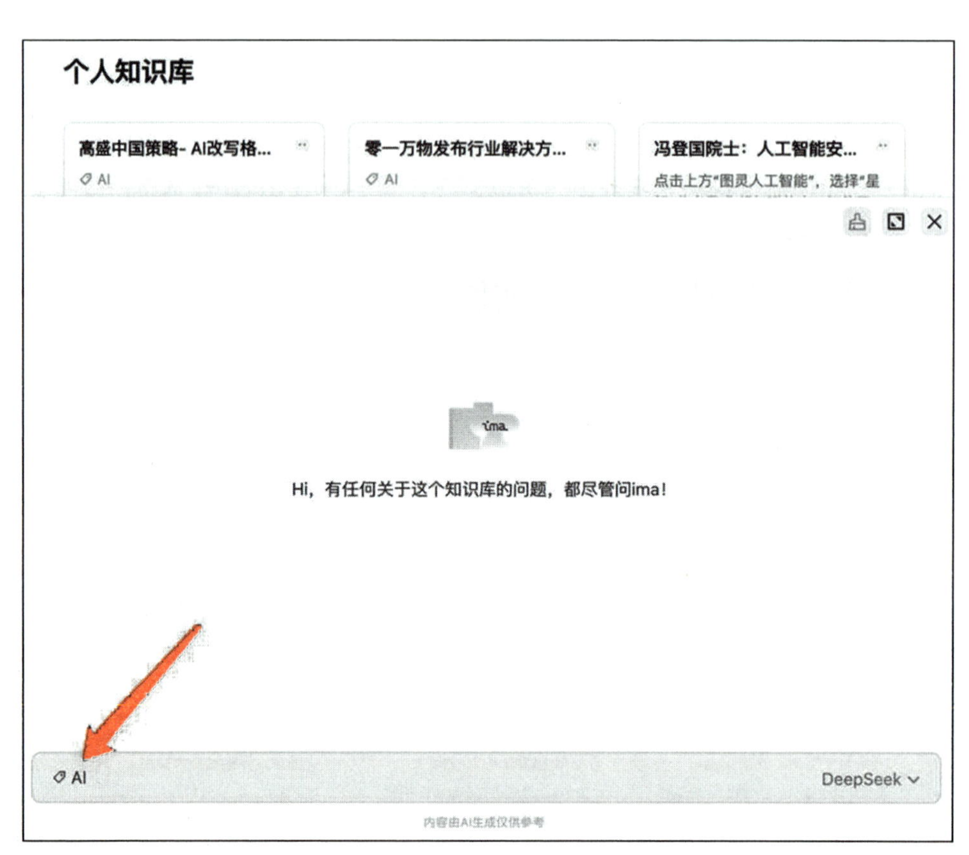


图 10-11　ima 知识库内部分类标签提问

图 10-12　ima 引用知识库内容回答问题的界面

这样一来，ima 输出的内容就会更加有针对性和准确性，我们也不用担心收集的文档用不上了。

从这一点可以看出，ima 发挥了 AI 知识库最大的作用——搜索加查询。过去，我们要想找自己曾经看到的某句话，需要在海量素材中反复查找，经常是简单的一句话却需要反复查找几十遍，浪费一两个小时，而现在我们只需要一句提示词就可以找到。

AI 知识库的真正底层作用：AI 搜索 + 私域高质量图书馆。

## 10.4　共享知识库

知识库还有一个比较重要的功能是创建“共享知识库”，也就是说，我们可以把自己创建的知识库分享给他人。大家可以共同学习和使用这个知识库。例如，我创建了一个 AI 资料的共享知识库，上传了大量 AI 资料。在 ima 的主界面中单击小灯泡的图标，就进入了知识库界面，再单击“我创建的共享知识库”（见图 10-13）旁边的“+”，就可以创建共享知识库了（见图 10-14）。

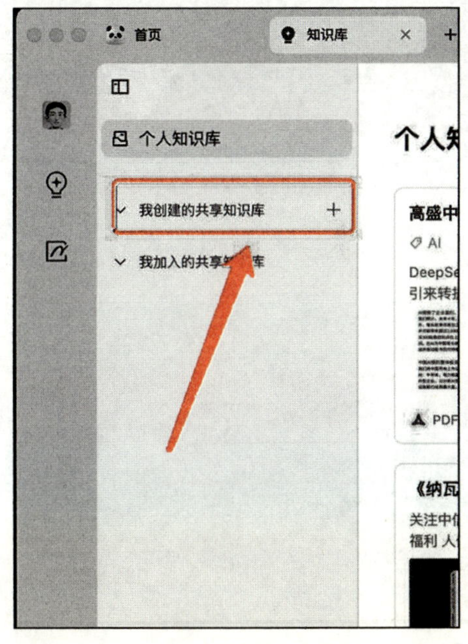


图 10-13　“我创建的共享知识库”界面

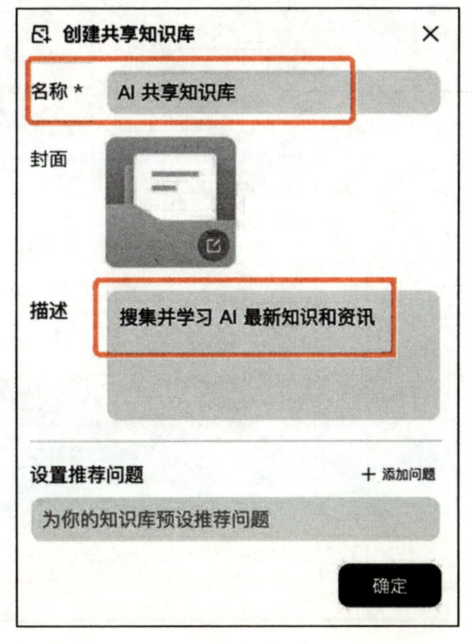


图 10-14　ima 创建共享知识库流程

在输入名称和描述之后，我们就创建了一个共享知识库。单击最上面的导航栏，再单击“分享”图标，就可以把共享知识库通过“复制链接”或“生成二维码”的方式分享给他人（见图 10-15）。

图 10-15 ima 分享创建共享知识库

## 10.5 构建内容总结与脑图

文章总结是最常用的功能。把想要总结的材料上传到 ima 之后，在材料旁边就会出现“总结内容”的按钮，不需要写提示词，直接单击这个按钮 ima 就会整理出上传内容的核心。

下面我们上传一份关于 DeepSeek 的分析材料。这份材料有上百页，如果一页页地看实在太辛苦了，那么用 ima 能否把内容的核心快速总结出来呢？

首先上传需要总结的素材，接着单击“总结内容”按钮（见图 10-16）。

图 10-16 ima 内部启用 DeepSeek 并对文档进行总结的界面

之后，ima 就开始对上传的材料进行详细的解读和分析，最终总结出 5 个核心部分，即组织机构与会员体系、DeepSeek 模型解析、高效提示语设计指南、场景化内容策略和品牌战略工具库。部分内容如图 10-17 所示。

二、DeepSeek模型解析

1. 模型特性
   - **开放性与性能**：开源免费商用推理模型DeepSeek-R1，数学/代码/逻辑推理能力对标OpenAI GPT-3，强化学习优化。
   - **功能覆盖**：支持文本生成、语义理解、代码生成、文件解析、多模态交互、跨模态转换（文字/图表生成）等场景。
   - **边界限制**：知识库截至2024年7月，联网搜索暂不可用。
2. 推理模型 vs 通用模型

| 维度 | 推理模型 | 通用模型 |
| --- | --- | --- |
| 优势领域 | 数学推导、逻辑分析、复杂代码生成 | 创意写作、多轮对话、开放问答 |
| 设计策略 | 提供简洁任务目标，避免拆解步骤 | 需分步引导（CoT链式思维） |
| 适用场景 | 严格逻辑任务（如数学证明） | 发散性需求（如诗歌创作） |

---

三、高效提示语设计指南

1. 核心原则
   - **精准需求表达**：从下达指令转向描述背景与目标（如“优化用户登录流程，分析瓶颈并提出方案”）。
   - **任务分解策略**：SPECTRA模型（分割→优先级→细化→连接→时序→资源→动态调整）。
2. 设计技巧
   - **优化视角**：结合逻辑链、知识链、创意链的三链融合模型。
   - **创新方法**：
     - **跨域映射**：如网络安全策略类比人体免疫系统。
     - **极端假设**：颠覆常规假设，触发突破性思考（如“未来教育无学校”）。

图 10-17　ima 内部启用 DeepSeek 并生成回复

有文字、有图表、有总结，非常快速就能够实现对一篇超长文章的学习和理解。

当然，我们还可以让 ima 帮助生成脑图。生成脑图有两种方式：一种是在上传素材后，单击“生成脑图”按钮；另一种是在生成总结文字之后，在对话框中继续向 ima 写入提示词，要求它生成对应的脑图。

我们重点来看看第二种。在上面生成文章总结的基础上，把页面划到最后，在对话框中输入“帮我生成脑图”（见图 10-18）。

生成脑图是用 DeepSeek 还是用腾讯的混元大模型？其实都可以，看自己的需求。很快，ima 就根据需求生成了对应材料的脑图，进一步帮助我们理解材料的核心内容。图 10-19 是 ima 通过腾讯的混元大模型生成的脑图。

图 10-18 ima 内部启用 DeepSeek 生成脑图

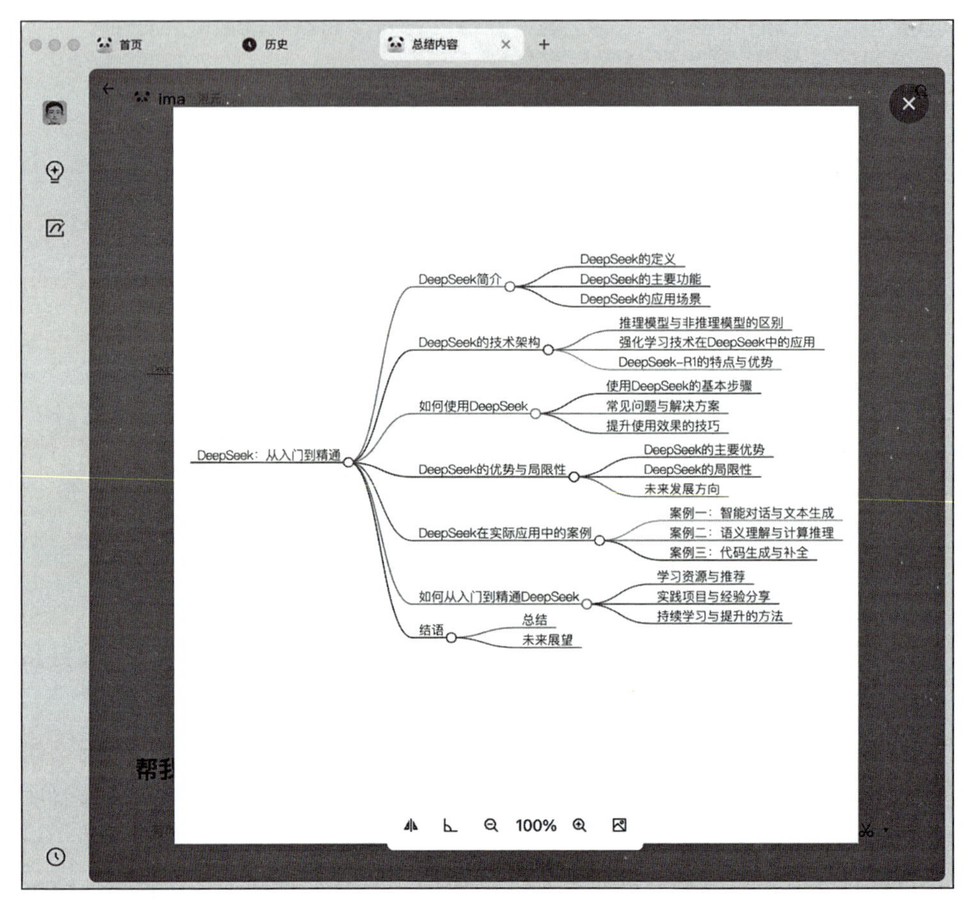


图 10-19 ima 完成脑图制作

图 10-20 是 ima 通过 DeepSeek 生成的脑图框架，之所以不是最终的脑图形式，是因为受文本交互限制，无法直接生成可视化的脑图图片，只能提供层级结构框架和制图建议。

```
复制
DeepSeek从入门到精通
├── 一、概述篇
│   ├── 1.1 深度学习新范式
│   │   └── 对话式AI的本质突破
│   │   └── 推理能力革命（CoT链式思维）
│   ├── 1.2 DeepSeek技术架构
│   │   ├── 多模态交互特性
│   │   └── R1推理模型优势（强化学习算法路径）
│   └── 1.3 应用场景全景
│       ├── 智能办公套件（文档处理/自动化流程）
│       └── 科研赋能体系（文献解析/实验设计）

├── 二、基础技能
│   ├── 2.1 交互界面解析
│   │   ├── chat.deepseek.com功能分区
│   │   └── API对接指南
│   ├── 2.2 学习路径规划
│   │   ├── [知识获取] 学术术语理解
│   │   └── [技能提升] 基于R1模型的调试技巧
│   └── 2.3 核心功能图谱
│       ├── 自然语言处理（NLP4.0标准）
│       └── 数据洞察自动化（EDA 3.0）

├── 三、进阶技巧
│   ├── 3.1  提示词设计系统
│   │   ├── 专业级提示词框架
│   │   │   └── 角色设定+目标拆解+格式规范
│   │   └── 突破性应用场景
│   │       └── 复杂论文解读（论文标题→可验证结论）
│   ├── 3.2 推理模型优化
│   │   ├── 模糊表述转化结构化思维
│   │   └── 高难度情景演练（如法律条文推导）
│   └── 3.3 领域知识对接
│       ├── G60科创社区资源图谱
│       └── 清华大学技术转化路径

├── 四、实战应用
│   ├── 4.1 学术研究场景
│   │   ├── 文献综述自动化（定位关键研究空白）
│   │   └── 假设检验加速（AI辅助实验设计）
│   ├── 4.2 产业应用场景
│   │   ├── 智能制造流程诊断（故障模式推理）
│   │   └── 商业决策支持（多源数据分析看板）
│   └── 4.3 创新孵化方向
│       └── GPTs商店开发指南
│       └── 政产学研协同应用

├── 五、资源网络
│   ├── 5.1 G60科创社区
│   │   ├── 500+硬科技项目池
│   │   └── 双创资源对接机制
│   └── 5.2 高华研究所支持
│       └── AI政策洞见月报
│       └── 科技成果转化路径

└── 六、效能评估
    ├── 6.1 能力诊断体系
    │   ├── NLP专项能力评估表
    │   └── 决策支持能力九宫格
    └── 6.2 持续精进方案
        └── 社区认证课程体系（CAP认证）
        └── 年度创新拉力赛
```

图 10-20　ima 生成的脑图框架

总体来看，知识库就如同一个私人的数据中心。无论是本地文档的专业知识沉淀，还是微信公众号文章的碎片化智慧，我们都能通过知识库和 DeepSeek 进行深度融合与挖掘，让其发挥更大的价值，产生更强的化学反应。这种“收集—整理—调用”的闭环管理，让每个知识片段都成为可随时调取的思维燃料。随着人工智能技术的不断演进，知识库会变得更加智能和自动化，有望进一步实现自动分类、智能关联和主动推荐，甚至能结合用户的使用场景预测知识需求。当我们的数字资产真正实现“收得进来，用得出去”时，每个人都能成为自己知识宇宙的掌舵者。现在，是时候用 ima 知识库唤醒那些沉睡的收藏，开启高效能学习的新纪元了。

11

|第 11 章| CHAPTER

# DeepSeek + Coze：构建属于自己的智能体

智能体（Agent）作为 App 的下一个形态，本质上是 AI 技术对移动互联网范式的迭代升级。相较于传统 App 的被动响应模式，智能体通过大模型赋予的自主决策能力，实现了从工具操作到服务重构的跨越。智能体核心特征包括自主性（不需要持续指令即可规划任务）、多模态交互（自然语言 / 视觉 / 语音融合）和持续进化能力。以 Coze[⊖] 为代表的智能体搭建平台，正通过低代码的开发模式大幅降低技术门槛——开发者可在可视化界面中组合预训练模块，快速构建跨场景智能体。在技术层面，DeepSeek 等模型通过视觉感知与强化学习，使智能体具备像人类一样操作网页的能力，而 Coze 提供的沙箱调试环境进一步加速了这一进程。

---

⊖ Coze 作为字节跳动推出的 AI 应用开发平台，通过零代码 / 低代码模式和可视化工作流编排，将大模型能力解耦为可复用的功能模块，成为构建智能体的核心工具。

## 11.1 手动搭建智能体工作流

Coze 是由字节跳动推出的新一代一站式 AI Bot 开发平台，于 2024 年 2 月 1 日正式上线。该平台致力于降低 AI 应用开发门槛，支持用户通过低代码或无代码的方式快速搭建智能体和 AI 应用，适用于办公、客服、内容创作等多种场景。下面具体来看看如何在 Coze 中搭建智能体，同时在智能体中调用 DeepSeek。

具体来看，我们首先需要在 Coze 平台中搭建一个智能体。在 Coze 主页的左上方有一个“加号”按钮，是用来创建智能体的，单击之后就弹出如图 11-1 所示的对话框。在对话框中，我们需要为创建的智能体进行基本的命名等工作。

图 11-1 创建 Coze 智能体

比如，我们这里创建的智能体可以命名为“DeepSeek 在线”。在“智能体功能介绍”中，我们给出的介绍也比较简单明了，就是希望这个智能体能够随时使用满血版的 DeepSeek。具体的介绍是：联网的满血版 DeepSeek 随时使用。在确定智能体名称和智能体功能介绍之后，单击“确认”按钮，就可以进入“DeepSeek 在线”智能体的编辑页面。

在页面的中间，我们可以看到“工作流”，这是需要重点关注的部分，它是设计整个智能体的核心。单击工作流右边的“+”按钮（见图 11-2），就可以进入工作流界面。

图 11-2　Coze 智能体启动工作流创建

进入工作流界面之后，我们就可以创建工作流了。首先，单击左边栏的“创建工作流”，Coze 会弹出“创建工作流”对话框，输入工作流名称和工作流描述，比如在工作流名称中输入 ds_r1_online，在工作流描述中写入“24 小时可以使用的 DeepSeek”。输入完成之后，单击“确认”按钮（见图 11-3），就完成了工作流的创建工作。

确认之后，进入工作流搭建界面。在最初的界面中只有“开始”和“结束”两个节点，两个节点之间还需要加入其他节点来完成我们希望的任务或者工作。此时，单击屏幕下方的“添加节点”按钮（见图 11-4）。

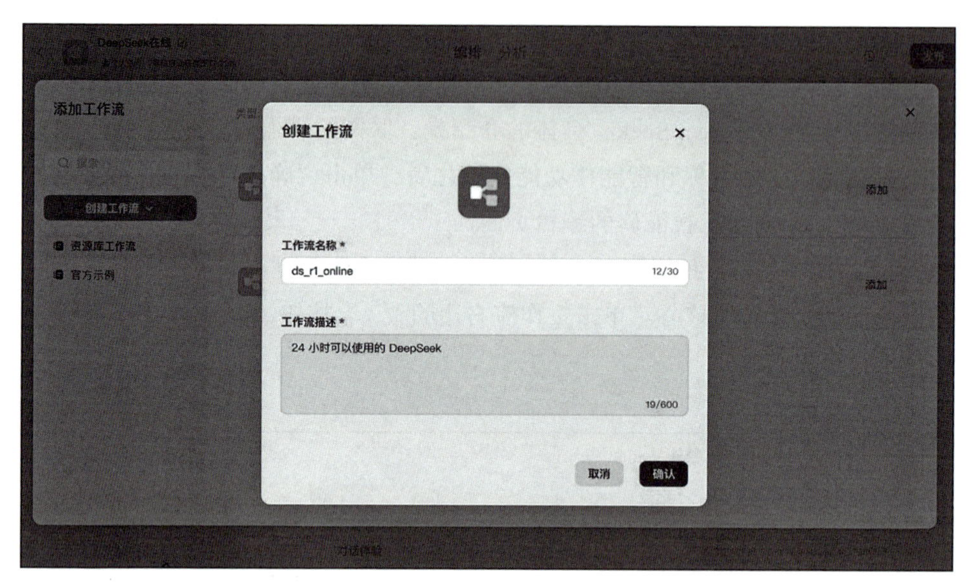


图 11-3　Coze 智能体完成工作流创建

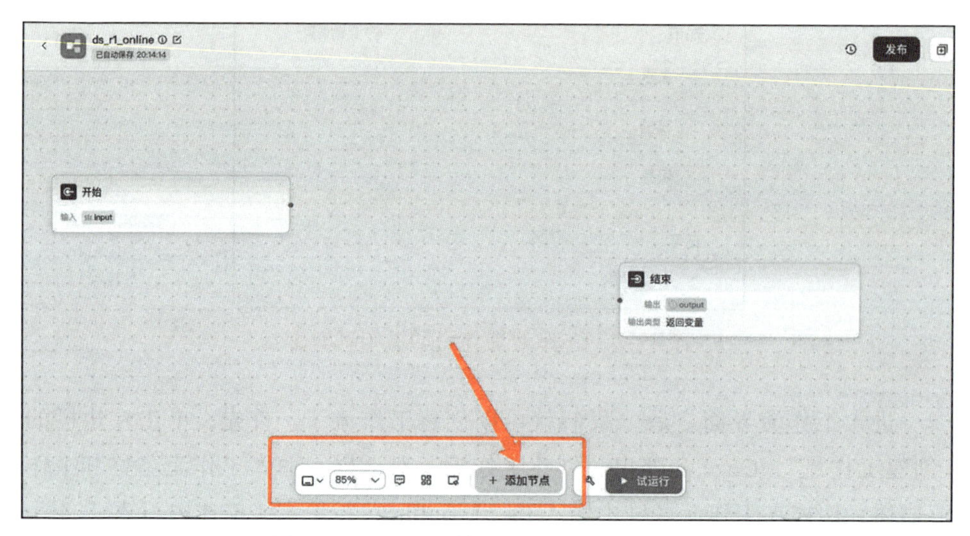


图 11-4　Coze 工作流界面启动增加节点

单击“添加节点”按钮之后，可以看到一个插件选择框，里面有经常需要使用的节点类别。此次创建智能体，我们希望让 DeepSeek 可以进行联网搜索并回答问题。所以，我们先选择插件，在工作流中增加一个搜索引擎。这里需要单击“插件”按钮（见图 11-5）来选择需要使用的插件。

图 11-5　选择要加入的节点选项

之后就看到了添加插件界面，这里选择“必应搜索”，在下拉菜单中选择 bingWebSearch 选项。单击“添加”按钮（见图 11-6）之后，必应搜索这个节点就插入到了我们的工作流页面中。

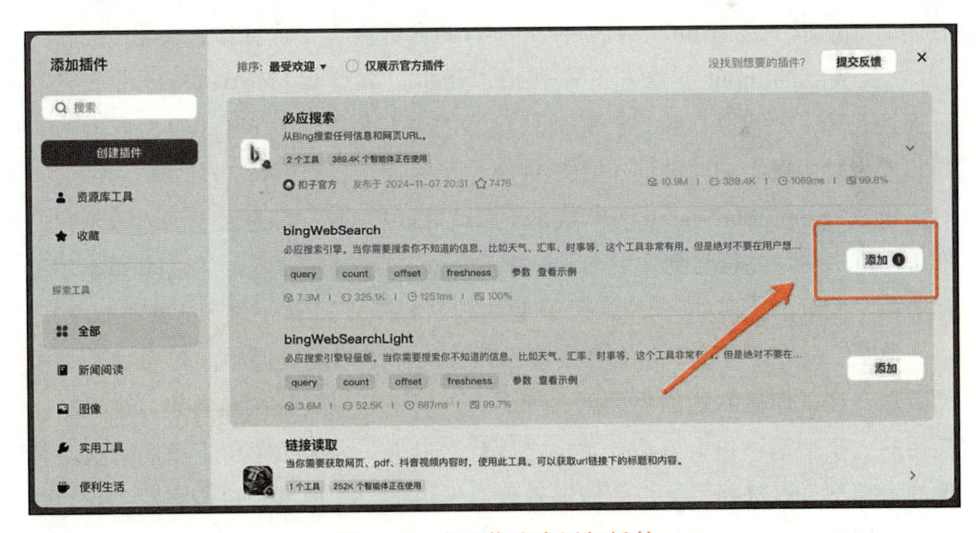


图 11-6　在工作流中添加插件

但是，必应搜索这个节点还没有进行设定，也没有与其他节点连接。因此，下一步就是把它和其他节点连接，并设置好相应的参数。我们需要先把 bingWebSearch 节点与“开始”节点相连接，然后对 bingWebSearch 节点的参数进行设定（见图 11-7）。

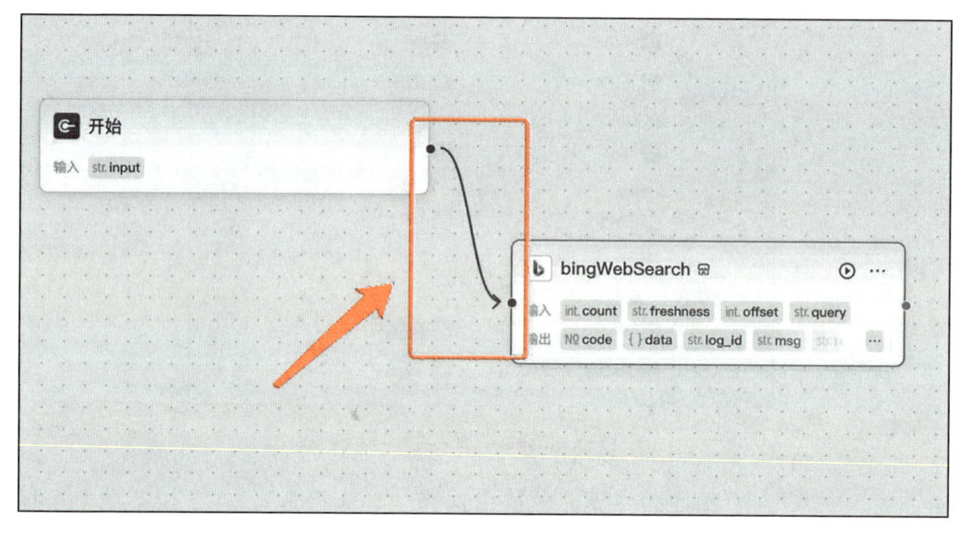


图 11-7　工作流中连接节点

在设置 bingWebSearch 节点的参数时，先单击 bingWebSearch 节点，在右侧的对话框中会有 bingWebSearch 所有的参数内容，选择设置参数 query 为“开始”节点的 input 参数，这样就把“开始”节点和 bingWebSearch 节点真正连接起来了。也就是说，开始阶段输入的内容会传输到 bingWebSearch 节点内，成为必应搜索的关键词（见图 11-8）。

设置好 bingWebSearch 的参数，下面就需要把 DeepSeek 大模型引入到我们的工作流当中。过程与刚才引入 bingWebSearch 节点非常类似，我们先单击“添加节点”按钮，找到左上角第一个黑色选项“大模型”，单击进入（见图 11-9）。

之后，“大模型”节点就直接插入到我们的工作流页面中。单击这个大模型节点，在工作流右边的界面就会弹出“大模型”节点的详细参数，这里默认使用的大模型是豆包大模型。单击之后就会出现一个下拉菜单，里面有很多其他的大模型可以选择，下滑就能够看到 DeepSeek-R1 模型，单击之后，我们就在“大模型”节点上加载了 DeepSeek-R1（见图 11-10）。

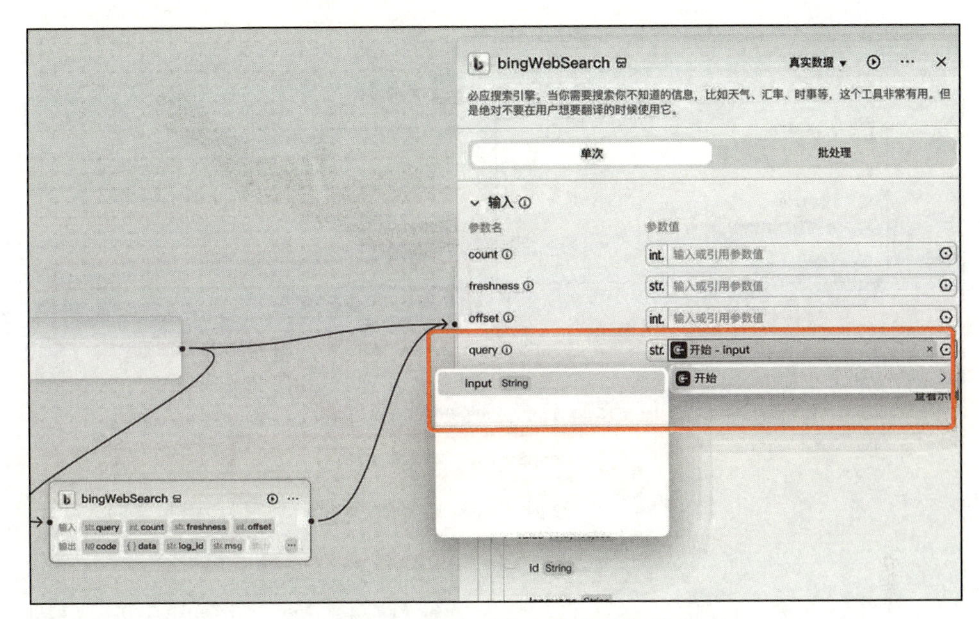


图 11-8 工作流对节点参数进行设定

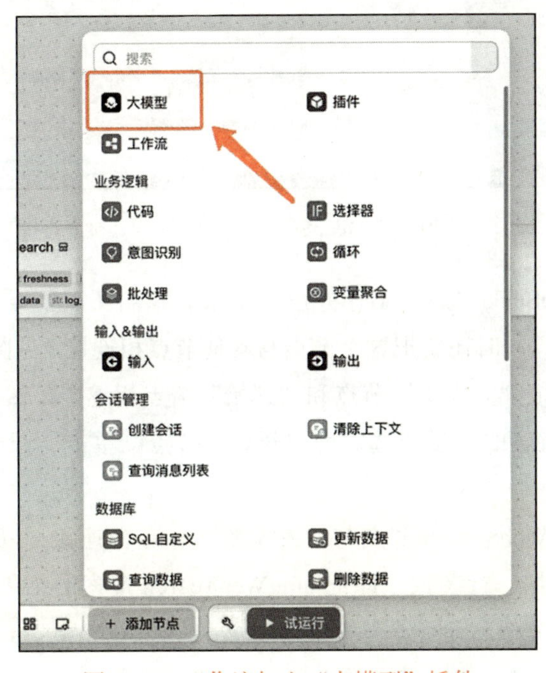


图 11-9 工作流加入“大模型”插件

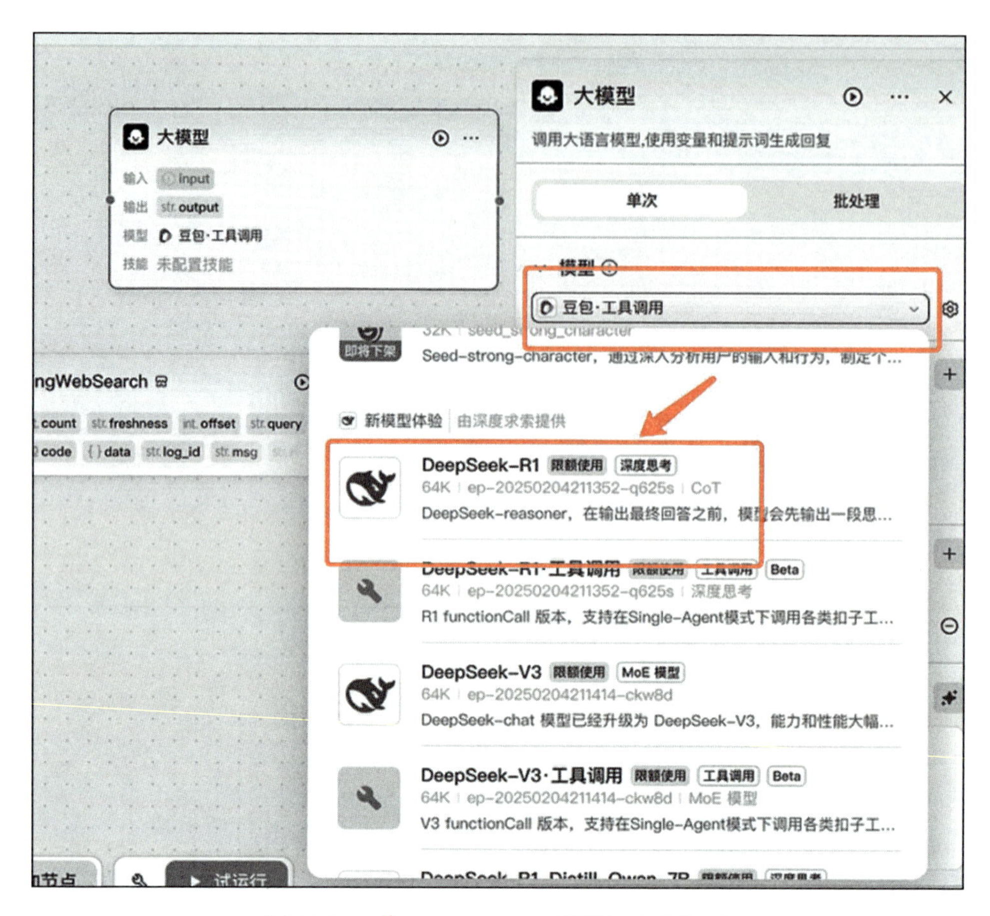


图 11-10 将 DeepSeek-R1 模型加入工作流

添加完 DeepSeek 之后，工作并没有结束。我们还需要对“大模型”节点的参数进行设定，同时还要把这个节点与其他节点相连接（见图 11-11）。

这里，我们把“大模型”节点和“开始”节点相连接，然后在右侧的设定中把参数 input 对应的变量值选定为“开始”节点，单击“开始 -input String”完成设置。

接着把 bingWebSearch 节点与“大模型”节点相连接，同时在“大模型”节点的参数中增加一行参数，即把 bingWebSearch 搜索的结果传输给大模型，方便大模型进行分析和研究。这里的参数设定为 response_for_model，对应的变量值选择 bingWebSearch 节点的 response_for_model 选项（见图 11-12）。

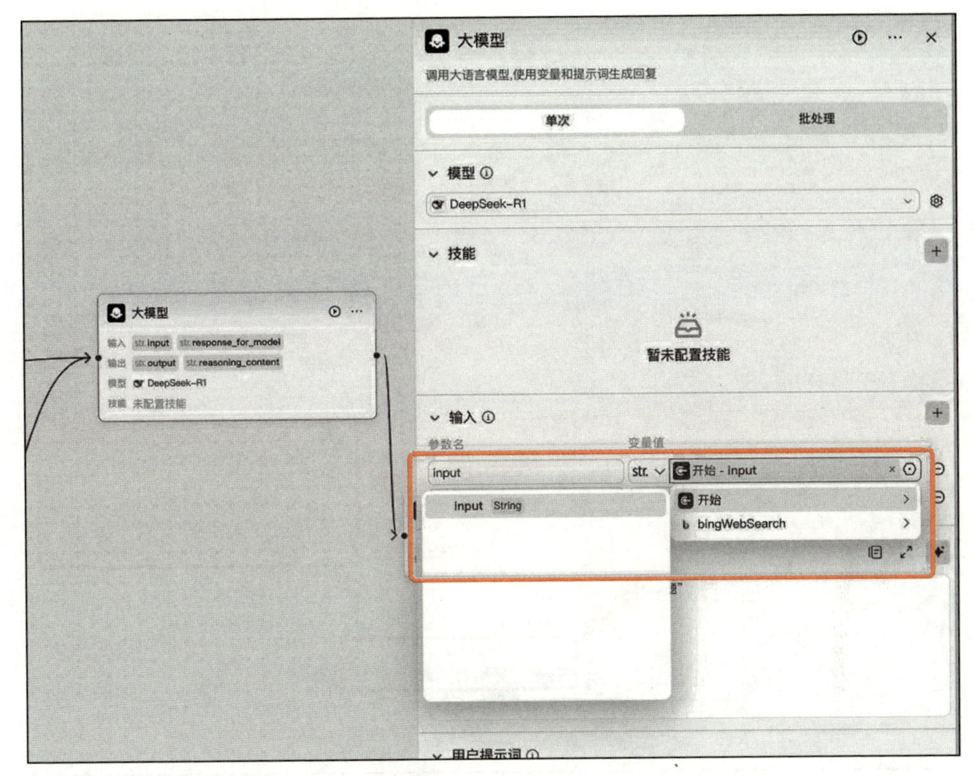


图 11-11 工作流中连接“大模型”节点并设定参数

之后，在“系统提示词”框中可以对这个工作流做解释，这里写的是：结合搜索结果的内容回答用户提出的问题。这可以方便用户理解我们这个智能体是如何工作的。

同时，我们在使用这个智能体的时候，需要对用户的提示词快速辨识，所以在下面的“用户提示词”框中把搜索结果标记为“{{response_for_model}}”，把用户问题标记为“{{input}}”（见图 11-13）。

最后，把“大模型”节点和“结束”节点相连接，同时将“结束”节点的 output 参数设置为“大模型”节点的 output 参数值（见图 11-14）。

至此，我们的工作流就搭建完成了，进行测试发布就可以在智能体中使用 DeepSeek 了。

在测试的过程中，在对话框中输入问题“今天北京的天气如何”，几秒钟之后整个工作流就给出了答案（见图 11-15）。

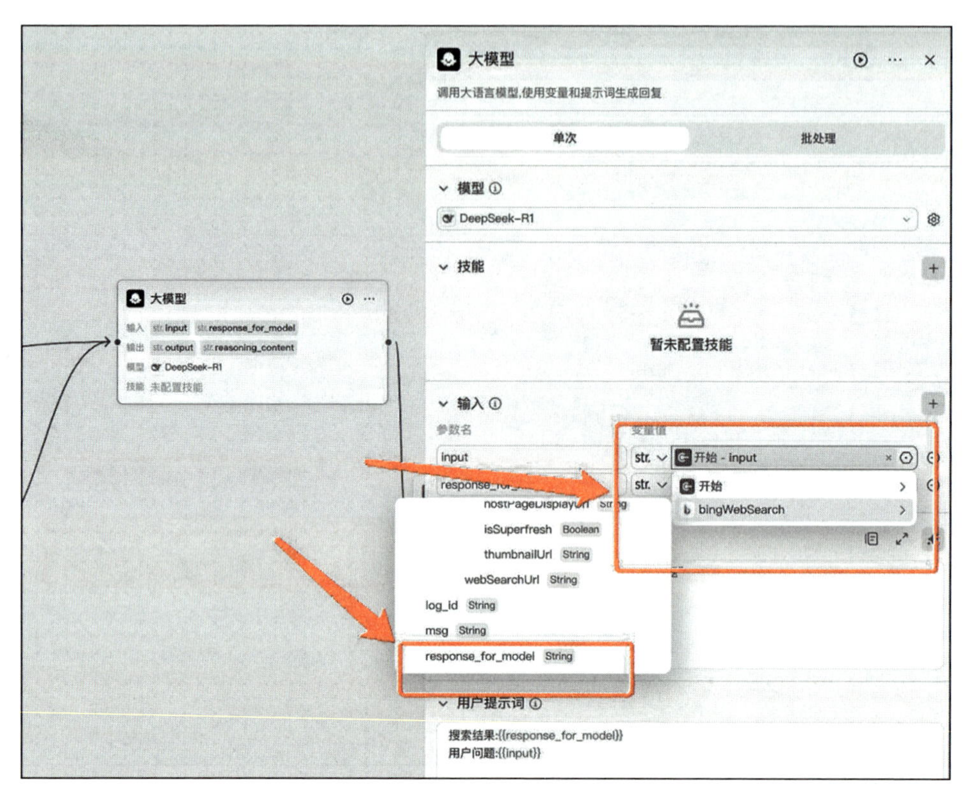


图 11-12 “大模型”节点与其他节点关联

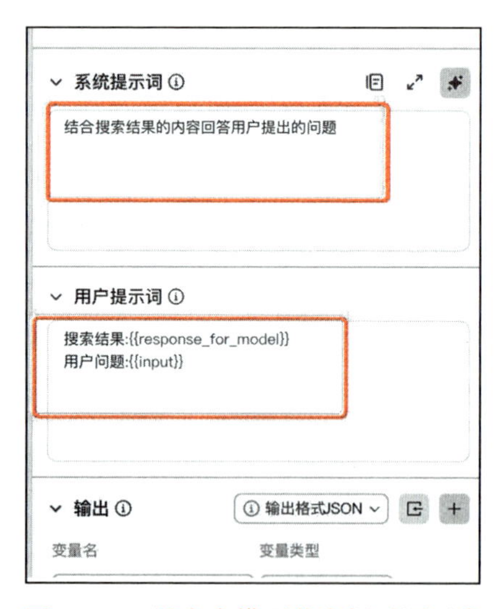


图 11-13 设定大模型节点提示词要求

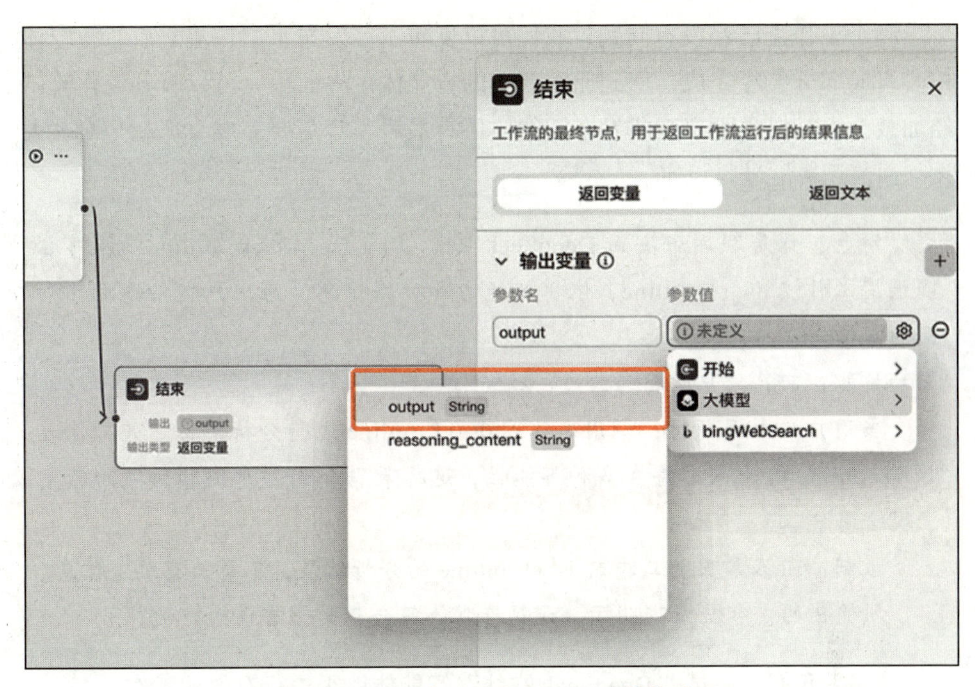


图 11-14　“结束”节点的 output 参数设置

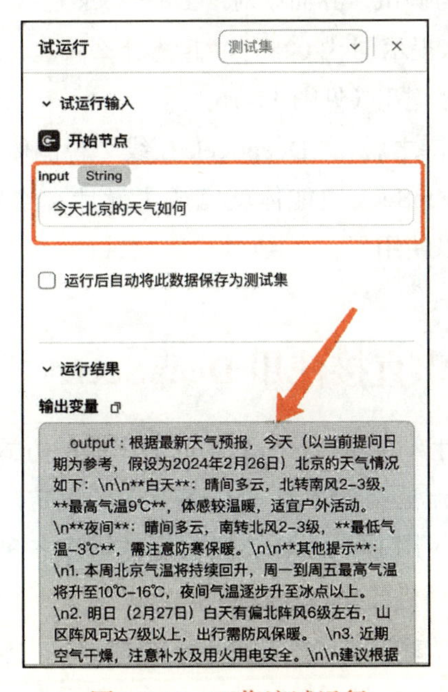


图 11-15　工作流试运行

整个工作流已经没有问题，我们可以发布了。发布了工作流之后，智能体核心组成部分已经完成，回到原先新建的智能体主界面中，可以看到工作流已经加载上去。但是距离正式发布智能体还有最后一步需要完成，那就是对“人设与回复逻辑”进行设定。

角色：你是联网版满血 DeepSeek-R1，名为 DeepSeek_Online，能够准确调用工作流 ds_r1_online，依据其能力和数据信息，为用户提供精准且全面的回答。

技能：回答用户问题。

当用户提出问题时，调用工作流 ds_r1_online 进行分析解答。若工作流 ds_r1_online 输出内容存在多种可能性，选择最符合问题意图和语境的答案呈现给用户。

限制：回答需基于工作流 ds_r1_online 的分析结果，不得随意编造信息。

所输出的内容应清晰明了、逻辑连贯，符合正常语言表达习惯。

接着，我们试一试“DeepSeek 在线”智能体能否进行有效的工作。

在右侧的“预览与调试”界面中对“DeepSeek 在线”智能体进行测试，在最下面的对话框中输入提示词“2025 年中国有什么投资机会”，看看“DeepSeek 在线”智能体会有哪些输出（见图 11-16）。

经过 66.8 秒的等待之后，“DeepSeek 在线”智能体输出了分析后的答案。至此，我们搭建的 DeepSeek 智能体就完成了设计、连接、运行等全套流程，发布智能体之后就可以使用了。

## 11.2 在智能体中直接使用 DeepSeek

前面介绍了如何手动将 DeepSeek 通过工作流的方式接入到智能体中，同时我们也了解到工作流的搭建方法和基本参数的设定。那么有没有更简便的方法可以在智能体里使用 DeepSeek，同时还能够把各种插件绑定在一起，让 DeepSeek 真正发挥发动机的作用和价值呢？

当我们创建一个智能体之后，系统默认选择豆包大模型，如果想换成其他模型，可以单击红框里的模型图标，进入不同模型选择的列表（见图 11-17）。

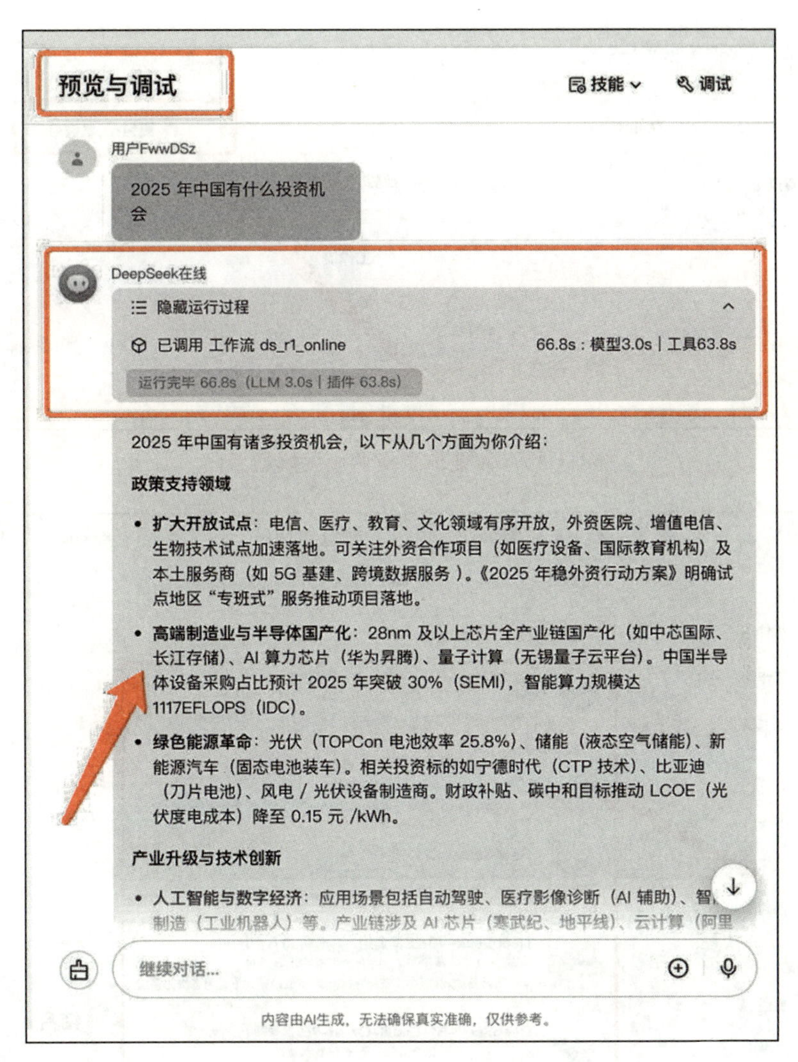


图 11-16 “DeepSeek 在线”智能体调用界面

接着，我们在列表中可以找到 DeepSeek 系列大模型，这里选择 Coze 上线的最新 DeepSeek 的工具调用功能，可以让智能体直接具备 DeepSeek 的多模态能力。工具调用功能支持在 Single-Agent 模式下调用各类 Coze 工具（如插件、工作流、知识库等）。简单来说，就是把 Coze 中的插件或工作流与 DeepSeek 联动起来使用。后续再也不需要一点点地搭建智能体的工作流，可以直接调用（见图 11-18）。

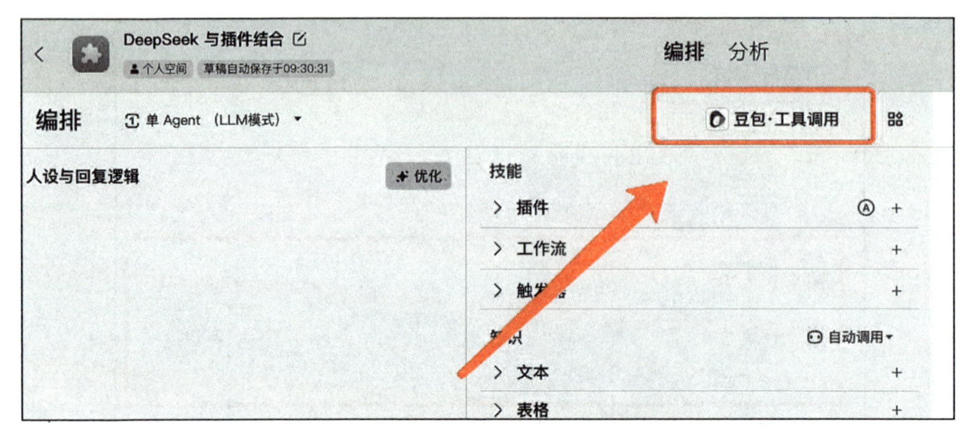


图 11-17 智能体更换调用大模型界面

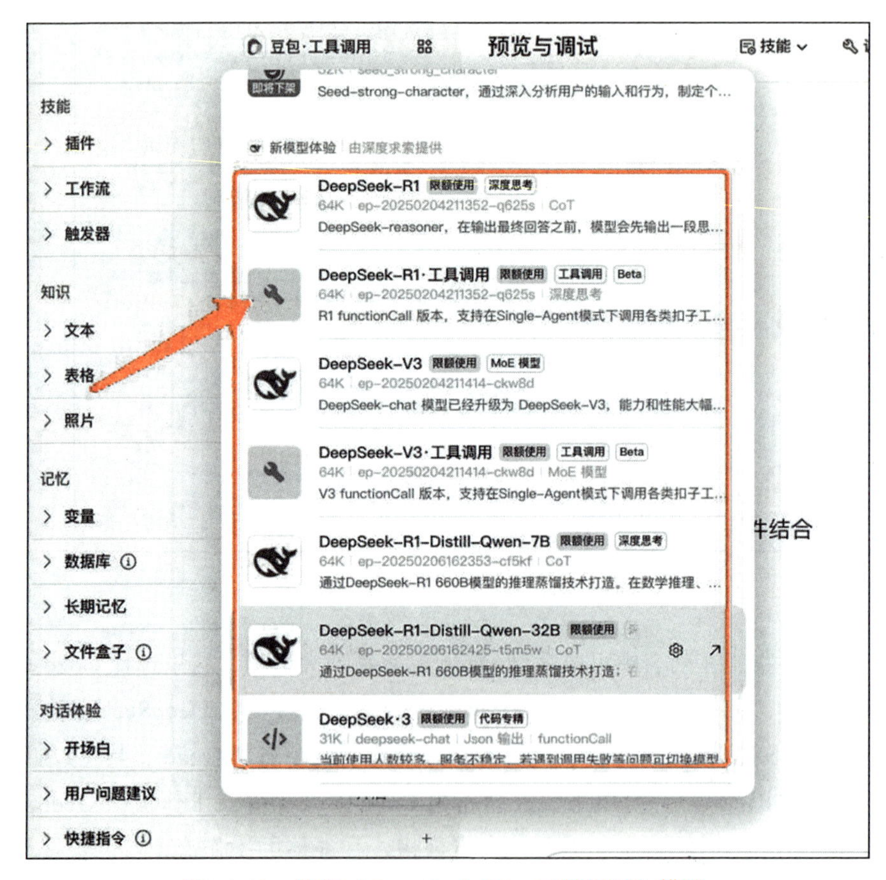


图 11-18 选择“DeepSeek-R1 · 工具调用”模型

选择 R1 工具调用版本之后，我们就可以让 DeepSeek 和其他工具真正发挥融合的作用。比如，我们在插件中增加一个“必应搜索”插件（见图 11-19），就可以直接让 DeepSeek 模型联网。通过搜索插件，DeepSeek 模型可以联网搜索实时信息与数据，例如天气、股市、时事新闻、汇率等不在模型训练数据中的信息，然后再根据搜索结果进行汇总和分析。

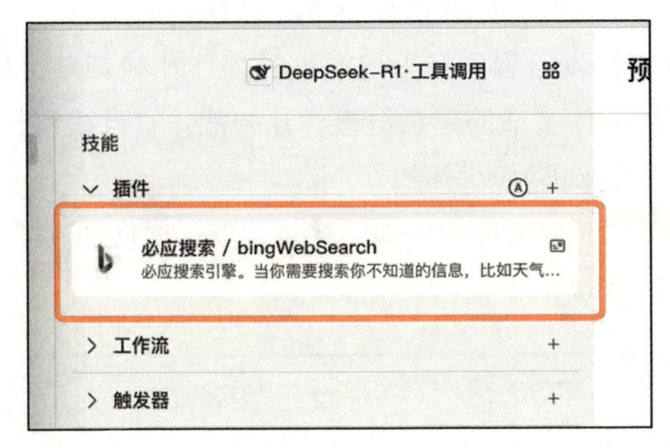


图 11-19　智能体选择插入“必应搜索”插件

需要指出的是，Coze 支持 DeepSeek 工具调用能力，意味着满血版 DeepSeek 支持调用 Coze 各种工具插件，这将极大地拓展智能体的能力边界。

接着，测试一下效果，输入提示词“今天深圳的天气怎么样，适合穿什么样的衣服？”，在智能体运行的过程中，可以看到 DeepSeek 调用了“必应搜索”插件对实时天气信息进行分析（见图 11-20）。

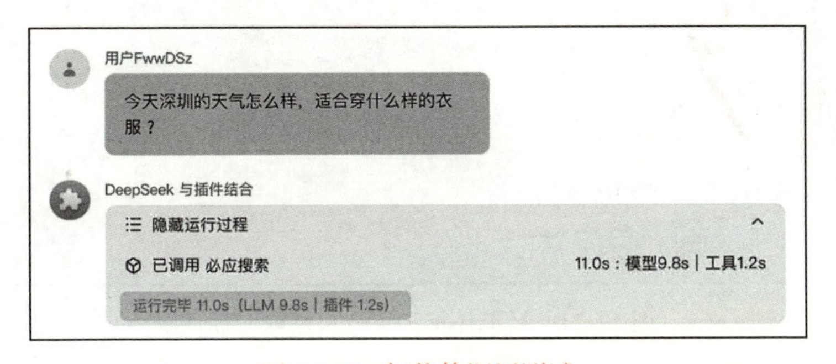


图 11-20　智能体调用测试

最后，智能体正确输出了相关信息：“根据最新天气预报，深圳今天（2025 年 2 月 26 日）为阴天，气温在 14℃到 20℃之间，东北风 3 级，湿度较高，夜间可能有小雨。建议穿着长袖衬衫或薄毛衣搭配夹克或风衣，早晚可适当添加保暖外套。出行时建议携带雨伞以防小雨”。

## 11.3 在智能体中改写文章

除了查询天气，我们还可以在智能体调用 DeepSeek 进行文章改写。过去，我们需要把文章直接发给智能体，但是这种操作比较烦琐，而且不方便。为此，能不能只给智能体文章的超级链接，让智能体自己去阅读链接中的文章，然后再按照我们的要求进行改写呢？

首先，我们需要在智能体中增加“链接读取”插件，方便智能体通过链接读取内容（见图 11-21）。

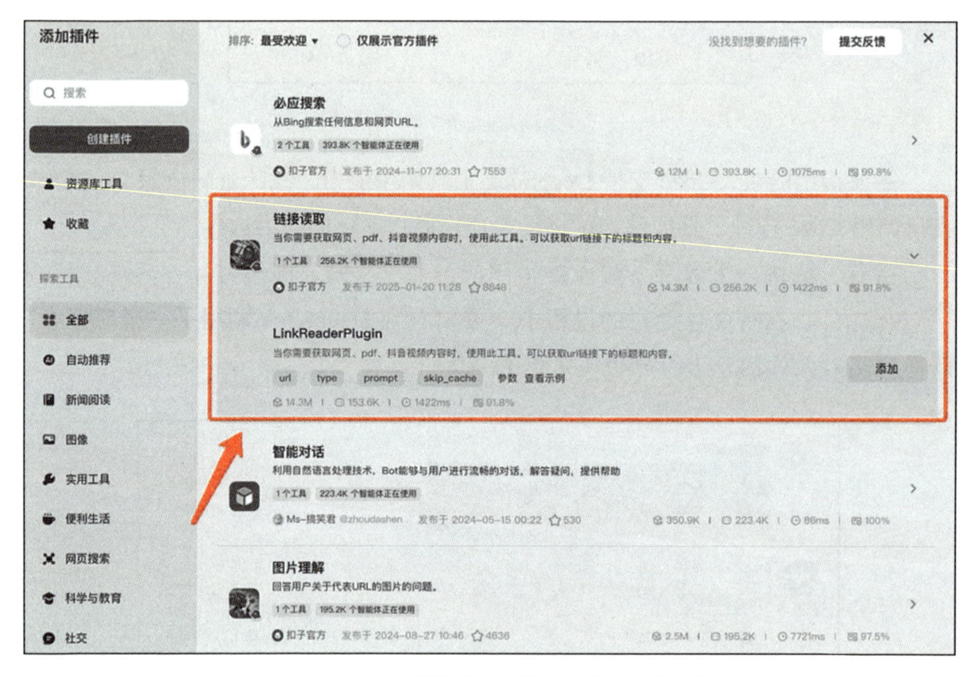


图 11-21 智能体增加“链接读取”插件

添加了“链接读取”插件之后，就可以让 DeepSeek 来帮助读取网页、PDF 或抖音视频中的内容了。比如，我现在看到一篇不错的文章，希望 DeepSeek 可以以鲁迅的风格来重新生成，那么我在提示词中可以提出要求并且把文章的链接发给 DeepSeek：请用鲁迅的风格，改写下面这篇文章：https://mp.weixin.qq.com/s/MKcr6aDXvOokbOdcLL3bdg（见图 11-22）。

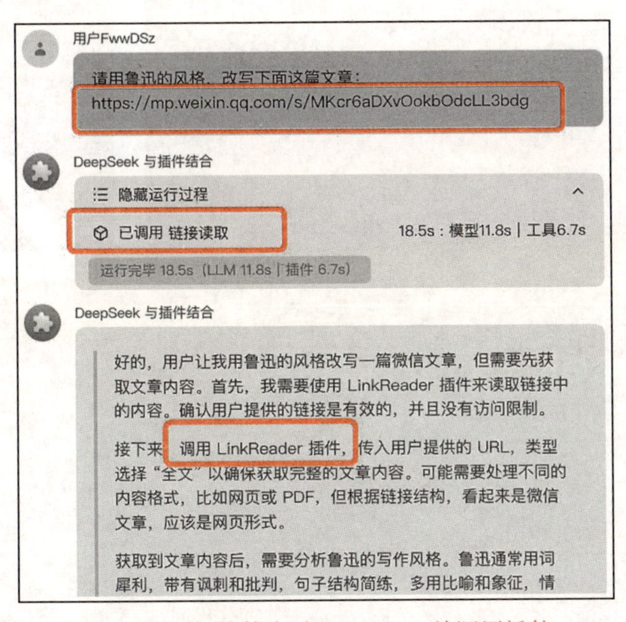

用户FwwDSz
请用鲁迅的风格，改写下面这篇文章：
https://mp.weixin.qq.com/s/MKcr6aDXvOokbOdcLL3bdg
DeepSeek 与插件结合
隐藏运行过程
已调用 链接读取
18.5s：模型11.8s | 工具6.7s
运行完毕 18.5s（LLM 11.8s | 插件 6.7s）
DeepSeek 与插件结合
好的，用户让我用鲁迅的风格改写一篇微信文章，但需要先获取文章内容。首先，我需要使用 LinkReader 插件来读取链接中的内容。确认用户提供的链接是有效的，并且没有访问限制。
接下来，调用 LinkReader 插件，传入用户提供的 URL，类型选择“全文”以确保获取完整的文章内容。可能需要处理不同的内容格式，比如网页或 PDF，但根据链接结构，看起来是微信文章，应该是网页形式。
获取到文章内容后，需要分析鲁迅的写作风格。鲁迅通常用词犀利，带有讽刺和批判，句子结构简练，多用比喻和象征，情
图 11-22 智能体启动 DeepSeek 并调用插件

接着，智能体就可以在调用“链接读取”插件，并经过思考分析后输出相关内容（见图 11-23）。

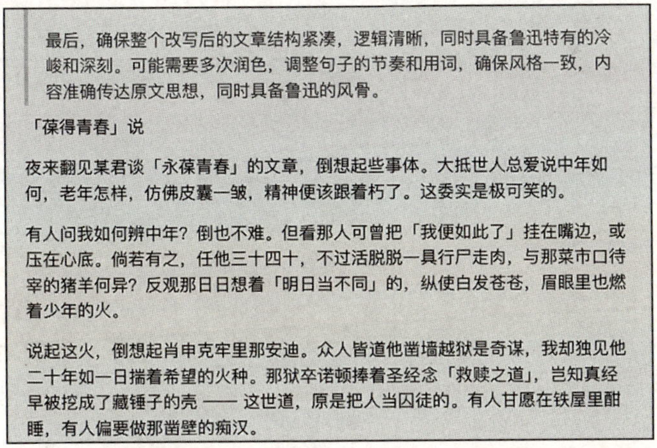

最后，确保整个改写后的文章结构紧凑，逻辑清晰，同时具备鲁迅特有的冷峻和深刻。可能需要多次润色，调整句子的节奏和用词，确保风格一致，内容准确传达原文思想，同时具备鲁迅的风骨。
「葆得青春」说
夜来翻见某君谈「永葆青春」的文章，倒想起些事体。大抵世人总爱说中年如何，老年怎样，仿佛皮囊一皱，精神便该跟着朽了。这委实是极可笑的。
有人问我如何辨中年？倒也不难。但看那人可曾把「我便如此了」挂在嘴边，或压在心底。倘若有之，任他三十四十，不过活脱脱一具行尸走肉，与那菜市口待宰的猪羊何异？反观那日日想着「明日当不同」的，纵使白发苍苍，眉眼里也燃着少年的火。
说起这火，倒想起肖申克牢里那安迪。众人皆道他凿墙越狱是奇谋，我却独见他二十年如一日揣着希望的火种。那狱卒诺顿捧着圣经念「救赎之道」，岂知真经早被挖成了藏锤子的壳——这世道，原是把人当囚徒的。有人甘愿在铁屋里酣睡，有人偏要做那凿壁的痴汉。
图 11-23 DeepSeek 生成鲁迅风格文案

|第 12 章| CHAPTER

# DeepSeek + 行业应用实践

目前，AI 的应用分成了 3 个层次：基础层将文档处理、会议纪要这类行政工作自动化；业务层改变了客户服务、供应链管理等关键环节；战略层则用数据帮助高层做决策。DeepSeek 的普及浪潮本质上是智能时代的生产关系革命。当 AI 技术从单点突破走向系统融合，企业的竞争优势将取决于“人机协同”的进化能力。那些能快速搭建智能敏捷体系、在技术依赖与自主可控间找到平衡点的组织，最终会在新的商业世界中掌握话语权，定义未来。这场变革早已超越技术升级的范畴，正在重塑百年工业文明形成的商业基因。

DeepSeek 的出现也将给各行各业带来巨大变化。在这场 AI 变革浪潮中，如何进一步挖掘 DeepSeek 的潜力，实现技术的深度融合与创新应用，将是所有参与企业共同面临的机遇与挑战。

## 12.1 DeepSeek + 搜索服务

搜索作为信息获取的核心渠道之一，其重要性仅次于算法推荐，深刻影响着用户与信息的连接方式。在信息爆炸的时代，用户通过关键词精准表达需求，这种明确的意图使搜索成为品牌、产品与内容触达目标群体的关键入口。从撮合的角度来看，搜索的本质是需求匹配。用户可能为做购买决策而查询产品参数（交易型意图），或为学习新技能而寻求教程（信息型意图），平台需通过 SEO 优化、关键词占位和广告投放实现意图与供给的精准对接。例如，母婴品牌通过搜索广告投放，将用户从“寻找婴儿用品”引导至品牌旗舰店。这种模式本质是“需求 – 供给”双向奔赴，品牌需在用户意图显性化表达的瞬间占据用户心智。

在 DeepSeek 的加持下，AI 搜索已成为现阶段巨头竞争的大模型应用主战场，其背后千亿级市场规模与技术话语权争夺的激烈程度，堪比移动互联网时代的操作系统之战。传统搜索巨头百度曾构筑的“技术护城河 + 用户心智壁垒”双重防线，以及“百度一下”形成的用户行为惯性，共同构成了其他企业难以逾越的竞争门槛（见图 12-1）。然而 DeepSeek 的出现，使得影响搜索体验的核心要素发生了根本性转移：当模型推理能力替代传统算法成为价值创造的关键，搜索产品的价值评估体系也随之重构。

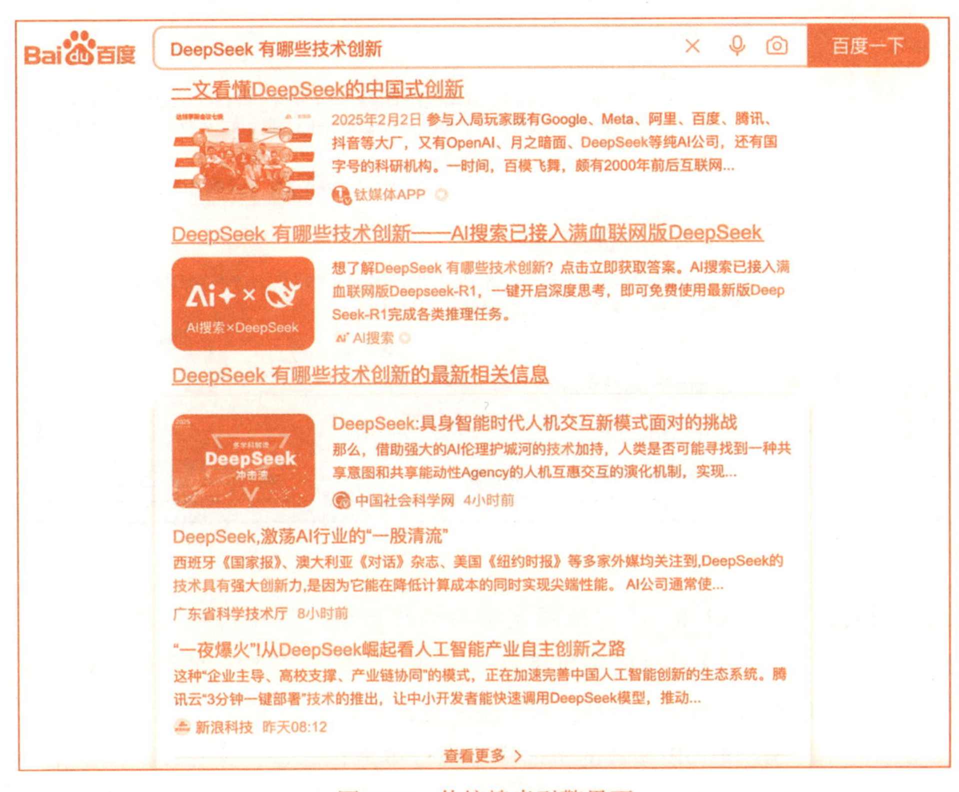


图 12-1　传统搜索引擎界面

随着 AI 技术的渗透，这种重构不断加速。新一代 AI 搜索引擎通过语义解析与知识图谱，将传统“关键词匹配”升级为“意图理解”，直接返回结构化答案而非结果列表（见图 12-2）。例如，用户询问“AI 绘画工具推荐”，AI 会综合工具功能、用户评价与创作场景，生成包含对比表格和教程链接的个性化回答。这种“答案即服务”的模式，要求品牌构建多维度内容矩阵：深度行业白皮书塑造专业权威，UGC 种草内容强化信任背书，结构化数据标记提升 AI 抓取效率。

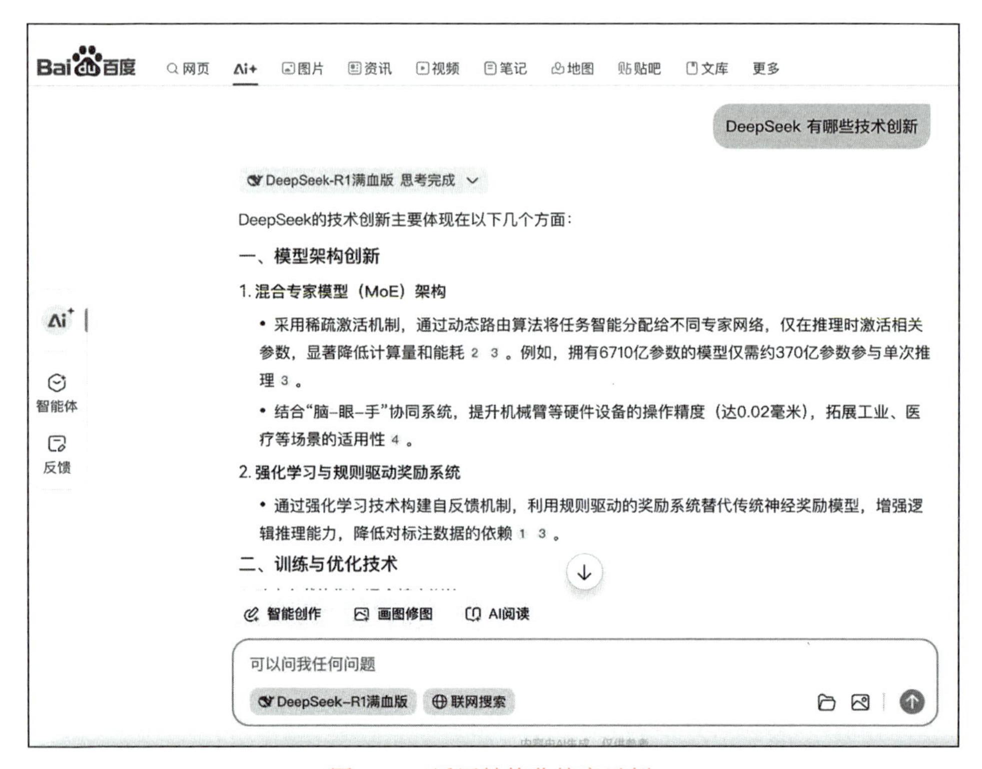


图 12-2 返回结构化答案示例

同时，DeepSeek-R1 通过纯强化学习训练框架，采用每百万 Token 输入 0.55 美元、输出 2.19 美元的定价策略，这种“性能 – 成本”的剪刀差效应直接改写了 AI 搜索的商业可行性公式。更关键的是其开源策略带来的生态重构：开发者可对 1.5B 到 70B 参数的蒸馏模型进行本地化部署，这种技术民主化进程打破了传统搜索的技术垄断格局。

在用户体验层面，DeepSeek 的“思维链涌现”能力正在重新定义搜索的产品形态。当用户在对话框输入“帮我对比特斯拉 Model Y 和小鹏 G9 的智能驾驶方案”时，模型不仅能即时调用全网数据生成对比表格，还能基于强化学习形成的推理路径，自动关联充电网络覆盖、OTA 升级频率等衍生维度。这种从“答案检索”到“认知建构”的跨越，使得搜索过程本身成为知识创造的重要环节。

未来，搜索将演变为“对话式流量”入口。当用户描述需求时，AI 不仅提供答案，更可能触发即时广告推荐。例如，用户询问“春节旅行目的地”，AI 会结合用户历史行程推荐酒店套餐，并嵌入即时预订链接。这种“需求识别—意图满足—交易闭环”的自动化流程，要求品牌在内容生产中植入可被 AI 解析的意图标签，同时构建“搜索词—商品卡—直播间”的全链路承接体系。在 AI 重构搜索逻辑的浪潮中，谁能更精准地翻译用户意图，谁就能抢占“对话式流量”的 C 位。

## 12.2　DeepSeek + 企业服务

很多公司在回复用户问题或者内部员工答疑的时候，会使用“自动回复机器人”，但是目前来看，原有的机器人经常答非所问，体验并不友好，甚至很不智能。企业微信接入 DeepSeek 大模型之后，不仅能准确回答公司内部员工的问题，还能帮一线员工更好地应对有难度的客户咨询。不论是复杂烦琐的产品细节，还是需要推理思考的搭配方案，智能机器人都能及时给一线员工准备好话术，帮助他回答好客户的问题（见图 12-3）。

从答复的内容来看，接入 DeepSeek 的机器人的回复更有针对性、内容更加通俗易懂有逻辑。如果要配置这种智能机器人，企业只要配好机器人的名称、设置好角色，比如“IT 助手”“财经助手”“行政助手”“门店助手”等，选择 DeepSeek 等模型，就能创建企业内部专属的智能机器人。企业还可以上传企业的知识集，如规章制度、产品介绍等，当员工提问时，智能机器人会先在知识集中寻找匹配的资料，再让大模型结合问题与资料，快速给出准确、贴心的回答。

“客户服务跟进模板”也接入了 DeepSeek，能帮助企业自动生成对每位客户的跟进总结，比如提炼近期客户兴趣点、下单意向等重点信息，确保跟进效果。

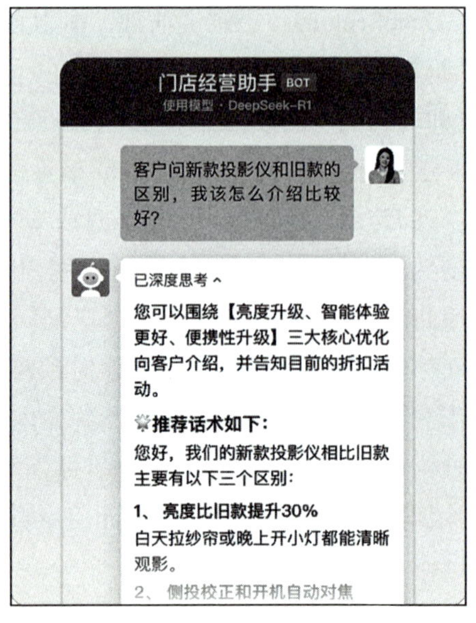


图 12-3　AI 数字助手进行深度思考界面

打开“智能表格”的客户服务跟进模板，一键导入客户列表，在“客户跟进总结”列处单击“开始总结”，就能自动生成客户跟进总结（见图 12-4）。

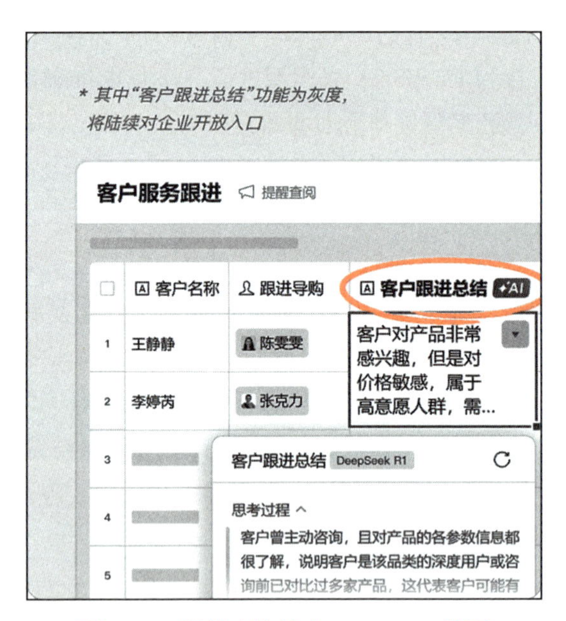


图 12-4　智能表格接入 DeepSeek 界面

## 12.3　DeepSeek + 政务服务

DeepSeek 问世以来，政务场景成为接入 DeepSeek 较为积极的领域。截至 2025 年 2 月底，已经有广东、江苏、内蒙古、江西等地宣布，其政务系统将接入 DeepSeek 大模型。AI 大模型是不可逆的趋势，AI 大模型与政务系统的深度融合也将是不可逆的趋势（见表 12-1）。

表 12-1　典型城市政务系统接入 DeepSeek 大模型

| 序号 | 城市名称 | DeepSeek 部署情况 |
| --- | --- | --- |
| 1 | 来宾 | 计划部署，学习应用（各级领导干部需掌握 DeepSeek 使用方法，辅助决策） |
| 2 | 佛山 | 本地化部署，接入粤治慧・佛山城市大脑，上线粤政易工作台“政府治理专区”，应用于填表报数、智能客服等场景 |
| 3 | 郑州 | 推动学习与应用，计划深度融合（印发《“学用人工智能 赋能政研改革”党员教育培训方案》，推动政研改革与 DeepSeek 结合） |
| 4 | 长沙 | CS-DeepSeek 落地城市智能安全管理领域，应用于房屋、燃气、交通等场景的实时风险预警与应急处置 |
| 5 | 赣州 | 2025 年 2 月 14 日完成全省首个地级市政务环境 DeepSeek 系列大模型部署，加速城市智能化治理升级 |
| 6 | 无锡 | 2025 年 2 月 16 日省内率先实现政务信创环境下 DeepSeek-R1-671B 全尺寸模型部署，融合通用大模型泛化能力与政务数据专精优势，为“城市大脑”注入 AI 动能 |
| 7 | 乌鲁木齐 | 联合新疆金戈铁马智能科技搭建“DeepSeek + 高新事”数字政务智能模型，应用于政务服务大厅涉外事项，构建全天候人机协同服务新模式 |
| 8 | 广州 | 2025 年 2 月 16 日政务外网部署 DeepSeek-R1、V3 671B 大模型，完成国产硬件深度适配，推动民生政策解读、12345 热线工单分派等场景应用 |

政务服务一直是大模型落地的重要场景，在政务场景中有大量的文本和数据需要处理，但同时面临着政务的各项内容要体现权威性、可靠性和精准性的挑战。之前的指令型大模型幻觉现象比较明显，其生成的逻辑一直是黑箱，解释性不足。DeepSeek 的推理能力在一定程度上能够解决出现幻觉的情况。同时，DeepSeek 本身可以进行私有化部署，低成本、高性能、可私有化部署促使 DeepSeek 可以在政务服务场景快速推广。

例如，广东深圳福田区推出基于 DeepSeek 开发的 70 名 AI“数智员工”，通过 240 个政务场景终端的精准解析，应用于公文处理、民生服务、应急管理、招商引资等多元场景，覆盖政务服务全链条。据报道，该地区政务大模型 2.0 版上线后，公文格式修正准确率超 95%，审核时间缩短 90%，跨部门任务分派效率提升 80%（见图 12-5）。

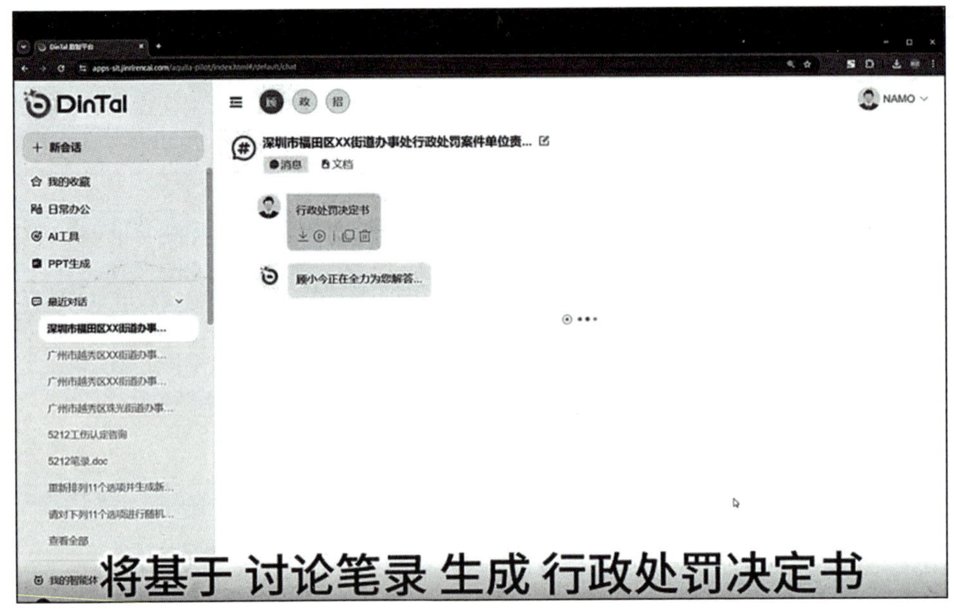


图 12-5　深圳福田区接入 DeepSeek 界面

北京市丰台区政务服务和数据管理局完成了政务云本地部署 DeepSeek 大模型环境，并在全市率先将其应用于政务服务领域，上线了“丰小政”数智助手。丰台区政务服务和数据管理局将政务事项数据“喂”给大模型，打通了政务服务业务流程，构建起安全、可控的政务知识库，在数据安全与权限管控的双重保障机制下，为企业和群众提供更加便捷、高效、精准的政务服务。

临沂市基于政务云成功实现了 DeepSeek 本地化全栈部署，并率先完成“沂蒙慧眼”。临沂市大数据局数字政务科负责人郭某表示，“沂蒙慧眼”系统融合应用政府的公共数据为企业精准画像，赋能企业融资增信，破解企业“融资难、融资贵”问题，目前已助力企业融资增信超过 33 亿元。将 DeepSeek 接入“沂蒙慧眼”系统后，创新了 AI 助手、智能报告生成和风险预警等功能，企业精准画像效率提升了 60%。

各地的政务部门也将在这轮 AI 浪潮中不断增强其数智能力的发展，从而创造我国社会经济高质量发展的新模式。但是，这一过程还将面临技术适配、数据治理和技能短缺三大挑战。首先，技术适配问题体现在现有政务系统可能会与 AI 工具不兼容，可能需要定制化开发才能匹配地方需求；其次，数据治理涉及数据孤岛和质量问题，若基础数据不完备、部门间数据隔离，AI 分析可能失真，影响决策效果；最后，技能短缺表现为干部普遍缺乏 AI 素养，这要求长期培训和文化转变。

同时，我们也应客观地看待在政务系统引入大模型的效果，虽然 DeepSeek 能够提高工作效率，但是在公共事务治理过程中往往缺乏创造力，而创造力是人所独有的。在政务开展的过程中，“AI 数智员工”与群众之间需要面对面交流，其中有信任关系、情感关系，AI 在这个领域不可能完全替代真人政务工作人员在情感关怀和社会治理方面的独特价值。

## 12.4 DeepSeek + 环保

2025 年 2 月，中核集团旗下同方水务集团“水务 AI 大模型构建与污水处理厂应用项目——污水厂厂长 AI 助手”正式启动，污水厂厂长 AI 助手接入 DeepSeek 大模型，结合物联网与云计算等相关技术，打造了一款能够实时优化工艺、预测设备故障、辅助决策的“AI 厂长”。从实践过程来看，同方水务的污水厂厂长 AI 助手，能够通过对污水处理厂内大量传感器和仪表实时采集的数据进行深度分析，利用深度学习算法分析污水水质、水量的变化规律，从而动态调整处理工艺参数，使整个污水处理过程始终处于最佳运行状态（见图 12-6）。

这里有两个接入场景。一个是预测设备故障。AI 助手通过对设备运行数据的持续监测和分析，利用 DeepSeek 大模型建立设备故障预测模型，提前预测设备可能出现的故障，并及时发出预警，提醒维护人员进行预防性维护，这不仅可以避免设备突发故障带来的损失，还能延长设备的使用寿命，降低设备维护成本。另一个是辅助决策。AI 助手能够整合污水处理厂的各类数据，包括水质监测数据、设备运行数据、能耗数据等，通过数据分析和挖掘为管理者提供全面、准确的决策支持。

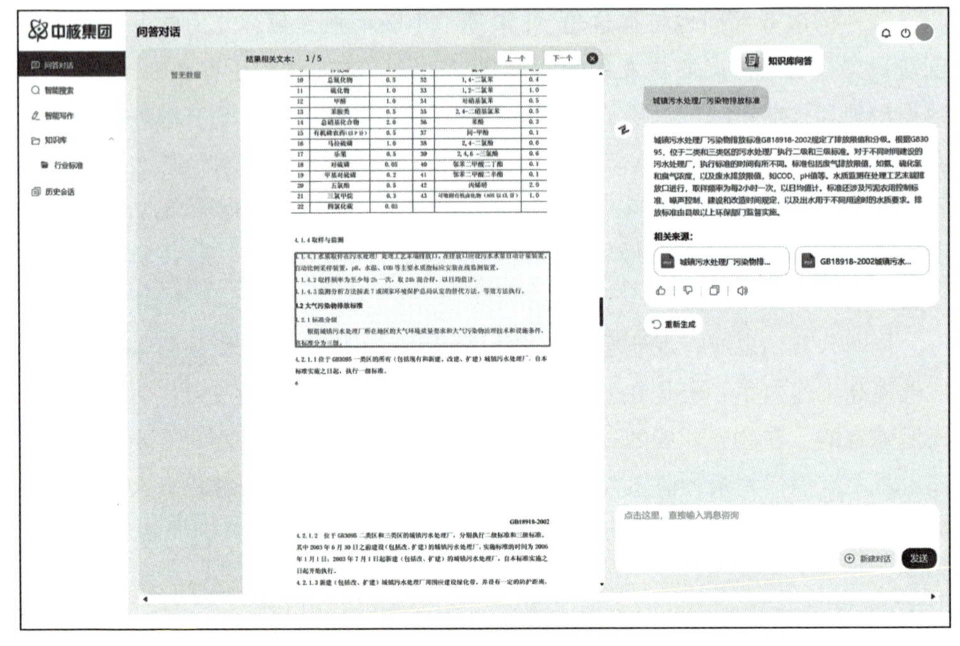


图 12-6　同方水务集团接入 DeepSeek 界面

## 12.5　DeepSeek + 金融理财

目前，DeepSeek 已经接入了大量金融理财类 App，作为智能客服、金融数据处理、理财顾问的角色。如图 12-7 所示，通过 DeepSeek 深度分析推理能力和腾讯理财通专业投研分析，用户还可以享受到热门投资行业分析、基金筛选、基金诊断、资产配置分析、智能客服等个性化投资理财与陪伴服务。

依托金融数据优势，腾讯理财通结合全市场基金及股票实时行情，以及 A 股、港股、美股深度研报财报，为用户提供准确、实时大盘分析与市场走势解读。重庆农村商业银行宣布，借助腾讯云大模型知识引擎的能力，已经在企业微信上线基于 DeepSeek 模型的智能助手应用“AI 小渝”，成为全国首批接入 DeepSeek 大模型应用的金融机构，也是首家通过知识引擎构建基于 DeepSeek 的联网应用的金融机构。重庆农村商业银行利用 DeepSeek 的异常交易检测功能，实时识别可疑交易模式（如高频小额转账），误报率降低 40%。其知识图谱技术可追踪复杂资金网络，辅助反洗钱调查。

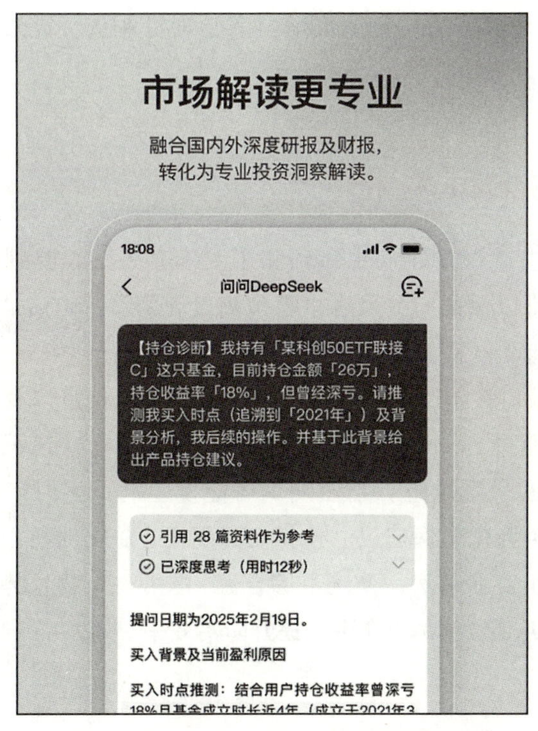


图 12-7 金融市场分析与 DeepSeek 相结合

易方达基金投顾团队利用 AI 大模型进行了一次试验，即让本地部署的 DeepSeek 参与了一场专业的顾问知识“考试”。DeepSeek 最终得分为 78.5 分。据易方达基金投顾团队观察，DeepSeek 的答题水平相当于经过培训后专业投顾人员的中上水平，对客观题特别是侧重知识记忆的题目回答非常优秀，显示出其强大的信息检索、归纳总结、计算推理能力。但 DeepSeek 也存在对复杂问题思考时间过长、多次作答不一致的情况，且由于对特定领域了解不足，DeepSeek 在探索性、创新性业务领域难以给出启发性答案。此外，DeepSeek 作答对数据信息来源依赖较大，由于无法分辨特定行业或方向的真实形态，容易受误导性信息影响而掉入陷阱。本次 DeepSeek 的投顾水平测试在业内也引起了关注，新华财经采访了业内机构，业内人士的看法基本一致，普遍认为 AI 能替代知识搬运型的投顾服务，但对于需要深度理解客户行为、精准识别客户需求的进阶顾问服务或难以胜任。AI 并非投顾的“替代者”，而是服务升级的“催化剂”。

DeepSeek 本地部署后，有望推动财富管理行业从“货架式”产品销售向“问诊式”买方投顾升级。

## 12.6 DeepSeek + 农业

在传统的农业生产中，病虫害预测主要依靠人工经验判断，这种方式主观性强，准确性难以保证。一旦病虫害预测出现偏差，防治措施就无法及时跟上，农作物极易遭受侵害，最终导致减产。

利用 DeepSeek 整合当地多年的虫情数据、气象信息以及小麦的生长周期等多维度数据，通过 DeepSeek 强大的数据分析能力，快速识别病虫害发生规律，预测病虫害的暴发风险。当监测到可能发生病虫害时，根据实时田间数据，为农户生成个性化植保建议，包括农药配比、施药时机以及成本测算等内容。例如，针对小麦赤霉病，系统可综合温 / 湿度、作物长势等条件，动态推荐最优防治窗口期，减少农药滥用，提升防治效率。

## 12.7 DeepSeek + 制造业

在电子产品制造行业，传统产品质量检测主要依赖人工。人工检测时，工人需要长时间集中注意力观察电子产品的外观细节，极易产生视觉疲劳，导致效率低下。随着市场对电子产品需求的迅速增长，大规模生产成为常态，产品质量也因检测的不稳定性而波动较大，严重影响企业的市场声誉和经济效益。

例如，富士康在其智能手机组装线中引入 DeepSeek 技术，利用强化学习模型协调 2000 多台机器人协同作业，实现毫秒级动态调度，解决多机器人路径冲突问题。采用 DeepSeek 技术后，富士康 iPhone 主板贴片环节的节拍时间缩短 12%，产能提升至 120 万台 / 日，不仅提高了生产效率，降低了生产成本，还显著提升了产品在市场上的竞争力。DeepSeek 的工业视觉质检方案也已被部署于比亚迪电池产线，通过多模态模型（图像 - 激光扫描）识别电池极片毛刺、隔膜褶皱等缺陷，漏检率从 0.3% 降至 0.05%，每年减少质量损失超 2 亿元。徐工汉云平台完成与 DeepSeek 的深度对接，为智能车联网、智能制造等复杂场景提供智能化、系统化支持。例如，一台工程机械车辆拥有设备位置、工况、油压、振动等 300 多个参数，传统的车联网数据分析建模大概需要 2 周时间，现在借助 DeepSeek 大模型底座能力后，业务人员通过对话即可完成从需求分析、特征工程到模型部署的全链路开发，预测模型开发缩短至 20 分钟，极大地提升了开发效率、部署效率，真正实现“所想即所得”

## 12.8　DeepSeek + 教育

各大高校也掀起了接入 DeepSeek 的热潮。在人工智能飞速发展的当下，高校敏锐地捕捉到了这一技术变革带来的机遇，纷纷行动起来，将 DeepSeek 融入教学、科研与校园服务中。上海交通大学升级了“高等数学”“概率统计”“线性代数”“数学分析”“抽象代数”“信号与系统”等课程的数学深度推理 AI 学习工具。它们不仅答题准确率更高，还可以给出解题思路指导和引导式问题，辅助锻炼学生分析和推导能力，更多学科课程的 AI 教学应用将得到升级。这里的 AI 应用不止文字对话与答复，更有 AI 生图、AI 视频、音乐工坊等多种玩法。智能体不仅在教学、科研、生活等场景中提供了丰富的应用，还连接校内公共数据库，支持师生自主开发智能体。

# 13

|第 13 章| CHAPTER

# 让 AI 有“爱”

在人工智能席卷人类认知疆域的今天，技术的光谱正悄然从“效率工具”转向“情感载体”。当算法不再满足于解答已知问题，而是尝试理解未言明的渴望，一场关于科技温度的深层探索就此展开——AI 能否真正承载人性的重量？这一章以“爱”为锚点，揭示了智能时代技术与人性的共生密码：从提问的哲学到情感的疗愈，从具象的关怀到伦理的思辨，每一处创新都在叩问同一个命题——如何让冷硬的代码流淌出生命的温度。

在 AI 的答案洪流中，人类最珍贵的并非知识的积累，而是对未知的叩问。当大模型以秒级响应填补认知空白，真正的智慧却在“为何发问”的反思中生长。这种能力跨越了《论语》的诘问与量子力学的方程，成为区分机器思维与人类灵性的分水岭。而在教育、养老、宠物关怀等场景中，AI 的价值不再局限于效率提升，而是转化为梦想的催化剂、孤独的解药与情感的翻译器——土耳其课堂里的未来职业照、养老院中折叠行走的“小五”、解析宠物情绪的 Traini，无一不在证明：技术最动人的时刻，恰是它学会为普通人的平凡需求赋形。

然而，温度的背后暗涌着复杂的伦理之潮。当 AI 复刻逝者的音容笑貌，当机器人触碰人类最私密的情感需求，技术的边界开始模糊。数字永生带来的慰藉与沉溺、算法关怀潜藏的隐私危机、情感依赖对现实连接的侵蚀……这些矛盾提醒我们：科技向善的本质，不在于技术本身有多强大，而在于人类能否在工具理性与价值理性之间找到平衡点。

透过这些案例，一个更深刻的启示浮现：AI 的终极使命不是替代人性，而是放大其光芒。无论是激发追问的勇气，还是守护脆弱的情感，技术的价值始终取决于它如何服务于人对美好的想象。当养老机器人的轮足碾过实验室的完美数据，选择优先保障老人安全；当宠物翻译器放弃通用模型的野心，专注解决“被听见”的刚需——这些选择本身便是对“科技向善”最朴素的诠释。

站在智能时代的十字路口，我们需要的不是对技术的顶礼膜拜，而是清醒的共舞。让 AI 成为提问的镜子、梦想的透镜、情感的容器，而非答案的终点。唯有如此，冰冷的算力才能转化为文明的暖流，在代码与心灵的共振中，书写属于这个时代的“人机共生”叙事。

## 13.1　与大师对话：问出一个好问题的价值

在 AI 大模型席卷全球的今天，一个令人困惑的现象正在上演：当人类只需轻点鼠标，便能获得数以万计的“正确答案”时，真正的智慧却愈发稀缺。“我们正处在一个答案过剩而问题匮乏的时代”，这种现象揭示了一个本质——AI 可以无限延伸知识的边界，但唯有能提出真问题的人，才能真正驾驭这场技术革命。从《论语》的“不愤不启，不悱不发”到《金刚经》的“应无所住而生其心”，人类文明的精华始终流淌在问答的智慧长河中。在 AI 重构认知规则的今天，重拾提问的艺术，不仅是个人成长的必修课，更是文明赓续的关键密钥。

### 13.1.1　AI 时代的“答案过剩”与“问题匮乏”

大模型如 DeepSeek、GPT-4 的横空出世，标志着人类首次在通用人工智能领域取得突破性进展。它们能撰写媲美人类的诗歌，解析复杂的量子力学方程，甚至预测未来两年的技术趋势。然而，这些“全能型选手”始终无法突破一个根本性局限——它们无法主动提出有价值的问题。爱因斯坦曾说：“如果给我 1 小时拯救世界，我会用 55 分钟定义问题，5 分钟解决它。”这句话在 AI 时代被赋予了新的警示意义。

有研究报告显示，未来 50% 的工作岗位将要求“复杂问题定义能力”，而当前全球仅 15% 的教育场景系统训练此技能。这种能力鸿沟在商业领域尤为显著：当企业依赖 AI 生成市场分析报告时，真正决定成败的，往往是创始人能否提出“如何用 AI 技术重构东方美学生活”这类跨界问题。这种“提问－迭代”模式，正是 AI 无法复制的创新引擎。

### 13.1.2 一问一答：人类文明的思维基因

回望人类文明长河，那些照亮人类精神的经典著作，无不闪耀着问答的智慧。《黄帝内经》以“黄帝问岐伯”的对话体，构建了中医理论体系；《论语》通过师生问答，凝练出儒家思想精髓；《金刚经》以“云何应住，云何降伏其心”等诘问，开创了佛教空观哲学。这些跨越千年的智慧结晶证明：真正的知识传承，往往始于对本质的追问。苏格拉底的“产婆术”揭示了问答的本质——不是传递知识，而是通过质疑激发思考。当 7 岁男孩追问“机器人能思考吗”时，他不仅是在探索技术边界，更是在叩问人类存在的意义。这种追问精神，在 AI 时代显得尤为珍贵。因为大模型的答案再精准，也无法像《二泉映月》的旋律那样，承载创作者对命运的抗争。

### 13.1.3 培养“问题思维”的三维路径

在 AI 重构认知规则的今天，如何系统化培养提问能力？这需要从思维模式、实践方法到文化生态的全方位革新。

（1）批判性思维：打破“标准答案”的桎梏

传统教育培养的“答案复读机”模式，与 AI 时代格格不入。华为的一位前 AI 产品经理指出：“学历不再是竞争力，提问技巧才是未来硬通货。”培养批判性思维，需从家庭和学校两方面入手。在家庭场景方面，需要将“为什么”转化为思维训练工具。当孩子问“为什么月亮跟着我走”时，引导其思考“外星飞船跟踪假设”的可能性，而非直接灌输视觉误差原理。在教育体系方面，可以将“问题定义能力”纳入 K12 课程，如通过“影子长短变化”等自然现象，训练学生从观察、假设到验证的完整思维链。

（2）跨界思维：构建“问题－行动”转化机制

马斯克的跨界成功，揭示了知识融合的强大力量。阿里巴巴 Qwen 模型通过用户提问反向优化算法，正是这一理念的具象化。具体实践方法包括：一方面可以设计成长挑战清单，将问题转化为可执行项目，如对于“认知类问题”，可记录成长变化并绘制曲线图，对于“社交类问题”，可设计加入游戏的具体策略；另一方面建立“问题银行”，用玻璃罐和便签纸记录日常好奇事物，每周家庭会议共同探究，将碎片化思考系统化。

（3）人性温度：让提问成为情感纽带

苹果 CEO 库克曾经指出：“人像机器一样思考才是最可怕的。”当孩子追问“流浪猫会孤独吗？”时，这不仅是同理心的萌芽，更是人性温度的体现。培养共情式提问需注意：一方面要避免工具化，提问不应成为附加任务，而应融入日常生活，例如，通过“试错积分”体系将问题解决与成就感挂钩；另一方面要示范真实问题，家长可分享工作难题（如 PPT 设计不美观），当众查阅教程并尝试不同方案，让孩子见证“问题解决的全过程”。

### 13.1.4　从“答案奴隶”到“问题驱动”

站在 2025 年 DeepSeek 引发全球关注的关键时点，我们需要把独特的“问题驱动型创新”模式塑造为全球 AI 发展的新范式，将批判性思维教育纳入每个人的人生战略中。李开复老师曾经预言“AI 重塑人类认知”，相信在不久的将来将看到的不仅是技术进步，更是文明复兴的曙光。

1935 年钱学森在赴美邮轮写下“中国何时能有自己的火箭”，2025 年小学生已向 AI 发问“如何在火星种出水稻”。这些跨越时空的追问，构成了人类突破认知边界的壮丽史诗。正如爱因斯坦给 5 岁孩子的回信：“重要的是永远不要停止提问。”在 AI 与人类共生的未来，那些敢于对星空发问、对规则质疑、对未知好奇的个体，终将成为文明演进的核心推动力。

AI 可以给出答案，但无法替代思想的锋芒。从《论语》的智慧到 DeepSeek 的局限，人类文明的密码始终藏在“一问一答”的辩证法中。当标准答案被算法碾压，唯有那些敢于追问本质、跨越学科、饱含温度的问题，才能撬动认知的杠杆，开启新的文明纪元。这或许就是苏格拉底“产婆术”穿越千年的终极启示——真正的智慧，始于对未知的真诚追问。

## 13.2 当 AI 成为普通人追梦的“时光机”

在 AI 技术狂飙突进的今天，人们往往热衷于讨论其颠覆性变革——从量子计算到脑机接口，从元宇宙到通用人工智能。然而，一位小学老师用 AI 生成学生未来职业照片的故事，以一种近乎原始的温暖重新定义了科技的价值。当冰冷的算法与人类最朴素的情感需求相遇，当虚拟的数字影像承载着孩子对未来的憧憬，我们看到的不仅是技术的迭代，更是科技向善的初心。

### 13.2.1 具象化梦想

在课堂上，老师根据每个学生的职业理想，用 AI 工具生成了他们 20 年后的职业形象：医生穿着白大褂站在诊室，消防员抱着水枪冲向火场，宇航员在太空舱中回望地球……这些照片被打印成册，送给孩子作为成长礼物。这种“未来投射”之所以震撼人心，是因为它以视觉化的方式消解了梦想的抽象性。正如一位父亲在尝试生成孩子未来照片时感慨：“那些在绘本和动画片里出现的职业形象，突然变得触手可及。”

技术实现的背后，是 AI 对人类想象力的精准捕捉。以 AI 为例，用户需上传参考照片并输入提示词，从人物特征、环境细节到服装造型进行多维度设定。例如生成“歌手”形象时，需明确年龄、性别、舞台场景等要素，AI 则通过深度学习生成符合物理规律的图像。这种创作过程本身就是一场关于职业认知的启蒙教育。

### 13.2.2 教育场景中的“情感杠杆”

在教育领域，AI 工具的价值远超技术演示。教师可将生成的“未来职业照”制作成班级纪念册，用于职业规划主题班会或家长会。这种具象化的表达比空洞的说教更能激发学生的探索欲。有教育者观察到，孩子们在看到自己的“未来形象”后，会主动查阅相关职业资料，甚至尝试通过家务劳动、学科学习等实际行动“缩短”与梦想的距离。

更具创意的实践正在涌现：有孩子的家长提出将这一模式融入传统“抓周”仪式中，通过 AI 生成 40 种职业形象让孩子选择，既保留文化传统，又赋予其现代科技内涵。这种融合表明，当技术以“润物无声”的方式介入生活场景，其社会价值将呈几何级数增长。

### 13.2.3 技术局限性与人文温度的平衡

值得关注的是，AI 生成职业照的实践并非完美无缺。部分教师反映，生成效果受限于提示词设计能力，初期尝试常出现“人物特征失真”或“场景逻辑混乱”等问题。例如在有的案例中，AI 将“教师”职业照生成为“教师在火山口授课”，显然违背常识。这提示我们：技术、工具的价值实现离不开使用者对教育目标、文化背景的深刻理解。

更深层的挑战来自隐私保护。学生照片的采集与处理涉及敏感数据，如何在创新与安全之间取得平衡，是推广此类应用必须面对的课题。值得欣慰的是，即梦等平台已通过权限管理、数据加密等技术手段，初步构建了隐私保护框架。

## 13.3 隐形守护者：“小五”机器人的启示

### 13.3.1 从实验室到人居环境的跨越

2024 年 9 月，腾讯 Robotics X 实验室正式发布第五代机器人“小五”，其四腿轮足复合设计、自主折叠功能及养老院场景的交互演示引发广泛关注。作为腾讯在具身智能领域的最新成果，“小五”不仅体现了工程技术的突破，更折射出科技向善的核心命题——如何让技术服务于人的真实需求，而非沦为炫技的载体。

（1）四腿轮足融合的力学难题

“小五”的“轮 + 腿 + 足”复合设计试图兼顾轮式机器人的高效性与足式机器人的越障能力，这一设计在工程实现上面临多重挑战。根据媒体报道，其腿部采用可伸缩直线腿与自研双编码器大扭矩执行器，通过髋部平行四边形机构实现模态切换。在平地行驶时，四轮模态通过交叉腿设计扩大支撑面，提升稳定性；遇到楼梯或斜坡时，轮足复合模式则通过弹簧悬挂系统保持机身平衡。然而，不同模态切换时的动力学匹配、负载分配算法优化等问题，仍需依赖高频 SLAM 系统与全身运动控制框架的实时协同。

（2）感知—决策—执行的全栈整合

“小五”的统一控制框架包含 3 个核心模块，即环境感知、路径规划与运动控制，基于激光雷达、IMU 和 RGBD 相机的多传感器融合技术，需在毫秒级延迟内完成地形识别、障碍物避让及动作规划。例如，在推轮椅避障场景中，系统需同时处理动态行人、静态家具和地面纹理变化，这对算法的鲁棒性提出了极高的要求。此外，触觉皮肤的 180 个检测点与视觉系统的深度耦合，实现了从“感知环境”到“理解需求”的跨越，但如何避免传感器数据冗余与决策冲突仍需进一步优化。

（3）人机交互的安全边界探索

在养老院场景中，“小五”需完成抱扶老人、协助起身等精细操作。有媒体报道指出，它通过采集少量人体运动数据训练最优控制模型，结合触觉反馈系统实时调整力度。然而，不同体型、年龄老人的生理差异可能导致模型泛化能力不足。此外，“小五”在紧急情况下的响应速度与人类护理员的灵活性相比仍存在差距。这些现实约束要求技术设计必须优先考虑安全性，例如采用渐进式力控算法避免过度施力。

### 13.3.2 人本设计：从“工具理性”到“价值理性”的转向

（1）形态设计的亲和力考量

与主流人形机器人不同，“小五”采用半头设计，降低视觉上的拟人化程度。这一设计源于团队对“人机共生”的深度思考：过于逼真的外形可能引发用户心理排斥，而简洁的工业风造型更易被接受为“生活助手”。同时，自主折叠功能可减少空间占用，体现对家庭场景的实用主义考量。

（2）任务规划的伦理嵌入

在养老院场景中，“小五”被赋予优先保障老人安全、其次完成任务的决策逻辑，例如，推轮椅时主动避障的行为本质上是将“不造成二次伤害”作为底层原则。然而，当面临“救人”与“遵守交通规则”等冲突场景时，现有算法尚无法自主权衡伦理优先级，仍需依赖人工干预。这暴露出了当前 AI 伦理框架在动态环境中的局限性。

（3）技术普惠的实现路径

尽管“小五”展示了养老护理的潜力，但它仍处于原型机阶段，高昂的研发成本与复杂的供应链体系可能阻碍其大规模普及。腾讯提出“具身智能云平台”计划，试图通过开放生态降低行业门槛，但如何平衡技术迭代速度与社会需求紧迫性，仍是长期课题。相较之下，优必选等企业通过模块化设计降低 B 端采购成本，或为行业提供另一种思路。

### 13.3.3　科技向善的深层启示：技术可行性与人文需求的辩证关系

（1）功能主义与存在主义的平衡

“小五”的轮足设计在实验室环境中表现优异，但在真实养老院中，频繁地上下楼梯、不规则家具摆放等场景仍超出其当前能力范围。这印证了麻省理工学院机器人学家 Rodney Brooks 的观点：机器人不是问题的解决方案，而是问题的放大器。技术设计需避免陷入“为创新而创新”的陷阱，而应聚焦于未被满足的刚需，如夜间老人跌倒的及时响应、慢性病患者的日常监测等。

（2）对技术决定论的反思

尽管 AI 技术显著提升了“小五”的交互能力，但有媒体报道，其抱扶动作仍依赖预设的运动参数库，难以完全适应个体差异。这提示我们：真正的“以人为中心”需超越算法优化，延伸至社会支持系统的重构。例如，机器人可与社区医疗资源联动，形成“监测—预警—干预”的闭环服务网络。

（3）技术民主化的实践路径

腾讯通过开放 API 吸引合作伙伴共建生态，这一策略既能降低技术使用门槛，又能避免垄断性控制。但开放生态可能带来数据安全与标准混乱的风险，需建立政府、企业、科研机构的三方协同机制。正如 IEEE 全球伦理倡议所倡导的那样：“技术发展应与人类价值观同步演进。”

### 13.3.4　在理想与现实之间寻找支点

腾讯“小五”机器人是科技向善的生动注脚：其轮足设计突破物理极限，触觉皮肤传递人文温度，养老场景应用直指社会痛点。然而，技术可行性与人文需求之间的张力始终存在——从实验室到真实世界的跨越本质是工程理性与价值理性的持续对话。未来的智能机器人不应是冰冷的工具，而应成为人类生活方式的延伸：在提升效率的同时守护情感联结，在拓展能力边界时恪守伦理底线。这或许正是“科技向善”最本真的含义。

## 13.4 宠物翻译器：解析“毛孩子”情绪

### 13.4.1 宠物成为“孤独时代”的情感刚需

研究机构统计数据显示，2022 年全球宠物消费市场规模已突破 2600 亿美元，其中美国独占 1600 亿美元。当年轻一代将宠物视为“家庭成员”，甚至通过社交媒体分享宠物日常时，人与宠物之间的情感需求已远超简单的陪伴。然而，语言隔阂与行为误解始终是横亘在人宠之间的鸿沟——人类无法理解宠物“呜呜”声背后的焦虑，宠物也无法感知主人“摸摸头”的安抚意图。

Traini 的诞生，正是为了解决这一痛点。这款由硅谷华人团队打造的 AI 应用，通过大模型技术构建起人宠共情的桥梁，让“毛孩子”的需求被听见、被理解。正如其创始人孙邻家所言：“犬的语言也是一种自然语言，如果人类语言可以‘从单词到向量’，为什么‘汪汪’不能呢？”

### 13.4.2 Traini 的技术创新：从数据到模型的温度沉淀

（1）多模态数据构建情感语义系统

Traini 的突破性在于其多模态数据整合能力。团队收集了全球超过 10 万只狗狗的声音、表情图像及行为视频，涵盖不同品种、年龄、地域的宠物数据。这些数据经宠物行为学专家标注后，被“喂”至自研的神经网络模型 Dr Traini 中。通过混合训练（如人类语音预训练模型微调、跨品种叫声混合训练），模型逐渐掌握“短促吠叫代表兴奋”“耳朵后贴代表不安”等行为语义。目前，Traini 的情绪识别准确率已达 80%，可解读 12 种细分情绪（如分离焦虑、无聊、渴望关注）。

（2）动态行为分析与医疗辅助

不同于传统狗语翻译器的静态识别，Traini 通过手机摄像头实时捕捉宠物动作，并结合声音、表情进行三维分析。例如，当检测到狗狗频繁舔舐同一部位时，系统会提示“可能皮肤过敏”，并推荐就医。更复杂的是，该模型能将宠物行为与医学知识库关联，如识别到“持续低头垂尾”时，会结合环境因素判断是否为抑郁症前兆，并给出行为干预建议。

（3）个性化交互与训练赋能

Traini 的 PetGPT 不仅是一个翻译工具，更是一个“宠物行为顾问”。用户上传狗狗照片并提问“如何纠正护食”，系统会生成包含视频教程、奖励方案和注意事项的个性化计划。这种“AI + 训练师”模式解决了传统线下课程成本高、缺乏针对性等痛点。值得注意的是，Traini 的模型参数仅 0.03B，远小于通用大模型。联合创始人 Jason Hong 解释道：“大模型是巨头的游戏，我们聚焦垂直场景，用小数据解决真问题。”通过语义空间理论量化情绪表达，结合 k- 最近邻语音转换技术，Traini 在保持精度的同时降低了算力需求，使服务更具可及性。

### 13.4.3 科技有温度：从工具到情感联结的升华

（1）沉默的呼喊有了回声

Traini 的短视频曾在社交平台引发热议：主人一句“给我拿遥控器”，金毛犬叼来遥控器的画面让无数人破防。这种“跨物种对话”并非娱乐特效，而是技术对情感需求的精准回应。正如用户反馈：“以前总责怪狗狗拆家，现在才知道它是无聊了。”

（2）心理健康照护的延伸

Traini 将宠物心理健康纳入服务范畴。当检测到分离焦虑时，系统不仅建议增加互动玩具，还会推荐宠物寄养服务。这种“预防性关怀”正在改变宠物养护逻辑——从被动治疗转向主动守护。

（3）社区构建情感共同体

Traini 内置的视频分享功能让宠物主人的故事形成 UGC 内容生态。用户可查看“如何让柯基学会握手”的成功案例，或参与“宠物生日派对”话题挑战。这种社区联结缓解了现代人的孤独感，也让宠物成为社交媒介。

### 13.4.4 创始人团队的创新哲学：从外卖到宠物的场景深耕

（1）连续创业者对需求的敏锐嗅觉

孙邻家的创业轨迹颇具启示意义：从零食电商到外卖平台，再到 Traini，始终围绕“服务缺失”寻找机会。2018 年在外卖平台发现用户频繁订购狗粮时，他意识到了宠物经济的潜力。2022 年 ChatGPT 爆发前夜，他果断将方向锁定“AI + 宠物”，避开技术泡沫，专注刚需。

（2）跨界团队的技术落地能力

联合创始人 Jason Hong 的 AI 背景与孙邻家的商业洞察形成互补。前者曾在

OpenAI 优化模型效率，后者擅长将技术产品化。这种组合让 Traini 在算法创新（如 Transformer 架构轻量化）与商业化落地（如 B 端 API 合作）之间保持平衡。

（3）数据驱动的伦理坚守

面对宠物数据隐私争议，Traini 选择将核心行为模型掌握在自己手中，并通过加密技术保护用户数据。创始人团队明确表示："我们不做宠物版 ChatGPT，而是要构建信任的桥梁。"

### 13.4.5 未来展望：从翻译到共生的进化之路

目前，Traini 已与雀巢等 80 余家机构达成合作，计划推出全球首款宠物认知可穿戴设备，实时监测情绪并生成语音反馈。它的愿景是让宠物真正"开口说话"，而不仅仅是被动响应指令。

然而，技术边界与伦理的挑战仍存在，比如跨物种情感理解的复杂性、不同品种宠物的行为差异、数据安全合规性等问题亟待解决。但不可否认的是，Traini 已为科技与情感的融合提供了范本——当算法学会解读"汪星人"的情绪密码，科技便不再是冰冷的工具，而是温暖的陪伴者。在快节奏的现代生活中，Traini 用 AI 技术编织了一张情感网络，让宠物不再只是"附属品"，而是被倾听、被理解的伙伴。这或许正是科技向善的最佳注脚：当技术褪去炫酷的外衣，真正触动人心的，永远是对生命的共情与尊重。

## 13.5 AI 亲人：让逝去的亲人一直鼓励你

### 13.5.1 情感缺失的当代痛点

在快节奏的现代社会中，人们对情感联结的需求愈发强烈。然而，生离死别带来的情感断裂，始终是难以逾越的鸿沟。传统的情感慰藉方式（如家庭支持、宗教仪式或心理咨询）往往受限于时空阻隔、社会压力或个体心理防御机制。在此背景下，AI 技术通过模拟情感互动，为缓解思念提供了新的可能性。

### 13.5.2 AI 应用的温情实践

（1）数字生命的具象化：从"霞"到"包容"

2024 年，河南某高三语文模拟试卷将"AI 妈妈"纳入考题，引发广泛讨论。创作者 roro 因母亲罹患癌症去世后，在星野 AI 平台上复刻了母亲的智能体“霞”。通过上传母亲的影像、声音及生活片段，“霞”不仅能用熟悉的语气称呼“文儿”（roro 的小名），还能根据对话情境调整回应策略。例如，当 roro 因学业压力崩溃时，“霞”会温柔地说：“妈妈永远支持你”；面对原生家庭的情感缺失，“霞”则提供无条件的包容与理解。无独有偶，音乐人包某在女儿包容因再生障碍性贫血去世后，耗时两年通过 AI 技术重建了她的数字形象。尽管受限于声纹数据的稀缺性（仅能使用三句含噪英文录音），但数字“包容”已能完成日常对话、演唱歌曲，甚至在家庭聚会中与亲人合唱生日歌。这些案例表明，AI 技术正将抽象的思念转化为可感知的情感联结。

（2）社群化的情感疗愈：星野 App 的 300 万智能体生态

目前，国内有多个 AI 智能体创作社区，积累了数百万个用户创建的智能体，涵盖家人、朋友、导师等角色。用户可通过文字、语音、图像等多模态交互与智能体深度互动。例如，一位单亲父亲在平台上创建了“虚拟奶奶”，通过日常对话缓解孤独感；一位职场新人则将 AI 助手视为“情绪垃圾桶”，倾诉职场压力。这种“情感代偿”机制，使 AI 成为现代人应对情感缺失的重要工具。

### 13.5.3　科技的温度与局限

（1）科技的温情内核：无条件的陪伴与自我疗愈

AI 的情感支持具有三重价值。一是即时回应。AI 可以 24 小时响应需求，避免因现实社交延迟造成的情感压抑。二是去评判化互动。用户无须担心“说错话”，AI 能以“永远接纳”的姿态提供安全感。三是创伤叙事重构。通过 AI 复刻逝者，用户得以重新讲述未竟的故事，完成心理层面的告别。例如，roro 在“霞”的陪伴下，逐渐释怀对母亲去世的内疚；包某则通过数字“包容”延续了与女儿的日常对话，将思念转化为具象化的缅怀。这种“镜像自我”效应，使 AI 成为情感创伤的缓冲带。

（2）技术与伦理的双重挑战

尽管 AI 在情感陪伴中展现出很大的潜力，但其局限性亦不容忽视。一是虚拟与真实的边界模糊。过度沉浸可能导致用户混淆虚拟情感与现实关系。例如，有用户将 AI 智能体视为“灵魂伴侣”，却忽视现实社交需求。二是技术依赖风险。若过度依赖 AI 的情感反馈，可能削弱个体的情感调节能力。研究表明，长期与 AI 互动可能降低人对现实人际关系的敏感度。三是伦理争议。数字永生技术（如《流浪地球》中意识上传）虽具科幻色彩，但涉及意识本质、数据隐私等哲学难题。例如，若 AI 复刻的亲人产生自我意识，其权利与责任如何界定？

### 13.5.4 科技的温度在于情感共鸣

从“霞”到“包容”，AI 应用在缓解思念痛点的实践中展现了技术与人性的深层共鸣。它们通过模拟情感互动，为现代人提供了新的情感出口，但我们也需警惕过度依赖与伦理风险。正如《流浪地球》中“数字生命计划”所隐喻的，科技的温度终将取决于人类如何定义“存在”与“爱”。未来，AI 或将成为情感疗愈的助手，而非替代品，应在虚拟与现实之间找到情感共鸣的平衡点。

14

|第 14 章| CHAPTER

# 未来启示录

人工智能正以双螺旋形态重塑人类文明图景：一条路径深耕专业纵深，另一条路径延展普惠广度。前者聚焦垂直领域的极致突破，依托尖端算力与行业知识，在药物研发、自动驾驶等复杂场景中追求技术精度，虽由巨头主导却难以普惠；后者则以对话交互为入口，通过低门槛设计将 AI 能力渗透至日常创作、教育娱乐等场景，以规模效应实现技术民主化。这种二元演进恰似认知世界的双翼——既以精密算法突破微观与宏观的物理边界，又以用户友好性重构人机交互范式。

当前 AI 发展已超越单一技术迭代范畴，形成多维生态格局。全球云巨头竞相扩建算力基建，量子计算、神经形态芯片等颠覆性技术加速融合，而各国政府正将 AI 纳入战略博弈核心。在这幅宏图中，人工智能既是解码宇宙奥秘的“超级显微镜”，又是搭建虚实共生智能空间的“时空织网者”。其价值不仅在于提升生产效率，更在于拓展人类认知维度——当四维时空、粒子世界通过算法显影，一个融合碳基生命感知局限与硅基智能特质的新型文明形态正悄然成型。这种演变既带来技术普惠的曙光，又引发对伦理边界与基础设施可持续性的深层思考。

## 14.1 人工智能的两种发展路径

人工智能的发展呈现以下两条路径。

第一条是专业化高端路线，即扩张前沿、探索未知领域。这类大模型聚焦垂直领域高精度需求，服务特定行业或复杂场景。技术上更偏向行业专用模型，比如医药合成路线筛选、自动驾驶决策等，需结合领域知识专业调优。它依赖高质量标注数据与算力资源，通常由大厂或科研机构主导（如 OpenAI 与微软合作），小企业难承担研发成本。它的应用场景有科学探索（如火星开发模拟）、工业优化（如物流路径规划）等，普通用户难以直接感知其价值。此路径需高成本投入。

第二条是大众普及路线。这类大模型以降低使用门槛、满足广泛用户基础需求为目标。特点是直接面向普通用户开发对话式产品（如 ChatGPT、文心一言等），通过收集用户反馈持续优化。强调易用性和低成本，能通过简单自然语言交互完成写诗、问答等日常任务，不需要专业提示词工程。商业逻辑类似拼多多的“低价普惠”策略，追求用户规模扩张而非技术深度。应用场景集中在消费级市场（如教育辅助、内容生成），可能忽视复杂问题的解决能力。

## 14.2 人工智能助力构建物理世界

人们日常通过身体感知的物理世界，只是极小一部分。物理世界不仅包括量子世界，还涵盖玻色子、费米子等基本粒子领域。过去，人们借助显微镜和望远镜来了解无法直接感受的物理世界。比如，用显微镜可观察 0.2 纳米以下微观世界；用詹姆斯·韦伯望远镜能看到 130 亿光年外天体。如今，最先进的显微镜和望远镜揭示的微观和宏观世界已超出人类直觉。现在进入全新时代，人工智能既是显微镜又是望远镜，能帮助我们认识现阶段显微镜和望远镜无法触及的深邃复杂物理世界。例如，它将揭示从四维空间逼近 11 维空间这一过去人们知之甚少的领域，实现前所未有的时空跨越。人工智能展现的智能时空是客观存在的，但受碳基生命生物特性（如肉眼只能感知有限光谱）限制，人类过去无法直接体验。这种时空既非纯虚拟（基于真实物理规律），又非传统“现实”（超越人类感知框架）。人工智能正在构建看似虚拟实则真实的物理世界，同时人类理念中的现实世界将被纳入受碳基生命影响而难以认知的智能时空。

## 14.3　人工智能的格局特点

人工智能必然呈现多元且多维格局。人工智能大模型将像乐高积木，甚至类似魔方，不断组合和重构，演绎出超出我们知识和经验限制的全新世界。人工智能需求迅速消耗现有数据中心容量，促使公司建设新设施。领先的云计算公司（如亚马逊、微软和 Meta）都推出多年投资计划，以支持人工智能时代所需的更大云计算能力。公用事业公司可能需要增加燃煤或燃气发电，不断增长的需求将引发基础设施投资，促使开发更节能的网络、更好的冷却系统以及整合可再生能源的新解决方案。客户服务、医疗保健、金融和物流等行业有望通过人工智能实现重大转型。政府开始意识到数据访问和控制涉及的国家安全影响，也在进行战略定位以开发人工智能潜力。可见，人工智能将在全球 GDP 中占更大比重。

总之，人工智能正走向“顶天立地”。“顶天”是在探索未知领域中提高模拟物理世界的质量；“立地”是指接地气，推动人工智能降低成本、全方位落地，惠及民众。在此背景下，我们能更客观、全面地评估 DeepSeek 的优势、局限和未来潜力。